U0042817

攝於一八八三年夏，鮑亞士在「日耳曼尼亞號」上，前往巴芬島的途中。小時候他曾在自傳中說，他喜歡將在自然界觀察到的事物相互比較，這是他與眾不同之處。他打算在北極對他口中的「我的愛斯基摩人」進行比較研究。

攝於一八八七年，鮑亞士與妻子瑪麗·克拉克維澤，兩人在這年結婚。日後鮑亞士學生都稱她「法蘭茲媽媽」，她是十九世紀下半紐約規模龐大的德語社群成員之一。

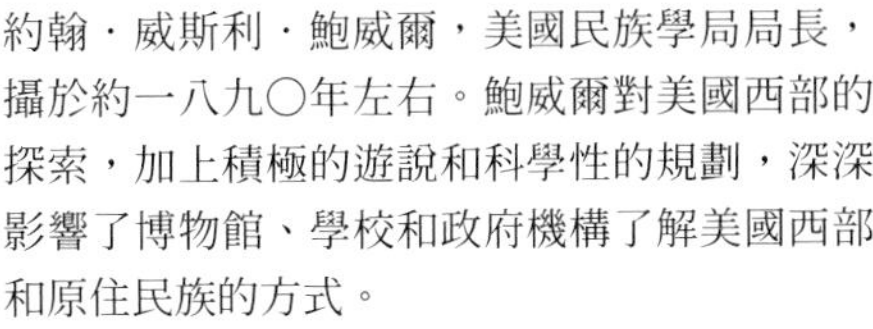

約翰·威斯利·鮑威爾，美國民族學局局長，攝於約一八九〇年左右。鮑威爾對美國西部的探索，加上積極的遊說和科學性的規劃，深深影響了博物館、學校和政府機構了解美國西部和原住民族的方式。

芝加哥世界博覽會的人類學館，攝於一八九三年。館內曾經展出世界最大規模的原住民手工藝品，但參觀人數很少，令鮑亞士大失所望。他發誓「再也不扮演馬戲團經理人的角色」。

芝加哥世界博覽會的瓜求圖舞者，攝於一八九三年。（只確定左二和左三是約翰．戴拉伯和戴拉伯夫人，其他人身份不明）。他們的任務是示範部落儀式，從背景可見旁邊是皮革和鞋交易館。有個參觀者大喊「停！停！這裡是基督教國家！」

鮑亞士示範瓜求圖人的「食人舞」，幫助史密森尼學會策展人打造此一神祕儀式的模型，攝於約一八九五年左右。

SMITHSONIAN INSTITUTION
United States National Museum

Tribe. F. Boas. *Sex.*

Measurements.

No.......... Age 68

Deformation of head +

BODY:

Stature 167.4

Max. finger reach — (disab.)

Height sitting 88.3 = 52.74

l. limbs 79.1

HEAD:

Length 17.6 C.I. 77.55

Breadth 15.2

Height 10.6 − 3.1 = 12.6

O.m 15.8

FACE:

Length to nasion 11.3

Length to crinion (hair lost)

Breadth, bizygom 13.4

Diam. front min. 10.3

Diam. bigonial —

Nose:

Length to nasion —

Breadth —

Mouth:

Breadth —

Left Ear:

Length 7.6

Breadth 4.2

MISCELLANEOUS.

Chest:

Breadth at nipple height 30.2

Depth at nipple height 23.3

Left Hand:

Length 19.5

Breadth 9.–

Left Foot:

Length 26.4

Breadth 9.8

Left Leg:

Girth, max.

Weight of Body: 163
(With shoes, but without outer garments.)

OBSERVATIONS.

Color of skin +

Color of eyes d. br.

Color of hair v. d. br. (abt ½ bld), abt 2/3 [illegible]

Nature of hair +

Moustache —

Beard —

Forehead +

Supraorb. ridges subm.

Eye-slits +

Malars subm.

Nasion depress. +

Nose sl. conv.

Nasal septum [illegible]

Lips +

Alveol. progn. sl. ab. med.

Chin +

Angle of l. jaw +

Body and limbs +

Toes +

Breasts

PHYSIOLOGICAL.

Pulse

Respiration

Temperature

Time of day

State of health

Strength:

Pressure { r. hand 28.5 (rt. handed) / l. hand 21.5 }

TEETH

1st { upper { r. / l. } ; lower { r. / l. } }

2nd { upper { r. / l. } ; lower { r. / l. } }

典型的人體測量表，這裡是鮑亞士的測量結果。史密森尼學會用他的顱和身體測量數據，以判斷美國知識菁英的生理結構是否優於一般百姓。（結果為否）

露絲．潘乃德，攝於一九二四年，當時她在巴納德學院擔任鮑亞士的助教。「找到人類學——還有鮑亞士博士——是她的救贖，」她妹妹後來回憶。雖然仍未離婚，潘乃德跟丈夫多半分居。鮑亞士的課堂成為她另一個家。她曾跟朋友說：「我沒有小孩，所以不如領養南非的何騰托人。」

Changes in Bodily Form of Descendants of Immigrants. 119

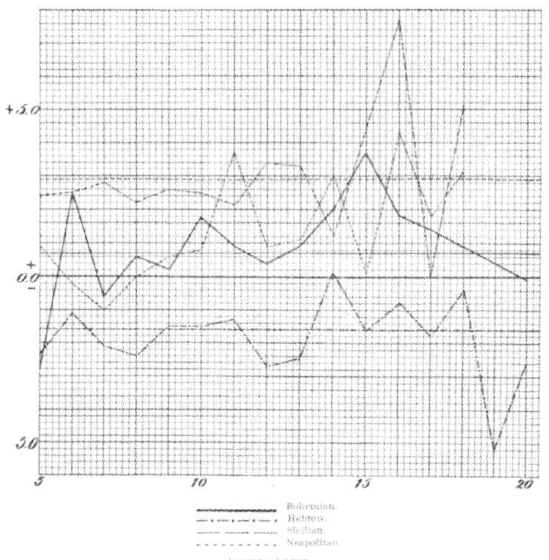

FIG. 14.—Difference in length of head between parents and their own American born and foreign born children.

In this diagram the difference in length of head between parent and his own American-born child is assumed as the norm and indicated by the zero line. The difference in length of head between foreign-born child and its own parent differs from the corresponding difference between the American-born child and its parent. This difference is plotted in the diagram.

It appears that on the average the excess for the Hebrew child has a considerable negative value; for the Sicilian and Neapolitan, a considerable positive value; while for the Bohemian the difference is rather small. This shows that the heads of American-born Hebrew children increase considerably in length, while those of Sicilian and Neapolitan children decrease in length.

鮑亞士給迪靈漢委員會的報告中的一頁，攝於一九一一年。「移民的適應力似乎相當大，因此在這份研究確立之前，我們沒有資格妄加推測。」

美國優生學會的廣告牆，攝於一九二六年。用霓虹燈說明「精神失常、弱智、犯罪和其他缺陷等負面遺傳」造成的經濟和社會成本。

麥迪遜・格蘭特（上圖）。希特勒所擁有的格蘭特作品：《偉大種族的消逝》（右上圖，德文版，一九二五年），附上出版社獻給希特勒的提辭（右下圖）。一直到一九三〇年代，納粹學者和決策者都效法美國經驗來建立一個以種族為基礎的國家。

少女時代的瑪格麗特．米德，賓州，攝於一九一二年左右。根據家族傳說，瑪格麗特甚至還不知道「社會學」和「經濟學」是什麼意思，就會說這兩個字。

瑪格麗特．米德在巴納德學院求學時期，攝於約一九二三年；巴納德是哥大為女大學生設立的學院。她坐在阿姆斯特丹大道的一座天橋上。「我第一次覺得找到了比自己更好的東西，開心極了，」日後米德回憶。

愛德華．沙皮爾，可能攝於一九二〇年代晚期。米德曾說他是「我遇過最令人折服的腦袋。」她跟沙皮爾曾有過一段情，但不久她就前往薩摩亞。他對這段感情的失望，轉為對米德作品一輩子的鄙夷。

霍爾特一家人的房子，米德在美屬薩摩亞期間借住的地方。右邊門廊就是她的房間，多半毀於一九二六年初的一場颶風。

瑪格麗特·米德和法莫圖在美屬薩摩亞，攝於約一九二六年，後者是她的薩摩亞人朋友和消息來源，兩人一身節慶打扮。米德多半都待在塔烏島上，身邊圍繞著青少女和小孩，這些人形成她青春期研究的基礎。過不久，她出版的《薩摩亞人的成年》將引起轟動。

瑞歐・福群與馬努斯島貝爾村的小男孩，攝於一九二八年。後來福群抱怨，因為跟米德這位暢銷作家在一起，他自己的研究將會成為「我獨自完成的最後一本書」。

瑪格麗特・米德跟馬努斯島貝爾村的小孩在潟湖上，攝於一九二八年。她在這裡的研究後來寫成《新幾內亞人的成長》一書，結論是所有文化都是「對人類天性所做的各種實驗」。

「花現在開得很美，白垃圾也完全沒煩我，」柔拉・涅爾・賀絲頓第一次回到家鄉佛羅里達進行田野調查時寫道。她帶著一把鍍鉻手槍防身。「不好意思，請問你知道什麼民間故事或歌謠嗎？」她記得自己用她所謂的「小心拿捏抑揚頓挫的巴納德腔」到處問人。

「當然是有關格雷戈里・貝特森的事，」米德在一九三二年的聖誕節寫信跟潘乃德說。貝特森本身也是人類學家，讀過《新幾內亞人的成長》；第一次在偏遠村落見到他，米德幾乎就對他一見鍾情。

艾拉・德洛莉亞，攝於一九二〇年代，當時她在堪薩斯州勞倫斯的哈斯克爾學院任教。在哥大時，她當過鮑亞士的研究助理，後來還跟他並列作者。她是少數能同時自稱是客觀觀察者和被研究對象的人。

ANTHROPOLOGISTS FROM NEW GUINEA.

From left: Mr. G. Bateson, Dr. Margaret Mead, and Dr. Reo Fortune, who arrived from New Guinea yesterday by the Macdhui.

貝特森、米德和福群，一九三三年夏天從新幾內亞歸來時，被澳洲一家報紙捕捉到的畫面。火爆的三角戀讓他們三人筋疲力盡。但那時候激發出的一些想法，日後將建構起米德對性和性別的思考。

THIS IS THE ONLY ZOMBIE EVER PHOTOGRAPHED

費莉希亞．菲利克斯—曼托，賀絲頓在海地拍到的女人。《生活》雜誌為她下的標題是：史上第一筆喪屍的正式紀錄。在海地，喪屍話題「滲透各地，像地上的冷空氣，」賀絲頓回憶。

賀絲頓，由哈林文藝復興的知名攝影師卡爾・范・維希藤（Carl Van Vechten）拍攝，一九三八年。研究就是一種「有正式名目的好奇心，」她後來寫道。「只要蹲下片刻，」她說，「之後事情就會自然發生。」

被觀察的人類學家，攝於一九三八年，新幾內亞。貝特森和米德在蚊帳內享用食物，亞特穆爾人在一旁觀察他們。「過著這麼愜意的生活讓我覺得自己像豬，」米德寫信給朋友說。

觀察中的人類學家：賀絲頓與音樂家羅契爾．法蘭奇和蓋布里爾．布朗，一九三五年由阿倫·羅馬克斯拍攝。賀絲頓和羅馬克斯拖著一台錄音機，為國會圖書館捕捉故事、勞動歌曲、黑人靈歌和藍調樂曲。

一九三〇年代，鮑亞士已經是家喻戶曉的公共知識分子，世界各地都想知道他對各種時事的看法。他的外貌或許也強化了他身為社會科學天才的形象。每年從他的辦公桌送出的信件多達兩千五百封，在紐約和他的學生、同事和田野仲介人之間來回傳送，此外還有各種回信，答應或拒絕編輯、記者、民間領袖和外國顯要的各種邀約。

潘乃德，約攝於一九三一年。在米德心中，她是一座「高牆圍起的美麗宮殿……無法拔除的根，同性渴望在那裡無所遁形。」身為鮑亞士的得力助手，潘乃德讓哥大人類系維持運轉。一九三四年出版《文化模式》之後，她也開始大放異彩。

一九四二年六月，加州聖塔阿妮塔賽馬場上被拘留的日裔美國人。他們邊背誦效忠宣誓邊行「貝拉米禮」，這在當時是很普遍的手勢，後來因為跟納粹禮雷同而變成一件難堪的事。潘乃德的重要消息來源羅伯・橋間從這裡展開他的美國集中營制度之旅。

米德曾經把她跟鮑亞士圈內的各種關係畫成一張圖，公私關係都包括在內，細線表示影響較淺的關係，粗線表示影響較大的關係，雙線表示情侶，而潘乃德就位在她的銀河系中心，有如另一個太陽。

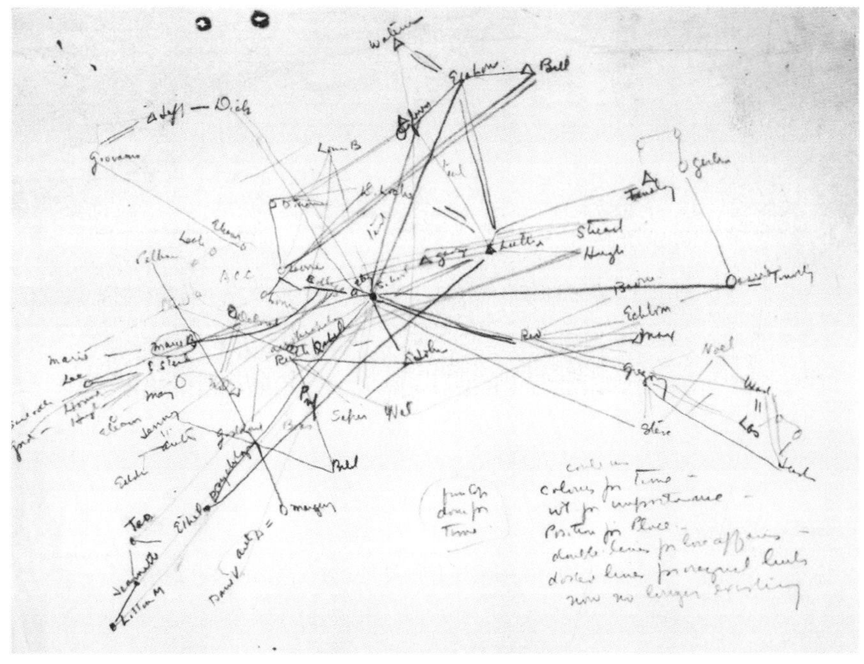

米德在美國自然史博物館的辦公室。她說在這裡她覺得安全又自在。這是她的巢穴，堆放田野筆記本、貼上標籤的工藝品、手寫信、油印文件、講稿和照片、難以計數的文章和雜物。

改寫人性的人

二十世紀，一群人類學家如何重新發明種族和性別

查爾斯．金 著
Charles King

謝佩妏 譯

Gods of the Upper Air

How a Circle of Renegade Anthropologists Reinvented Race, Sex, and Gender in the Twentieth Century

獻給Maggie

還有誰呢？

我並不是說我對所有事的見解放諸四海皆準，
但我有過各種生活經驗，苦甜皆有，所以覺得自己看得沒錯……
我曾在暴風雨中行走，雲朵繞頂，閃電穿梭指間，
神在高空中對我露出真面目。
——柔拉・涅爾・賀絲頓（Zora Neale Hurston），人類學家，一九四二

新的科學真理並非藉由使反對者信服而成立，
而是反對者最終都死去，熟悉這些真理的新一代長大成人。
——馬克斯・普朗克（Max Planck），物理學家，一九四八

目次

各界推薦……8

1 離開……13

2 巴芬島……29

3 「所有一切都是個體」……55

4 科學和馬戲團……77

5 獵人頭族……99

6 美國帝國……127

7 「瑪格麗特這麼柔弱的女孩」……153

8 成年……189

9 平民大眾和社會菁英……221
10 印第安國度……255
11 活生生的理論……289
12 神靈的世界……323
13 戰爭和胡扯……353
14 回家……387
致謝……404
參考書目……431

各界推薦

本書以人物劇式的生動書寫，記述「北美人類學之父」鮑亞士和他最具創見的學生（碰巧都是女性）於上個世紀前葉開展的人類文化探索之旅。這群與主流社會格格不入的叛逆學者，不但以紮實深入的田野發現推翻了當時蔚為真理的種族決定論與白人優越論，她們在研究和論辯過程中所展現的勇氣和想像力，更為後續所有不願輕易接受標準答案、相信生活永遠都有其他可能的跨世代學子，提供歷久彌新的激勵與啟發。

——呂欣怡｜曾以人類學家身分，參與多場環境治理會議，台大人類系

這本書敘述了上個世紀一群特立獨行的人類學者，抱持著強烈的道德意識以及堅定的科學信念，直接挑戰西方社會有關人性的基本假設，改變了我們理解自我與文化的方式。他們的成就是如此的成功，許多當時被視為激進的想法，已經不自覺地成為今天我們常識的一部分。本書作者透過他精彩的文字，讓我們回到當年的現場，感受到這些先驅者的熱情、挫折與遺憾，重新點燃我們對知識改造世界的希望。任何想要了解當代的道德生活，積極面對極端對立世界的人，都可以從這本書中得到啟示。

——林開世｜喜歡挖掘人類學史，台大人類學博物館館長，台大人類系

美國文化人類學奠基者鮑亞士及其開創的學派，其田野方法與多元文化觀點，影響了美國與世界的人類學發展，也直接或間接影響了日治與戰後臺灣的人類學。重視多元文化，反思主流社會的習焉不察的預設，長期對抗種族主義與性別既存偏見，這本書是他們的集體傳記，既是各別人類學家在田野現場熟悉異文化的過程，也是與知識社群與社會大眾的各種偏見搏鬥的生動故事。

——陳偉智｜殖民地人類學史研究者，中研院台史所

米德、潘乃德與「哈林文藝復興之后」賀絲頓（藍調小說經典《他們眼望上蒼》作者）——這三大作家原來系出同門！——光是這部分，就是彌足珍貴的人類學、文學與性別學饗宴。在「人類學身世考與故事書」的形式下，作者更以令人驚嘆的能耐呈現，那些較具反省力的人類學，如何匍匐前進；以及以下這個必須謹記的事實：無論歐洲或美國，都曾既輸出又輸入，加重歧視的「科學」。《改寫人性的人》是以具體內容對抗文化失憶，並寓政治行動於書寫方法中。

——張亦絢｜作家

這本書將美國文化人類學的祖師爺與祖嬤們拉下神壇，發還人形。走出教科書，百年前的他們就和我們一樣：對自己沒信心、逃避指導教授、在田野地崩潰、擔心筆記人間蒸發、在個人生活與學術工作間掙扎求全……，以顛覆自己與世界為代價。《改寫人性的人》提醒我們，這群人

類學家對於當代社會生活習以為常的文化、種族，與性別平權的深刻貢獻，也讓我們再次體會人類學理論，就跟任何理論一樣，來自於思考者和世界與自己的誠實對話。

——蔡晏霖｜《反田野》主編，陽明交大人社系

社會學家W·E·B·杜波依斯曾說道，二十世紀最主要的問題即是膚色界限的問題。本書由法蘭茲·鮑亞士這名人類學家的學涯出發，探討十九世紀末以來不同學科如何思辨種族、性別與正義之間的關聯。雖然這個時代不幸催生出後來引起大規模種族迫害的優生學概念，但也創造了影響深遠、拒絕以單一模板理解世界的一群文化人類學者，走出實驗室並投入論戰。在本書中我們看見，就如鮑亞士所說，人類學不再只是科學，也是一種心態，甚至是美好生活的處方。

——劉文｜專長「批判種族理論」、「酷兒理論」，中研院民族所

上乘的知識份子探險故事，文筆優美，發人省思，充滿多彩多姿的生平故事。

——莎拉．貝克威爾（Sarah Bakewell）｜《閱讀蒙田，是為了生活》及《我們在存在主義咖啡館》作者

一部精彩的歷史，訴說二十世紀初一群「離經叛道」的思想家如何推翻優生學家鼓吹的種族優越論。正當優生學捲土重來之際，這本書對我們的時代更顯重要。

——伊布拉．肯迪（Ebram X. Kendi）｜《生而被標籤》作者，二〇一六年美國國家圖書獎得主

發人省思，文筆精湛，這本書帶你踏上一段難忘的旅程，看著一群大膽無畏的人類學家揭開文化和人類的奧祕，同時發現自己也只是個人。

——大衛．霍夫曼（David Hoffman）｜《終結冷戰》作者，普立茲獎得主

這個刺激甚至令人入迷的故事，追溯了二十世紀初期一門新科學的誕生——由一名好鬥的天才領軍，訓練一支娘子軍為他完成大業。作者用充滿活力和說服力的筆觸，跟隨美國第一批文化人類學家遠走他鄉，前往偏遠的田野地，期待能解開美國社會的種族主義和仇外心理。——戴瓦．梭貝爾（Dava Sobel）｜《尋找地球刻度的人》作者

無論在任何時代，這本書都會是一本學術傑作。用優美的文筆和敏銳的觀察寫出文化人類學之父法蘭茲．鮑亞士的故事，以及他對當年和現代的重要道德議題所造成的影響。在極度分裂的現代世界裡，這本出色的新作提醒了我們，當年那些離經叛道的人類學家有多麼傑出，而他們的志業仍有待完成。

——大衛．奧辛斯基（David Oshinsky）｜普立茲獎得主

CHAPTER 1 離開

一九二五年八月的最後一天，固定往返舊金山和雪梨的三層甲板汽船「索諾瑪號」駛進一處死火山形成的港灣。這裡是圖圖伊拉島（Tutuila Island），因為乾旱而一片光禿，但山腰上仍有一叢酪梨樹和盛開的薑花。只見黑色懸崖進逼著白色沙灘，當地的傳統建築散落在名為「美屬薩摩亞」的太平洋群島上。

船上有名二十三歲的賓州人，個頭不高但肩膀寬闊，不會游泳，結膜常發炎，腳踝骨折，右手臂因為某種慢性病有時會動彈不得。她拋下了紐約的丈夫和芝加哥的男友，依偎在一個女人懷中度過橫貫大陸的鐵路（譯注：美國愛荷華州到加州的一條鐵路線）之旅。她帶到船艙的行李有直式筆記本、打字機、晚禮服，還有一張照片。照片中的男人已有年紀，一頭亂髮，臉上有刀疤，拙劣的手術導致顏面神經受損，因此臉塌了一塊，她叫他「法蘭茲老爹」。促使瑪格麗特・米德（Margaret Mead）踏上這趟旅程的人就是他。

不久前，瑪格麗特・米德在法蘭茲老爹的指導下開始撰寫博士論文。她是哥倫比亞大學人類學系第一個修完這門艱鉅學科的女性之一。目前為止她的參考資料都來自圖書館藏書，很少第一手資料。系主任法蘭茲．鮑亞士（Franz Boas）教授——學生都叫他法蘭茲老爹——鼓勵她走進田野，找到一個能讓她在人類學界闖出名號的地方。只要有正確的規劃再加上一點運氣，她的研究或將成為「第一個深入原始民族心靈的嚴肅研究，」幾個月後老爹在給她的信中說。「我相信你的成功將會開啟土著部落系統化研究的新紀元。」

此時此刻，她從船上護欄望出去，心不由得一沉。

港口上擠滿灰色遊艇、驅逐艦和支援船，水面上浮著虹光閃閃的油脂。從一八九〇年代開始，美軍就佔領了美屬薩摩亞群島和它在圖圖伊拉島上的港口帕哥帕哥（Pago Pago）。米德抵達之前三年，美國對亞洲愈來愈感興趣，進而改變策略將大多數遠洋船艦從大西洋移往太平洋。薩摩亞群島很快就成了這些重新部署的艦隊的加煤站和維修中心。米德抵達這天，這些船艦剛好也開進帕哥帕哥港。自從老羅斯福總統派遣大白艦隊（Great White Fleet）航行全球、展現美國的海軍實力以來，這是海軍最大規模的一次部署行動。

飛機從頭上轟轟飛過，底下有十二輛福特車沿著狹窄的柏油路隆隆前進。在帕哥帕哥市中心的露天公用地上（當地人稱malae），薩摩亞人臨時擺出木碗、串珠項鍊、編織籃、草裙和玩具浮架獨木舟展售。草地上，某家家人正在享受早午餐。「某艘船的樂隊不斷奏著散拍爵士，」米德不由抱怨。這要怎麼研究原始部落？她發誓要離帕哥帕哥愈遠愈好。

她的研究主題是法蘭茲老爹給她的建議。從童年到成年的這段過渡期間，年輕男女反抗僵化守舊的父母，這階段純粹是生物演變過程的自然產物，代表青春期的開端？還是因為特定社會決定如此看待它，才有所謂的「青春期」？為了找出答案，幾個月之後米德翻山越嶺，前往偏遠村落，挖掘當地兒童和青少年的生命經歷，詢問大人最私密的性愛經驗。

沒過多久她就發現薩摩亞的叛逆青少年並不多。但那多半是因為沒什麼好反抗的，當地沒有一定的性規範，理論上，貞操受人稱頌但實際上並不被看重，對伴侶忠貞不渝更是陌生的概念。根據米德的紀錄，薩摩亞人的生活方式並不原始落後，反而極其現代。一九二〇年代的美國年輕人愛去摸摸抱抱的派對、喝私酒、跳查爾斯頓舞，但對薩摩亞人來說，這樣的價值觀早已習以為常。因此，米德將研究主題轉為薩摩亞人如何避免青少年當父母的面甩上門和淪落少年感化院，以及美國時事評論家時時擔憂的文明末日。薩摩亞的青少年難道沒有典型美國青少年的叛逆青春期嗎？

還是其實他們也有叛逆青春期？在當地住了幾個月後，她在給知心好友露絲．潘乃德（Ruth Benedict）的信中說：「而且我好厭煩成天談論性、性、性。」她填滿一本又一本筆記本，在索引卡上記錄，用打字機打了田野報告，再用獨木舟乘風破浪越過暗礁送到郵船上。她看著獨木舟遠去時會感到腸胃打結，擔心舷外有著浮杆的獨木舟要是不幸翻覆，那麼她來到這個天涯海角的唯一目標就毀了——或說是她可以籠統稱之為「事業」的唯一證據。「我有很多有意思的重要發現，」她寫道，諷刺意味躍然紙上，但也不禁懷疑這一切有多大意義。「我覺得自己待在這裡的時光和想法都很病態……回家之後我要找份在地鐵換零錢的工作。」

忙著參加迎賓宴、出海礁釣（reef fishing），強忍潮濕的午後或熱帶暴風雨強風吹襲的米德，其實正置身於一場革命之中，只是當時她不可能知道。起點是一連串觸及哲學、宗教和人文科學核心的難解問題：人類社會的自然區分是什麼？道德具有普遍性嗎？我們該如何對待信仰和習慣異於自己的人？這些問題問到最後，人不免要徹底重新思考什麼是「社會性動物」，也不再能輕易相信自身文明的優越性。一個驚人的發現呼之欲出：人類祖先在演化過程中發明了我們所謂的「文化」。這個發現會對我們有什麼正面或負面的影響也還在未定之天。

• • •

這本書寫的是不自覺站上我們這個時代最大的道德論戰前線的男男女女，以及他們試圖證明人類即便有膚色、性別、能力或習俗上的差異，仍然四海一家不可分割的過程。書中訴說了一群全球主義者在民族主義盛行和社會分裂的時代中發生的故事，還有現今我們視為現代開放的世界觀的起源和由來。因為這段前傳，才有近百年翻天覆地的社會變革，包括女性投票權、人權運動、性解放和婚姻平權，以及發揮反向力量對抗沙文主義和仇視異己的主流論述。

但這不是一本有關政治、道德或神學的書，也不是勸人包容異己的勸世書，而是一個有關科學和科學家的故事。

一百多年前，受過教育的人都知道世界有一定且明顯可見的運轉方式。每個人既是個體也代表了特定的種族，本身就是某個國家、種族和性別特徵的總和。不同種類的人，生來就注定不是比較聰明、不然就是比較懶散、或是守規矩，或好戰。政治是男性的領域，而女性若得以進入公領域，一般認為她們在慈善、傳教和教育兒童方面最勝任。移民容易削弱一國的自然活力，引起政治極端主義。動物值得人類善待，而「遲緩兒」比動物高等，需要我們的幫助但不值得尊重。罪犯生來就會為非作歹但有可能改過向善。同性戀者自願選擇了墮落，但可能無藥可救。另一方面，那同時也是一個進步的年代，不再合理化奴隸制度，開始擺脫階級的桎梏，甚至最終（或將）廢除帝國制度。但讓人想起人類缺陷的人（即被稱作盲人、聾啞人、瘸子、白痴、低能、瘋子，還有蒙古症者的人），最好躲在牆壁後面安靜過活。

實際經驗也證實了這些理所當然的事實。沒有主權國家允許女性投票和擔任公職。在美國，人口普查把社會劃分成不同人種，包括白人、黑人、中國人和美國印第安人，彼此涇渭分明。一八九〇年的人口普查增加了「黑白混血」、「四分之一混血」和「八分之一混血」選項，區別不同深淺的膚色。你所屬的分類會清楚分明，但關於「你是誰」不是你說了算，而是別人說了算，也就是人口普查員（通常是白人）說了算。

走進各大圖書館，從巴黎、倫敦到華盛頓，你都可以找到認同以上觀點的學術著作。二十世紀第一套完整版《大英百科全書》於一九一一年完成，將「種族」定義為一群「共同祖先的後裔」，暗示白人、黑人及其他種族在演化過程中為各自獨立的血統。「文明」則是「最進步的人種開始使用書寫系統」的時期。二十世紀最早版本的《牛津英語辭典》是一九一一年發行的簡明版，其中未收錄racism（種族主義）、colonialism（殖民主義）和homosexuality（同性戀）等字。

當時對人類社會的標準看法是，信仰和習俗的差異反映了一個社會是進步還是走偏了路。從原始社會發展到進步社會多多少少是一條直線。在紐約市，只要從中央公園的一邊走去另一邊，就能回溯這趟自然演化的漫長旅程（審定注：此處意指從中央公園南側白人為主的曼哈頓精華區，走到公園北側以黑人為主的哈林區。）。非洲人、太平洋島嶼原住民、美國原住民的展示品都收藏在同一個屋簷下（今日亦然），和加拿大馬鹿和北美大灰熊的標本一同陳列在美國自然史博物館。你必須穿過公園走到大都會藝術博物館，才能看到人類真正的成就。現代社會仍然存在缺陷，例如窮人、性倒錯、弱智、野心過大的女性，但這只證明進步的文明要臻於完美仍須努力。

人種的自然等級塑造了一切，學校、大學課程、法院判決、治安對策、醫療政策、流行文化，印第安事務局的工作、美國在菲律賓的殖民當局，以及在英國、法國、德國和很多其他帝國、國家和地區的類似機構都不例外。窮人之所以窮，是因為自身的不足。大自然偏愛身強體壯的殖民者勝過愚昧無知的原住民。外表、習俗和語言上的不同，反映了深層的天生差異。進步分子也接受這些觀念，但他們認為只要有足夠的傳教士、教師和醫生，就能根除原始非自然的習俗，並以文明的方式加以替代。這就是為什麼一九二二年開始發行、美國最權威的世界政治和國際關係期刊最初名為《種族發展期刊》（即現今極具影響力的《外交》雜誌）。原始種族不過就是尚未享受到強大的基督教信仰、抽水馬桶和福特汽車等種種好處的種族。

然而，從那個時候開始，上述的觀念漸漸改變。

人種、民族、國家、性別、性向和殘疾等概念，仍是我們理解群居社會的一些最基本的分類。應徵工作時會問一些這類的問題，我們也仍會用人口普查項目來衡量他人。在人文教育的課堂上和社群媒體上，這些都是我們討論的話題，這類討論在二十一世紀的美國從未斷過。但我們對它們的認知，已經跟過去不再相同。

在二〇〇〇年的人口普查中，美國人第一次能用複選方式回答自己的種族認同。過去，美國六百所大專院校使用的通用入學申請表規定，申請人的性別必須符合出生證明上的法定說明，但現在允許申請人補充說明自我的性別認同和呈現方式。二〇一五年，美國最高法院過半數通過，聯邦政府保護的婚姻制度不要求夫妻由一生理男性和女性組成。在學校、公共場所、大學和辦公室裡，不久前仍被視為缺陷的特質，如耳聾、坐輪椅和獨特的學習方式，如今都變成應該照顧的差異，最好是能確保每個人的想法、才能或天分，都不會因為聲波（因為耳聾）或樓梯（因為坐輪椅）造成的阻礙而無法展現。

我們通常會說這些改變是我們置身的道德世界擴大或縮小的結果。在美國，政治左派多半會從吉姆．克勞（Jim Crow）法（譯注：指美國的種族隔離法）時代之種族霸權瓦解、石牆暴動、美國身心障礙者法案，乃至美國第一位女性總統候選人，以進步為敘述主軸畫出一條長長的弧線，而人權有史以來的最高成就就封存在美國的開國文獻中。相反地，政治右派則認為有些改變限制了由社群自己來決定社會規範的能力。這種受到國家認可的新型態「排外」立場堅持，我們對於婚姻、好笑話或繁榮社會該由哪些條件構成應當意見一致。這種立場不但受到保護，也受到公立學校乃至工作場所的語言警察所監控，由國家帶頭擴大控制領域，甚至不講理地侵犯個人言論、思想和真心信仰的價值觀。類似的論戰也存在於其他國家，在是要讚頌彼此間的差異，還是要保衛歷史悠久的傳統價值觀，這兩者之間爭議拉扯。

但有個更根本的轉變先於這些論戰，起點是一小群反骨研究者的發現，法蘭茲．鮑亞士稱他們為「我們的小團體」。他們相信真正的、由證據推動的分析將推翻現代社會最根深蒂固的信條，那就是，科學會告訴我們哪些人和哪些團體天生就比較聰明、能幹、挺拔、更適合當統治者。以鮑亞士為首的這群人的回答是：科學剛好指向相反的方向，即正面肯定了人類發明的各種生活方式。他們認為，我們一般用來界定人類自己的社會分類，基本上是人造的，是人類聰明才智的產物，存在於人類的心智架構和特定社會的不自覺習慣中，種族和性別這類標籤即包括在內。他們主張人是文化的動物，受自己打造的規則束縛，即使規則常常隱而不見，或在社會中被視為理所當然。

鮑亞士這群人經歷過的事之所以值得深究，不只因為他們是挑戰這些古老誤解的第一批人。「人類一家」的概念一直穿梭在世界各地的宗教、倫理制度、藝術和文學作品中。但如果鮑亞士和他的學生對「真實」和「我們嘴上以為的真實」之間的距離特別敏感，那是因為他們就活在一個個案研究中。二十世紀上半，美國自稱以開明價值觀為立國根基，卻把一個大規模的種族不平等制度發揚光大。美國人民相信自己是獨一無二天選之國的子民，卻又堅信自己可以在全世界推動他們心目中那一套理想社會。美國政府想盡辦法把某些外國人拒之門外，但又為了改造這些人的國家，投入前所未見的龐大資金和軍力。鮑亞士這群人倡導的科學，就在亟需這門科學的時代和地方誕生。

他們自稱為文化人類學家（他們自創的用語），並將他們活力昂揚的理論名為「文化相對性」(cultural relativity)，現在一般稱為「文化相對論」(cultural relativism)。有將近一世紀的時間，批評者對他們指控歷歷，從為傷風敗俗辯護到破壞文明根基皆有。今日，文化相對論通常被歸於傳統文化和善良風俗的敵人，跟後現代主義和多元文化論並列。鮑亞士一群人的著作在傳統媒體和另類右派網站上以怪物的模樣現身，成為反對多元發展和政治正確者奚落取笑的對象，登上「毀了世界的十本書」這類名單中。批評者問，如果一切都是相對的，隨著時間、地點和我們產生判斷的背景而有所不同，那麼人要如判斷對錯？

相信自己的生活方式是唯一符合常識且合乎道德的方式，確實有強大的吸引力，尤其是以科學、理性、宗教或傳統的語言表達時。所有社會都傾向於把自己的特點視為成就，把他人的特點視為缺陷。但鮑亞士一群人的核心論點是，為了在這世上有智慧地過活，我們應當用同理的眼光看待他人的生活。在尚未真正理解之前，我們不該對他人看待社會現實的方式妄下評斷。另一方面，看待自己的社會時，我們也要像研究偏遠種族那樣力求客觀，事事存疑。

就鮑亞士及其學生的理解，文化是普通常識的最初源頭，確立了不證自明或無庸置疑的事物，因此我們才知道如何養育小孩、如何選擇領袖、如何找好東西吃、如何物色結婚對象。這些事物隨著時間而改變，有時慢，有時快。但在群居的世界裡，最根本的現實，是人類在某種程度上自己創造了現實。

人類打造了彼此認同的真理，這個概念本身意義深遠。這推翻了社會呈線性發展、從所謂的原始社會發展成文明社會的論點。一些構成政治和社會秩序的基石也因此開始動搖，從種族分野明顯可見到「生理性別與社會性別是同一件事」等等，都不再天經地義。鮑亞士相信，種族的概念應被視為一種社會現實，而非生理現實，跟其他根深蒂固的人造分野並無不同，舉凡種姓制度、部落，到派別等等貫穿不同社會的制度都不例外。兩性也一樣。塑造男女生活的不是固定、封閉的性別，而是彈性變化、因地而異的各種有關性別、性慾和吸引力的概念。對「純淨」的重視（即從祖先故土孕育而出、純淨無污染的種族、群體、國家），應該讓位給另一種經觀察證明的觀點：即混種才是世界的自然狀態。

假以時日，這些改變將會影響社會學家如何理解移民融入社會或被排斥在外、公衛人員對糖尿病到毒癮等地方特有疾病的看法、警察和犯罪學家如何找出犯罪的根源、經濟學家如何模擬買賣雙方看似無理性的行為等等面向。「混種」是常態、性別並非二元對立、人類性向的多元、社會規範影響我們的是非觀念，以上種種概念在塑造法律、政府和公共政策之前，都必須先被想像出來，並在某程度上經過證明為真。當你去參觀博物館或填寫人口普查單，或你的孩子走進八年級的健康教育課時，就會看到這場知識革命造成的影響。現今看到一對同志戀人在火車月台上吻別，或大學生在名著選讀課堂上讀《薄伽梵歌》，或把種族歧視視為道德破產和愚蠢至極，或任何人無論性別表現為何都能義正辭嚴擁有自己的辦公室或會議室，若這些都已司空見慣，不再是一種創新或理想，而是組織社會的一種理所當然的正常方式，那都要拜鮑亞士一群人捍衛的觀念所賜。

•
•
•

一頭亂髮，濃重的德國腔，法蘭茲老爹相當符合瘋狂科學家的形象。一九三〇年代他登上《時代》雜誌封面，一如往常從右邊取鏡以遮掩下垂的左臉，接受小羅斯福和導演奧森·威爾斯等社會名流對他的生日祝福。希特勒在他的祖國德國崛起之後，鮑亞士的著作就是納粹支持者第一批丟進火裡燒的書，愛因斯坦、佛洛伊德和列寧的書也包括其中。一九四二年鮑亞士逝世，《紐約時報》特別登文追悼，期許他的門生接下棒子，持續「他勇敢開拓出的啟蒙工作。」

這些人日後或將成為二十世紀的學術明星，或將跟成功擦肩而過。米德是坦率敢言的田野研究員和美國最偉大的公共科學家。露絲·潘乃德是鮑亞士的主要助手和米德一生至愛，她為美國政府做的研究更是決定二戰後日本未來的一大因素。艾拉·卡拉·德洛莉亞（Ella Cara Deloria）保存了北美大平原印第安人的傳統，卻貧困且默默無名地度過大半生。柔拉·涅爾·賀絲頓（Zora Neale Hurston）是紐約的「哈林文藝復興運動」（Harlem Renaissance）的叛逆旗手，她在鮑亞士指導下展開的民族誌研究，成為她如今已成經典的小說《他們眼望上蒼》的素材。還有一小撮在耶魯、芝加哥和柏克萊等名校開創世界頂尖人類學系的許多學者和研究者，也都是鮑亞士的門生。

他們是一群熱愛理解其他人類的科學家和思想家。他們相信，最深刻的人文科學不是去挖掘根深蒂固、不可改變的人類本質，而是揭開人類社會的多樣多變，亦即禮儀、習俗、道德和規範組成的龐大且多元的語彙。他們認為，人類用來解決基本問題的方式有千種百種，我們最珍視的傳統只是其中的一小部分，例如如何建立社會秩序或界定童年到成年這段過程。正如致命疾病的解藥可能藏在偏遠山林的未知植物中，社會問題的解答或許也能在其他社群解決人類普遍問題的方法中找到。而且，這項工作刻不容緩，因為國家不斷在改變，世界比過去更緊密相連，人類問題的解答本只會愈來愈薄（審定注：這裡指的是，隨著全球化的擴展，人類文化的多樣性會愈來愈少。）。

此外，遠走他鄉反而能對自家後院有更深刻的理解，發現事情不一定非如何不可。露絲·潘乃德稱之為「想像千篇一律的問題有非常不同的可能解決方案，從中獲得的啟發。」這就是鮑亞士鼓勵門生飄洋過海、舉辦展覽、就原住民語言和性別常規撰寫論文的真正目的。這些日復一日的努力，就是為了證明我們不是第一個走入婚姻、養兒育女、哀悼死去的父母，或決定由誰制訂規矩的人類。

鮑亞士和學生毫不懷疑我們有可能找到事實（truth）和理解現實。他們認為科學方法（把目前的結論當作暫時的，永遠可能被新資料推翻）是人類史上最大的進步之一。它重新塑造了我們對自然世界的理解，也會進一步翻轉我們對人類社會的認知。

他們相信，研究社會的科學必須是一種搶救行動。人類透過遺忘的巨大工程才成為現在的我們，例如遺忘這種樹叫什麼名字、遺忘何時要埋下種子、遺忘神偏愛何種稱呼等等。我們或許對祖先心懷敬畏，但沒人真的認得出他們。理解古今人類社會，就是一場抵抗遺忘的競賽。我們必須在遺忘——更慘的是記錯——人類曾經的模樣之前，努力收集人類文化的寶藏。

過去的做事方法已經遠去，我們的方法有天也會走入歷史。後代子孫日後將會對我們曾經的想法和行為感到不可思議，也會對我們的無知嘖嘖稱奇，或是責怪我們的道德判斷。因為如此，「文化」唯有是複數才有意義，這樣的概念是因為鮑亞士才變得普遍。梵谷和杜斯妥也夫斯基都是文化的一部分，但臉刺青、造獨木舟和「誰才算親屬」的問題同樣也是。

「謙恭有禮和循規蹈矩是普遍的概念，」鮑亞士曾寫道，「但怎麼樣才算謙恭有禮和循規蹈矩就不是普遍的概念了。」他跟學生都很清楚，相信人類具有永恆不變的本質能美化某些行為及鼓勵其他行為。即使在科學發現的年代，都很難擺脫上帝和傳統價值偏愛某類家庭和某種愛的信念——而這些信念永遠都是我們剛好最熟悉的那種。但鮑亞士一群人要傳達的中心思想是：所有人都是博物館展示品，儘管展現的方式各有不同。我們都有自己的禁忌和圖騰、神祇和惡魔。既然這些都是人為的創造物，要崇拜或將之驅除就是人自己的選擇了。

在那個時代，鮑亞士比任何人都明白一件事，那就是最深的偏見不是建立在道德論辯上，而是所謂的科學論辯上。人們相信：權利被剝奪的非裔美國人智力較低，只因為最新的研究如此宣稱；女性不能擔任重要職位，因為她們的軟弱和特有傾向都經過證明；弱智者應避免外出，因為社會進步的關鍵就是減少他們在社會中的數量；移民把落後家鄉的陋習帶到新國度，從疾病、犯罪到社會失序都是。

一個證明「人類的分野是無法跨越」的科學，必須由另一個科學去證明事情剛好相反來推翻。藉由讓美國人看見自己的奇特之處，例如對「種族」的成見、對日常暴力視而不見、對性的態度反反覆覆、對女性扮演管理角色不以為然的態度等等，鮑亞士一群人邁進了一大步，不再覺得其他地方如此陌生。這本書談的就是這些思想家的發現。他們讓我們知道，沒有一個社會是人類社會發展的終點，包括我們自己的社會。我們甚至不是人類發展史上一個特別的階段。歷史以循環或環狀運轉，而非直線，而且沒有明確的終點。我們的缺陷和盲點都跟任何地方的社會一樣顯而易見。

鮑亞士一群人挑戰習以為常的看法，寫下成千上萬封信，在蚊帳和雨水打濕的小屋裡度過無數夜晚，跟彼此陷入愛戀又分道揚鑣。對他們每個人來說，哪怕闖出一點名聲，惡名也難以避免。他們的學術生涯成了放蕩和粗野的代名詞，甚至傳達出「美國人或許並未創造出史上最偉大的國家」的瘋狂念頭。他們被開除，遭聯邦調查局監控，在媒體上被追殺，一切都是因為提出一個簡單的想法：研究人類社會唯一合乎科學的方式，就是把所有社會視為人類整體不可分割的一部分。

一個世紀前，這群門外漢在叢林裡和浮冰上，在印第安村落和郊區露台上，漸漸發現了一個令人震驚的事實，這個事實至今仍影響我們的公領域和私生活。

他們發現「禮儀造就人」（Manners maketh man，審定注：這句是英國古老格言，意思是，一個人的禮儀，決定他是否值得被視為人。）是錯的。

實際上剛好相反。

CHAPTER 2 巴芬島

瑪格麗特·米德前往薩摩亞群島之前的半世紀，法蘭茲·鮑亞士年紀尚輕，一心夢想著能在自己的祖國展開探險，那些山丘和沼澤地後來成為德國北部。他最討厭的事莫過於待在家，曾在小學生自傳中寫他最愛的書是《魯賓遜漂流記》，並因此相信自己要為將來的非洲「或至少是熱帶地區」的考察之旅做好準備。為了練習克難生活，他吃了很多自己討厭的食物。有次有個同學在附近河裡溺水，他划船找了好幾天，卻還是沒找到屍體。

一八五八年七月九日，他出生在明登（Minden）一個已經被同化的猶太家庭。明登是西伐利亞的一個小鎮，當時隸屬於普魯士王國。歐洲每個學童都知道鮑亞士的家鄉，因為史上最重要的戰爭協議即以它為名，亦即一六四八年簽訂的西伐利亞合約。這份協議中止了三十年戰爭，為現代外交立下根基。國際法的基礎由此奠定，以主權獨立的民族國家為系統的世界於焉形成。此後，秩序、有節制的權力和理性被奉為國際事務的基礎，也成為哲學家眼中的文明生活精髓。

即使在明登這樣相對落後的地方，鮑亞士這一代人也能瞥見啟蒙時代的餘暉。席勒和歌德逝世不過幾十年。曾被稱為「大洪水以來最偉大的人類」的普魯士博物學家／旅行家／哲學家亞歷山大・馮・洪堡雖然中風癱瘓，卻仍是當代人與十八世紀啟蒙思想家活生生的連結。這些人擁護的思想，即理性辯論、順應民意、以科學探索為人生職志等等，掀起歐洲有史以來最大的自由主義革命浪潮。

一八四八年，即鮑亞士出生前十年，武裝起義橫掃歐洲大陸，挑戰大西洋沿岸到巴爾幹半島的獨裁政權。學生、工人、知識分子和小農都挺身要求正義和改革。鼓吹新聞自由、集會權利和國家統一的大規模示威運動蔓延至德意志的許多王國和公國。巴黎築起防禦，推翻路易—菲利普一世的君主立憲制。匈牙利和克羅埃西亞的愛國人士反抗哈布斯堡王朝的統治。日後將這段綿延好幾個月的混亂、暴力和希望名為「民族之春」（譯注：又稱一八四八年革命）。但過不久冬天隨即降臨，王朝在一個又一個國家復辟。曾在街頭或精神上支持「四八黨人」的人退回大學校園和自由主義志業，有些則被迫流亡海外，政權轉移到普魯士的鐵血首相俾斯麥之類的人手中。

如果你剛好是猶太人，這種回歸地方生活的現象尤其常見。根據當代某個旅行者的描述，普魯士當時是個「如百納被一般的王國」，各式各樣的法規、宗教限制、行會特權、地方管轄權相當複雜。明登跟許多德意志的北部城鎮一樣，猶太人口相較於新教徒是少數。反猶是日常的現實，歐洲各地幾乎都是。但即使在王權復辟的年代，擁有好職位的猶太人對自己在當地社會的地位仍可有相當的自信。對鮑亞士的父母來說，「bürgerlich」（住在城市、受過教育、思想自由、中產階級）既是人生、也是身為少數民族成員的核心價值。

從實質和象徵意義上來說，猶太人都是地方事務的核心，他們住在市中心的連棟住宅，在大街上開店經商。他們是明登的零售商、銀行家、工匠和專業人員。普魯士直到一八六九年才賦予猶太人完整的公民權和公民身份。但在那之前，他們早就自成一個社群自我管理，固定支付公費維持猶太教堂的運轉，慶祝猶太節日，但也會在聖誕節互送禮物，鮑亞士一家也一樣。猶太人是跨國商業、旅遊和想像中的世界主義網絡的一部分。法蘭茲的父親麥爾．鮑亞士（Meier Boas）原本從事規模不大的穀物買賣，結婚後才得以深入其他行業，改做蘇菲（娘家姓梅耶〔Meyer〕）家的家族事業：為紐約的雅各．梅耶公司出口亞麻細布、餐具和家具。

身為家中獨子，小法蘭茲常惹務實的父親生氣、害寵愛他的母親擔心。他有活在自己世界裡的傾向，一方面憂鬱又常頭痛，另一方面卻又充滿冒險精神，碰到在意的事就無所畏懼。因為家境還算富有，他到當地著重古典語言和哲學的高級中學（德文為Gymnasium）就讀，拉丁文、法文和算術都拿到高分，甚至地理也是。但他是那種老師或許會以優秀但不用功來形容的學生，熱中的東西變來變去，很少在一件事上停留很久。

總結自己的學生生涯時，他說，要說他有什麼整體傾向的話，應該是對在自然界觀察到的事物做系統化的比較感到有興趣。一家人從海里戈蘭（北海上的英屬群島）避暑歸來時，法蘭茲為了帶回一整車因地質研究而收集的岩石，導致德意志海關人員得花大把時間審核。他還會把在森林裡發現的小動物屍體帶回家。他母親給了他一個鍋子，好讓他把動物燙過再拿掉骨頭以便進一步研究。

到了要考慮大學的時候，他開始猶豫推託——他這個社會階層的男生多半會去上大學，除非願意加入家族事業。父親建議他從醫，但他拒絕了。他或許可以讀數學或物理，雖然他對於這些學科最終會導向何種職業並無概念。他的考慮重點跟許多聰明的少年一樣：努力不讓自己變得「無人聞問和無人尊重」，他在給某個姊妹的信上寫道。一八七七年他進入海德堡大學就讀，那相當於德意志的牛津大學，位於一座夢幻尖塔林立的中世紀古城裡。第一晚他雇了車夫來火車站載他，之後還在當地旅館叫了一桌豐盛的晚餐，奢侈地慶祝入學。

德意志在普法戰爭後統一，當時已經是帝國，統一不過幾年。小時候，鮑亞士曾看過軍樂隊領著士兵前往法國的遙遠前線。如今，曾經聽過那場光榮戰役的年輕人把大學方庭改為臨時的決鬥場。大學生幾乎馬上跟一個個知己好友組成社團，其唯一真正的任務就是確保彼此不會越界。頭戴俊俏的軟帽，偶而配上鋒利的西洋劍，再加上酒精助興，他們活在一個私人恩怨只能靠痛快決鬥才能解決的社會裡。

有一次，鄰居大聲批評某友人琴藝不佳，鮑亞士遂跟對方大吵起來，並接受了對方的決鬥邀約。他劃破了對手的臉頰——算他好運，畢竟他受過的所有訓練就是兩個朋友幫他臨時惡補的劍術課，他自己的頭皮也少了一小塊，但至少算是贏了。兩人都帶著德意志年輕人上大學必留下的痕跡離開，那就是Schmiss，決鬥疤痕，跟輕騎兵穿在身上的織錦上衣一樣傲人。大學期間鮑亞士至少決鬥過五次，那是第一次，在模糊的騎士精神的烘托下更顯高尚。在往後的人生中，這些疤痕讓他的臉像古老的海象象牙一樣坑坑疤疤。他的額頭、鼻子和臉頰都有決鬥疤痕，還有一條參差不齊的疤從嘴巴延伸到耳朵。

大學生在德意志的傑出大學之間往來移動，在這裡聽聽課，在那裡找名教授指導，最後才考試拿學位並不稀奇。鮑亞士從海德堡到了波昂，然後在一八七九年來到基爾大學，一個位於北部低地、波羅的海沿岸一所優良但不算傑出的大學。會選擇這裡主要是意外。他有個姊姊湯妮在這座城市養病並接受治療，鮑亞士搬來幫忙照顧她。他繼續攻讀數學和物理學，逐漸寄望一個獨立的研究計畫能幫助他拿到做為學者生涯入口的博士學位；若是一切順利，說不定還能成為知名學者。

• • •

鮑亞士學習——和決鬥——的學府，都承襲了哲學家康德稱之為aufklärung（啟蒙運動）的思想體系。笛卡兒、孟德斯鳩和狄德羅等法國思想家摸索自然法則的架構和理性的力量來建構法律和政府，他們發現看似混亂的自然世界其實潛藏了數學的優雅。約翰・洛克和大衛・休姆等英格蘭和蘇格蘭思想家則提醒世人，真正的知識透過直接的經驗而產生，而非抽象思考。這些作家關心的是人類及人類理解世界的能力，但德意志作家更常關心的卻是人類和人類不完美的想像力。

尤其是康德。對他來說，人類在抽象推理上的限制應該是哲學家、倫理學家和研究自然世界的學者的研究主題之一。康德相信，我們或許活在一個由法則支配的世界裡，宇宙萬物或許都能放入一個井然有序、完美無缺的神聖計畫中。然而，人類的脆弱心智永遠會遮蔽它最深的祕密。我們對現實的理解透過感官而來，由此得到的資訊並不可靠。然而，與其對自認為感知到的一切存疑，通向真知最安穩的一條路，是把我們的注意力轉向自身的感知。

畢竟，雖然我們對於自認為看到的事物不無出錯的可能，例如看到海市蜃樓或把街上某個人誤認成老朋友，但自身對現實的感受卻不可能出錯。我們基本上都是自身經驗的專家。哲學家的工作應該是去研究轟炸我們的感官感知以及我們在腦中形成並信以為真的畫面，這兩者之間的距離。理解世界萬物的方法，就是在相信普遍的理性力量和堅定懷疑自身認知能力之間走出一條路。康德的弟子約翰・戈特弗里德・馮・赫爾德（Johann Gottfried Herder）甚至認為，所有民族都具有理解世界的獨特架構，亦即特定文化孕育出的「特長」。人類文明即是這些獨特生活方式組成的大拼圖，他們各自貢獻自己的拼圖，儘管有些比其他的粗糙，最後將一起組成人類成就的整體圖像。

沒有一個德國大學生能避開這些令人振奮又解放人心的思想。鮑亞士讀了康德，買下三十卷赫爾德的作品選，並細細鑽研洪堡的文字，後者主張應將自然萬物視為一個相互連結的系統。基爾大學特別著重這些概念的實際應用。大學教師強調科學活力、實證觀察，以及留意世界萬物不斷變化的表相。有些年輕教授已經開始提出理解物理現實和人類認知之關係的實驗。鮑亞士跟隨他們的腳步提出了研究液體光度特性的論文題目。他的研究計畫是觀察光線在水下的偏振，在通過某些介質時改變外觀。這個題目能讓他進行實際的觀察，並利用基爾大學的實驗室設備從事開創性的研究，這也是拿到高等學位的必備條件。

過不久，他開始忙著把光投射到裝了不同液體的試管，觀察光通過試管後呈現的特性。他還在基爾的繁忙海港租了一艘船，把瓷盤和鏡子浸到混濁的水裡，測量其反射的光線到多深的地方才會改變。雖然一切都很陽春又不專業，但勉強還是通過了考試。一八八一年七月，鮑亞士拿到了物理學博士學位。

然而，就在這個時候他決定改變跑道。研究令他厭倦，寫博士論文的人最終多半都有此感。而水實驗得到的中等成績——優等但非最優——絕對無法獲得獎學金或招聘委員會的青睞。再說，若要在德國大學任教，他就需要更高等的博士學位，亦即大學教授資格，那勢必要提出另一個創新的研究計畫。鮑亞士逐漸發現，自己真正的興趣不在研究永恆不變的物理定律，或是建立強而有力的數學證明，而是理解眼睛所見和他放進海水裡的瓷盤之間的落差。

鮑亞士知道，當光通過水之類的介質時，有個客觀的色譜會根據可預測的定律改變。但試圖理解我們的心智如何詮釋光頻率的細微改變、如何決定某物不再是藍色，而是藍綠色，又是另外一回事。他發現這是完全不同的研究題目。一個研究的是實體的世界，一個研究的是人類的感知，或是德國大學生後來援引康德所稱的「本體」和「現象」。鮑亞士想投入的是後者，他想探究的不是自然所做的事，而是我們如何理解它所做的事並產生判斷。其中一個方法，就是去看看跟我們截然不同的人如何看待世界萬物。這麼一來，他就得離開明登和基爾這些熟悉的地方愈遠愈好。

• • •

鮑亞士跟他那一代的很多年輕人一樣，從小聽北極探險故事長大。北征跟歐洲國家爭搶非洲並無兩樣，只是背景換成冰天雪地。但北極圈土地荒涼，人口稀少，這表示參與極地競賽的多半不是士兵和商人，而是科學家和愛國人士。他們的目的不是剝削土地和當地人力，而是純粹的探險。每個德意志學童都被灌輸了超前其他國家抵達世界盡頭即能宣揚國威的觀念，鮑亞士也不例外，對報效國家滿懷熱血。

四十年前，有支英國遠征隊前往北極，卻敗在移動的冰塊、壞血病和飢餓之下。往後幾十年，英美也有其他探險家前往北極繪製北極海地圖、收集當地原住民族的資料，以及測試人類忍受極地氣候的極限。一八六〇年代末和一八七〇年代初，德意志探險家和學者也加入行列。有兩名德意志極地探險家對抗大片浮冰，繪製格陵蘭沿岸的地圖，收集植物樣本供德國大學進一步研究。雖然從未抵達北極，但他們的失敗反而燃起了其他探險家的鬥志。統一後的德意志終於能夠投入全球探險的盛大競賽。

論文口試後沒多久，鮑亞士就用心寫了一份考察計畫：研究世界第五大島巴芬島（在加拿大北方）上的原住民的遷移型態。德國科學研究員和常在沿岸出沒的蘇格蘭和美國捕鯨船對巴芬島已經很熟。鮑亞士花了好幾個月翻閱科學文獻，學一點伊努特原住民說的語言，聯繫有可能幫助他開創新研究領域的地理學家和探險家。他說服《柏林日報》讓他撰寫一連串探險文章，還告訴編輯，他可能成為德國的亨利．莫頓．史丹利，即前往中非尋找探險家大衛．李文斯頓的名記者。史丹利當年為《紐約先驅報》寫的文章轟動一時，鮑亞士認為自己也辦得到，尤其如果他跟史丹利一樣，寫得「誇大渲染」的話。

剛開始計畫時，鮑亞士並未告知家人。當他終於把這件事告訴父親時，同時也提出了一個不算過份的請求：請父親資助他大半旅費。麥爾．鮑亞士想必覺得很荒唐，獨生子又一時興起了。儘管如此，他兒子或許能因此拿到特許任教資格（Habilitation），進而找到一份真正的工作。他勉為其難點了頭，但附帶一個條件：鮑亞士得帶家僕威爾翰．衛克同行，擔任他的助手和護衛。

於是鮑亞士回到明登帶上衛克並跟家人辭別。他練習用左輪手槍近距離射擊以抵擋危險，因而有了耳朵轟轟響的後遺症。一八八三年六月中，鮑亞士和衛克抵達漢堡。漢堡是當時德意志帝國最熱鬧的貿易中心之一，遠從南美洲、印度和東亞來的汽船都會沿著易北河而上。兩人從碼頭走向日耳曼尼亞號，一艘由德意志極地考察團（德意志帝國協調極地考察的主要單位）所裝備的老帆船。這艘船的任務是要接送另一組剛在巴芬島待滿一年的研究員。考察團同意讓兩名獨立旅行家免費隨行。

船務人員把他們的東西搬上船，包括科學儀器、禦寒衣物、地圖、藥物、帳棚、能帶多少算多少的食物，還有菸草、刀子、針、其他可供交易的物品、極地考察團捐贈的水果，以及一個父親的寬容放任。兩人在船上安頓好，準備展開這趟航向北海的漫長旅程。「別了，我親愛的祖國！親愛的祖國，再會！」鮑亞士在日記上激動寫下。用纜繩固定的雙桅帆船日耳曼尼亞號很快起錨，把頭調向外海。船邊走邊接受群眾的歡呼。在蒸氣時代，看見一艘舊式帆船啟航，即使帆未放下，仍是一件令人興奮的事。麥爾站在碼頭上目送日耳曼尼亞號朝著下游漸行漸遠。

•••

那年春天，鮑亞士已經開始稱巴芬島上的人「我的愛斯基摩人」。上世紀以來，當地的伊努特人跟歐洲和北美捕鯨船愈來愈常接觸，如今他們已經是這波極地探險熱潮中不可或缺的角色。據鮑亞士所知，到北極圈旅行一定少不了伊努特人的幫助，即使歐洲人返國後寫的紀錄裡很少提到他們。歐洲人發現的事物，伊努特人多半早已知道。「我也會找個愛斯基摩人協助我完成工作，」他在兩頁的草案中自信寫下。

十六世紀時，英格蘭的私掠船長馬丁・弗羅比舍（Martin Frobisher）出發尋找連接大西洋和太平洋的西北航道，伊努特人至少從當時就為歐洲人熟知。一些最早的紀錄形容他們凶狠狡猾，跟大群像狼的狗一起生活。「他們吃全生且腐敗的肉，獸肉魚肉都是如此，或用血和一點水將東西略煮過，再把血水喝掉。如果沒水，他們就吃結凍的冰，跟我們吃糖果或其他糖一樣享受，」弗羅比舍的一個手下戴歐尼斯・塞陀在一五七七年寫下。船員還收集了能證明其發現的證據。「兩個女人，不像男人那麼會逃，一個看起來就像實際年齡，另一個帶了個小孩，」他寫道，「我們把人帶走。」總共四個伊努特人，一個叫卡里裘的女人，一個叫阿娜克的女人和她的小孩努塔克，加上另一個無名的男人，最後都被帶往英格蘭。他們成了伊莉莎白一世時代的人好奇張望的對象，直到病逝或傷重不治（因被補時受的傷）。他們是歐洲文獻中第一批有名字的北美原住民俘虜，不再只以「愛斯基摩人」或「印第安人」註明。

到了十九世紀，歐洲人對伊努特人的興趣轉移到他們生活的環境。日耳曼尼亞號要去接的科學家，是一八八二年浩浩蕩蕩展開十一國極地考察計畫的成員，他們的任務是記錄氣象型態和理解地球的磁場。但鮑亞士迷上了伊努特人，對於他們如何長距離移動、如何在艱困環境下生存，以及如何理解外人看來荒涼且無定形的土地深深著迷。

他已經針對食物取得、遷移模式和環境之間的關係提出初步的假設，但都是透過閱讀手邊的科學報告和參加少數學術研討會得來的模糊資訊。在他的想像中，投入創新的研究並在筆記本裡填滿從當地蒐集來的發現，將遠遠超越當初他為了博士論文所做的那些三腳貓實驗。「地理圈會馬上接納我，」出發前幾個月他寫信跟姨丈說。他的姨丈是流亡美國的四八黨人、後來成為紐約名醫的亞伯拉罕·雅克比。

鮑亞士和衛克展開了長途航行。當日耳曼尼亞號轉向易北河口的海里戈蘭群島時，北海上狂風呼嘯。出海才兩天，鮑亞士就開始暈船。在船長和四名船員的掌控下，船經由謝德蘭群島和法羅群島駛向冰島跟格陵蘭，拐了個大彎才終於駛進巴芬灣——進入加拿大北極圈的通道。

天氣一天比一天冷，海洋似乎整天都在變換色彩，鮑亞士不厭其煩地在日記上記下這個現象。為了消磨時間，他試著教衛克一些英語，「但他不要就是不要。」鮑亞士還記下自己暈船的狀況：很多時候「暈船」，其他時候「嚴重暈船」。將近三千哩的航程一週週過去，船的兩邊什麼都沒有，除了劈劈啪啪有如打雷的冰山崩裂聲。冷冽海面上浮現海市蜃樓，矇騙眼睛，讓他們兩人以為有座美麗的教堂座落在大海中央。在海上，難以確定什麼是真。

七月中，巴芬島終於映入眼簾，但要上岸比登天還難。又過了六週，船長和船員才找到方法克服飄忽不定的風和漂移來去的致命冰山。最後，日耳曼尼亞號在八月二十六日進入北極圈以南的坎伯蘭灣，前往克克爾頓島上的小聚落。

船進入視線時，村裡的狗嗥叫不止。身穿海豹皮外衣、外罩棉布裙的伊努特女人跑過來拋纜繩給日耳曼尼亞號靠岸。捕鯨站的人升起英國和美國國旗迎接他們。一上岸，鮑亞士和衛克就啜了一口歡迎他們到來的蘭姆酒，看見狗拖著海象屍體在伊努特聚落裡的零星帳棚間穿梭。「沒有我想像的那麼髒，」受邀進入帳棚的鮑亞士如此形容。「上岸後我看到第一叢花朵，雀躍無比。」他摘下野草，小心地壓進筆記本，跟小時候一樣把樣本存下來。「幾天後船開走，」後來鮑亞士回想，「只剩下我跟僕人留在愛斯基摩人聚落。」

鮑亞士原本打算記錄伊努特人在島上的移動狀況，以及浮冰和雪堆，還有海豹群的習性，但很快他就發現實際上有多困難。猛烈的冰雪和天氣迫使他和衛克在坎伯蘭灣附近滯留了幾個月，以克克爾頓島為主要基地。但他並沒有浪費在那裡的時間。鮑亞士帶了許多筆記本，皮革裝幀，大理石紋邊，跟他想像中學者探險家會用的筆記本一樣。出外時，他在上面寫滿數字，按時記下風向、緯度和經度。寫到第二本時，他也開始寫下伊努特文字，那是他到原住民帳棚和住家長時間交談之後自製的字彙表。

這些人圍繞著他，人數遠超過捕鯨人的小社群和兩名外行探險家。幾個禮拜過去，他發現沒有他們的幫忙，什麼事都做不成。他跟名叫席格納的伊努特人在漫長冬夜裡交談，混合使用多種外語，同時也學會愈來愈多席格納的母語。鮑亞士不無驚訝地發現，席格納也有自己的故事。他出生在戴維斯海峽沿岸，大一點才來到克克爾頓，從小在坎伯蘭灣西邊的大湖上獵鹿。他太太——捕鯨人都叫她貝蒂——為人開朗又親切，但要求他每次跟德國人出外探險就得帶海豹肉和鯨脂回家，就像明登的主婦要丈夫去肉鋪買肉回家一樣。席格納不是從未離開過家鄉、在永久不變的海岸線上討生活的原住民，他有自己的過去和家族系譜，曾經漂泊和遷移過，擁有困苦和快樂的記憶。

從席格納和其他社群成員口中，鮑亞士聽到並開始記下伊努特人的故事，就像記錄風速和航行期間海水顏色一樣。他的語言技巧很初級，但結合伊努特語、洋涇濱英語和捕鯨站的國際通用語還湊合得過去。他提到伊努特人在帳棚裡玩的遊戲、狗雪橇的陣式、穿馴鹿皮衣的正確方式、建造冰屋的方法、在冰天雪地的世界裡如何面對突如其來的沮喪。過不久，他的伊努特字彙表變成更長的句子。他畫了一張家族樹，一邊猜誰跟誰是什麼關係，一邊用鉛筆初步寫下來。他利用小時候上鋼琴課學會的記譜法記下他聽到的歌，一個音一個音寫下C或G調的旋律。

他收集當地人的知識，請他們用線畫出所知地方的地圖，並加上雪橇路線和安全通路。

他素描了昆蟲，有蚊子、螞蟻、蜘蛛網中間的蜘蛛，並標上伊努特文名稱。後來他還用拼音版的伊努特文寫下整段故事。他一個帳棚接著一個帳棚大致做了人口調查，坎伯蘭灣附近的每個人都被調查過。明登沒人想像得到會有這天，即使是海德堡或基爾的大教授也很難想像有人的生命如今會取決於浮冰是滑是粗，或是否有足夠的狗來拉雪橇。現在鮑亞士知道若大家都去追馴鹿的話有多難湊齊一船的水手，還有當洋流把海豹屍體沖進冰洞、帶來你的晚餐時，那是什麼感覺。

• • •

十月底，克克爾頓有個發燒、咳嗽和肺充血的伊努特女人來找鮑亞士。他從帶來的物資裡拿出松節油讓她塗抹胸口，拿奎寧和鴉片讓她降燒和止咳，讓她吸阿摩尼亞舒緩充血。她脫掉上衣，急著想讓呼吸更順暢，鮑亞士用自己的圍巾包住她的肩膀，免得她受凍。村人請他定期查看她的狀況，畢竟衛克無論當眾或私下都叫他Herr Doktor。對伊努特人來說，他是Doktoraluk（大醫師），需要醫療建議或快速治療時自然就會來找他，儘管他是受過訓練的物理學家，不是醫生。

兩天後女人死去，下個月又有一名男孩死去，鮑亞士坐在旁邊看著他的呼吸愈來愈吃力。雖然總是有人凍死或在獵海豹時送命，捕鯨人有時也會在海中喪命，但這類死亡卻前所未見，似乎有什麼原因導致健康的男女和小孩在陸地上溺死。

鮑亞士雖非醫學專家，但他知道這些症狀。這是白喉，過去在坎伯蘭灣從未聽聞，現在卻橫掃一個又一個聚落，留下一連串破碎的家庭。他看見伊努特人扯破衣服，在小屋和帳棚間瘋狂地跑來跑去大吼大叫，因為發現了死去的親人。他看著他們拆掉有人死在裡面的帳棚，因為害怕死者的靈魂會騷擾生者的世界。「我一直告訴自己，那孩子會死不是我的錯，」他在十一月十八日寫道，「但我的心情還是很沉重，像在怪自己幫不上忙。」現在伊努特人家家戶戶都有小孩生病，再過幾個禮拜，死亡的消息就會從更遠的地方傳回克克爾頓。

流行病爆發的時間正好就是鮑亞士抵達的時間，當地人很自然把兩件事聯想在一起。鮑亞士說好聽是庸醫，難聽的話就是帶來死亡的人，周圍開始議論紛紛。當地有個治療師叫那布金，住在坎伯蘭灣西岸，他要伊努特人別再招待鮑亞士到家裡作客、當他的嚮導或供他雪橇狗。一月時，鮑亞士前往坎伯蘭灣的另一邊拜訪他，請對方邀他進冰屋裡坐。他提醒那布金，他是供應他彈藥和其他物資的主要來源，要是不讓他進門，就別想再拿到這些物資。那布金的態度軟化，之後帶著海豹皮去向他賠罪，還答應他會繼續帶他到島上考察。

這類事件不勝枚舉：協商和勸誘，道歉和悔改，禮物送出又收回，受傷的感覺、犯下的錯誤和原諒的時刻一再上演，最後雙方重新講和。對鮑亞士來說，巴芬島的居民原本是他研究的對象，只是等著被繪製和研究的土地的一部分，從來不是有血有肉的人。但跟他們住在一起之後，他感覺得到自己的邏輯和對生命的觀點逐漸轉變。「你知道嗎，我曾經認為我很冷血，因為我對很多事都沒有強烈的感覺，至今仍然是，」那年十二月，他給瑪麗．克拉克維澤的信上說。對方是一個特別的朋友，但或許有人懷疑不僅止於此。

我常問自己，我們的「好社會」哪裡強過這些「野蠻人」，我愈看他們的風俗愈覺得，我們無權看低看輕他們。我們哪有這裡的人如此熱情好客？哪有人會如此心甘情願、毫無怨言地完成他人要求的事！我們不該譴責他們的習俗和迷信，因為我們這些「高教育水準」的人比他們差多了。

他計畫要挖出潛藏在土地、惡劣天氣和捕獵經濟的相互作用下的普遍原則，也確實繪製出伊努特獵人的某些移動模式，並抵達巴芬島不為外人所知的偏遠地帶。但他同時也對自己有了新的認識。這個改變除了來自他聽說的伊努特故事和跟伊努特人用餐時的發現，也來自於他觀察自己與他們互動——感知自己的感知，可以這麼說。他漸漸發現，真正的啟蒙來自當風在小屋外大聲呼嘯，或巫醫控訴他帶來邪惡和死亡之際，承認自己的缺點和挫敗，看到自己的不足和軟弱。冰天雪地的環境似乎促使人自我反省。現在他明白了一件事：唯一能在凍瘡毀了你鼻子之前擊退它的方法，就是旁邊有人盯著你，在你的皮膚浮現不自然的白時跟你說。與席格納拉狗雪橇出遠門時，他的死活取決於能不能把他的伊努特嚮導當作一面鏡子，直視對方的臉，同時也如此回報他。「我相信對每個人、每個民族來說，為了尋求真理而拋棄傳統都是極大的掙扎，」他從安拿尼通寫信給瑪麗，一處位於坎伯蘭灣頂端的伊努特營地。他說他最重要的體悟是：「我認為所有教育都是相對性的。」

在伊努特社群裡，一個有「醫生」頭銜的人無法治癒生病的孩子；一個大學畢業生對風雪一無所知；一個探險家要倚賴陰晴不定的狗群。這些他都親眼目睹——直視自己的無知隨之而來的迷惘，跟皚皚冰雪上的褐色海豹一樣清清楚楚。聰明是相對的，因人所在的處境和環境而改變。德文裡甚至有個字用來形容伊努特社群裡主人對他展現的敬意，以及雙方彼此互相學習的過程。這個字是鮑亞士在德意志知名學府遊歷期間從洪堡和其他哲學家的著作中看到的，用它來形容他在北方經歷的心靈轉變似乎再適合不過。這個字就是Herzenbildung（心的修練）：訓練一個人的心看見他人人性的那一面，結果會改變他在世界上的位置，也改變了他對世界的看法。

那年冬天在安拿尼通和克克爾頓期間，以及冬去春來時，他繪製了坎伯蘭灣的西邊地區，還跋涉到清澈透明的內蒂靈湖，過程中不但凍傷還曬傷。多半夜晚他都在帳棚或冰屋裡度過，衛克或許在他右邊，一名伊努特女性在他左邊幫他弄乾衣物，席格納和其他伊努特男性談天說地，滿嘴都是冰凍的海豹肉。鮑亞士就在他們中間，忙著將墨水解凍，用他稱為他的Krackelfusse（雞爪）的獨特小字在筆記本上振筆疾書。

• • •

日後若需要這些頓悟時刻的證明，他只要回頭去看當初寫的筆記就行了。即使到今天，生海豹肝的血跡仍在筆記本上歷歷可見。鮑亞士和衛克在巴芬島待到一八八四年的最後幾個月。當他們在北極的第二個冬天即將展開時，兩人就跳上一艘帆船前往新斯科細亞省的省會哈利法克斯，再從那裡搭快船前往美國。他們的行李箱裡塞滿了筆記本和手繪地圖，很多都是伊努特人自己畫的，還有字彙表、文章、素描等等。鮑亞士已經把照相底片寄回德國，也依約將文章寄給《柏林日報》，並在中歐贏得一票熱情的讀者。

當汽船阿丹德胡號在九月二十一日抵達紐約時，鮑亞士已經大概十五個月沒踏上過像城市這樣地方。他跟衛克身上只剩下馴鹿皮衣，因此鮑亞士還得跟船長借衣服才能走上碼頭去見迎接他的親戚，其中包括雅各．梅耶；他是梅耶家族事業的擁有人，間接贊助了他不少旅費。

一個天大的消息很快在親友之間傳開。在北方期間，鮑亞士跟瑪麗私定終生。瑪麗是大西洋彼岸的奧地利人，父親是紐約的權威醫生，她是他傾訴內心想法的對象。鮑亞士當初在日耳曼尼亞號上的艙房裡掛了一支繡上她名字的旗子，甚至在巴芬島留下一艘以她的名字

「瑪麗」命名的船。兩人多年前在德國的一處山上名勝相遇。此刻，碼頭上嘰嘰喳喳的人群中並沒有她。她去了北部的喬治湖，一個熱門度假勝地，鮑亞士馬不停蹄搭上北上的火車。不久，瑪麗的家人就答應他將婚約公諸於世。

他們想必答應得很勉強。瑪麗的背景無可挑剔，比起鮑亞士出身平凡的父親，更接近他母親的家世背景，而鮑亞士根本還不知道怎麼養家。他的職業生涯還停留在藍圖階段，在德意志不保證能當上教授，在美國更是希望渺茫，現在他卻打算娶一個離原生家庭一個海洋遠的女人為妻。當初他能涉足新聞界，也是靠父親在背後撐腰：麥爾付給《柏林日報》一筆保證金，保證兒子會依約交稿，不會拿了報社給的預付金就捲款潛逃。

鮑亞士有的是旺盛的精力。他很健談，對於聯絡不認識的人或帶著一長串考察計畫登門拜訪，或說明他迫不及待跟人分享的創新假設，都不會難為情。他或許會從自己遭北極熊攻擊而在臉上留疤開始說起，讓聽的人不知他是否在說笑。見過瑪麗之後，他開始整理北極考察之旅的科學成果，把資料寄到學術期刊，也為在美國發行的德意志報刊撰寫短文。他知道華盛頓的北極收藏品尤其豐富，當時就收在離國會山莊不遠的一家新博物館裡。於是他再度離開瑪麗，搭火車南下赴約，希望能為他進展緩慢的事業開啟下一階段。

・・・

一八八四年秋天，聯邦城（譯注：即華盛頓市）正處於政治社會變遷掀起的風暴之中。當時的美國總統是共和黨的切斯特・亞瑟，他在白宮眼睜睜看著自己的黨提名另一個人——詹姆斯・布萊恩——角逐那一年的總統選舉。他的對手格羅弗・克里夫蘭一心想成為內戰之後第一個搶下總統寶位的民主黨候選人。克里夫蘭是公認的好色之徒，可能還有私生子，「媽媽，爸爸在哪裡？」甚至成為共和黨造勢大會最愛的口號。爭取婦女參政權的貝爾瓦・安・洛克伍德也代表平權黨競選總統，儘管大多數女性都還沒有投票權。國家廣場上有一座紀念喬治・華盛頓的白色方尖碑即將完工，就矗立在國會大廈和波多馬克河的大河灣中間（流經維吉尼亞州阿靈頓郡的古老農場）。那年十二月把花崗岩置頂之後，紀念碑就成為首府最突出的地標之一。

從紐約來的旅客在離國會山莊西坡不遠的火車終點站下車後，就會看到它。鮑亞士從那裡走一小段路穿過國家廣場，步向兩棟砂岩和紅磚建築。將近五十年前，詹姆斯・史密森（James Smithson）將一筆可觀的遺產送給美國人民作為科學研究和教育使用。史密森是個業餘化學家及英國公爵的私生子，如何處理這份遺產在美國引發多年的爭執，國會終於在一八四六年通過成立史密森尼學會（Smithsonian Institution）。

為了收藏史密森的遺贈，建築師設計了兩棟奇特的建築，一棟是造型獨特的城堡，一棟是歐洲火車站跟康尼島旋轉木馬的混合體。裡頭的收藏包括一系列同樣奇特的捐贈品，上面寫著真實度令人懷疑的標籤，例如「末代印加人阿塔瓦爾帕戴過的頭飾」及「傳說『約瑟和瑪麗亞在樹下休息過』的無花果樹枝條」。然而在鮑亞士的時代，每個對探險和實用藝術有興趣的人都認為這兩棟建築具有神奇魔力。它們組成了當時稱為國家博物館的核心收藏，此名至今仍刻在較大那棟建築的石牆上。

史密森要求把他的遺產用於「增進和普及知識」上。放眼世界，沒有國家比美國的這所博物館更能象徵國民教育和良好政府之間的關係：美國政府決定把這所新博物館設在共和國的主要治理機構附近，也就是首都的核心。也沒有國家比美國有更經歷豐富、更具說服力的代言人。此人就是集軍人、探險家和學者身份於一身的約翰．威斯利．鮑威爾（John Wesley Powell）。鮑亞士要見的人就是他。

右邊袖子用別針固定藏住斷臂，大鬍子落在厚實的胸前，鮑威爾的一生活脫脫就是兒童冒險故事的翻版。他比鮑亞士大將近二十五歲。任何一個懷有雄心壯志的旅行家或地理學家若是認為，所有偉大的發現在鮑威爾那一代人手中都已經完成（就算不是鮑威爾本人）也情有可原。

鮑威爾出生於紐約州，從小在西部邊境（譯注：指十九世紀美國領土擴張時期的西部蠻荒地帶）長大，當時白人移民仍群居在他們眼中的蠻荒之地，周圍是未砍伐的森林以及尚待征服的敵人。他在大學裡進進出出，算是個偏遠地區的知識分子，酷愛閱讀，對探險隱約有股渴望，曾經走路橫越威斯康辛州，獨自划船從伊利諾州、俄亥俄州再到密西西比河，一路抵達墨西哥灣。

一八六一年南北戰爭爆發，鮑威爾加入北軍步兵團擔任二等兵，不久就率領自己的砲兵連並得以運用自己私下對於弧形彈道、瞄準和連續齊射的研究成果。一八六二年四月，已升上軍官的他在田納西州西南部參與慘烈的夏羅之役。當他舉起右手下達射擊命令時，一顆米尼彈劃過他的手腕，後來醫生切除了他手肘以下的手臂。復原之後他回到戰場，繼續把手下和槍砲拖往密西西比河沿岸和西部戰場作戰，期間還不忘收集戰壕裡的化石。

戰爭結束後，鮑威爾幾乎馬上重拾年輕時的冒險之旅，但這次的目的是獲得大眾的矚目。一八六九年他接受史密森尼學會的委託，從綠河和科羅拉多河穿越大峽谷，締造了前所未有的紀錄。之後又分別在一八七一和七二年完成類似考察，交出第一批考察美國西南部奇景的地圖、日記和照片。

一八七五年出版《西部科羅拉多河及其支流的探查記錄》後，他立即成為美國最知名的探險家，不過書當然是由他口述再請人抄寫，因為他用左手連簽名都有困難。平鋪直敘的書名掩去了他的寫作決心，從頭到尾都用現在式的寫法從此奠定他的文壇地位。「綠河城的好人來看我們啟程，」他劈頭就說，「我們升起小旗子，把船推離岸邊，湍急的水流隨即把我們沖走。」這種「你就在現場」的寫作風格給讀者一種急迫不定的感覺，彷彿他們也戰勝了急流，而大峽谷明暗對比強烈的山壁就聳立在他們頭頂上方。那個時代的版畫呈現他一手掌舵的英姿，濺起的浪花吞沒他的小船，船眼看就要沉沒。

鮑亞士抵達華盛頓時，鮑威爾已經是美國博物學家和探險家公認的領袖。聚集在他周圍的業餘探險家、退役軍人、官員和神職人員，逐漸合成一個未經訓練但對知識好奇的新團體，致力於發掘美國的自然寶藏並讓政府規劃者理解它們的價值。鮑威爾在華盛頓特區西北區M街家中客廳舉辦的非正式聚會，日後將形成「宇宙俱樂部」（Cosmo），成為首都博學多聞之士的聚會所。他對國會提出的土地管理和水資源的報告和實用建議，為他贏得許多朋友和支持。一八七九年他組成美國第一個地質調查局，為決策者提供自然地理、地質和水文的資訊。

除此之外，鮑威爾也奉命帶領政府新成立的美國民族學局。地質調查局的工作是研究西部地區的自然資源，民族學局則是對住在那裡的人進行同樣的研究。日後，美國人對本國邊境的認知，例如地形、水系、山脈、大草原、原住民和原住民語言，都是鮑威爾孜孜不倦的調查和收集累積下來的成果。一八八〇年代中，地質調查局和民族學局的成員、資金和大型計畫，比世界上任何一個學術機構還多，使鮑亞士在德意志可能見過的計畫都相形失色。其年度報告都是厚達千頁的嶄新發現，經過嚴謹的編輯並加上圖示，由鮑威爾作序，總結當年度對原住民族及其風俗習慣的新發現。這些發現因為太過重要，因此每一頁都被列入史密森尼學會的上級單位——美國眾議院——的紀錄。

其他國家也有皇家學院和私立博物館，但基礎科學如今在美國得到代表人民的最高機構（國會）的認可，彷彿人民自己在調查上天賜予他們的土地。這一切都讓人熱血沸騰，因此對野心勃勃的年輕冒險家來說，跟在鮑威爾身邊有如置身於宏偉計畫的核心。一方面有一整塊大陸的自然資源可為創新研究所用，另一方面有政府機構提供研究所需的資金和人力。除了鮑威爾，世界上沒有鮑亞士更想見上一面——老實說，還有成為——的人。

但這次見面卻讓鮑亞士大失所望。鮑威爾告訴他，民族學局目前並無職缺，規模更大的史密森尼學會也沒有進一步的招募計畫。即使兩機構都預算龐大，也有雙雙併入新成立的自然史博物館的計畫，可惜鮑亞士晚來了幾年。如今職位都已分派完畢，進一步的考察和繪圖行程也已準備就緒。甚至正當他在跟鮑威爾交談時，民族學局的研究員就要完成美國跟切羅基族的協定關係、納瓦荷族的歌曲和儀式、佛羅里達州塞米諾爾族的習俗、祖尼族的育兒方式等等主題的大型研究。

除了近期的田野經驗，鮑亞士沒有什麼推薦信，但他的田野調查地都不在美國。儘管如此，鮑威爾仍然答應鮑亞士等他完成巴芬島的探查紀錄，會將一部分內容刊登在民族學局下一期的年度報告上。至少巴芬島之行的成果有望呈現在華盛頓人的眼前，但鮑亞士擔心鮑威爾提出的金額不夠他支付種種費用，因為還得繪製地圖和製作蝕刻板。此外，他的英文也有待加強，在衛克或席格納面前還能充充場面，在美國人面前就不行了。他發現自己在華盛頓的一場學術聚會裡跟不上大家的討論，不得不由祕書代他唸出文章，他只能在一旁乾瞪眼。不久他就沮喪又困窘地返回紐約。另外兩場由雅克比姨丈安排到哥倫比亞學院的演講也是語言上的災難。

他在紐約和華盛頓的求職都碰壁。博物館或大學似乎都不缺人。他別無選擇，只能先回德國。這個消息想必讓麥爾和蘇菲喜出望外，對鮑亞士卻代表了一大挫敗。瑪麗留在美國，兩人的婚事延後，直到他拿到有資格求得一官半職的證明為止。一八八五年三月，他踏上歸途，橫越大西洋，不確定自己何時或會不會再回到美國。

唯一的安慰是，他的英文已經進步到足以形容他心裡的感受。這種形容心情的用語是他從瑪麗那裡學來的——「the blues」（憂鬱）。

CHAPTER 3「所有一切都是個體」

「抵達的時候，」蘇菲．鮑亞士從明登寫信給紐約的亞伯拉罕．雅克比說，「他因為在那裡遭受的挫敗而灰心喪氣，我看了也為他心痛。」鮑亞士選在這時候離開紐約是天大的錯誤。從巴芬島歸來之後他就一直想打入的科學圈即將爆發巨變，他卻剛好失之交臂。

「人類學」（anthropology）這個字的某個版本從亞里斯多德的時代就已存在。但在十九世紀，人類學多半研究的是人類此種物種的發展，即從出土的頭骨和骨骼回溯智人的源頭。這時學者才漸漸發現，人類學值得擁有自己的專業稱號或大學系所。牛津大學的愛德華．伯內特．泰勒（Edward Burnett Tylor）是第一批得到「人類學家」頭銜的教授之一，他將人類學簡單地定義為「研究人的科學」。一八八一年他開始編寫人類學課本，邀請讀者跟他一起站在利物浦或倫敦的港口上，留意各式各樣經過的人：「非洲黑人」的特徵是「鼻塌，鼻孔寬大，嘴唇又厚又突，還有……下巴明顯外突」或「中國人……蠟黃皮膚，又粗又直的黑髮。」有些最早使用「人類學」一詞的學術機構，例如英格蘭皇家人類學會或法蘭西自然史博物館的人類學主任，同樣將人類學視為解剖學或自然史（研究動植物在地質年代中之形體變化的學問）的分支。

鮑威爾感興趣的領域「民族學」（ethnology）遠比「人類學」一詞更新穎，是一八四〇年代才新創的詞。若人類學研究的是希臘的 anthropos，即「人類」這樣的存在，那麼民族學研究的就是在 ethno 脈絡下的人類，ethno 即人類的社會或社群，是人類為自己分類的單位，例如國家、民族、部落、種族等等的族群。泰勒（Edward B. Tylor）稱之為「研究文化的科學」，並認為這門科學將揭開「石頭箭頭、雕刻木棍、偶像、墳塚……巫師的儀式……動詞變化」如何代表原始民族的生活方式，就如同移民表單上呈現文明程度的各項評量。這些社群是如何產生的？彼此之間的語言和習慣差異為何？抱持何種世界觀？如何發展出從親屬關係到求神問卜等等思考各種事物的獨特方式？

在回答這些問題的過程中，建立名聲的一大條件就是進入學術界擔任要職及收集資料。泰勒藉由研究收藏家和探險家的著作，整理偏遠陌生民族的行為語言和信仰，取得了牛津的教職。跟他同時代的律師及劍橋教授詹姆斯．弗雷澤（James Frazer）則彙整了他對古典文獻的比較研究，並在一八九〇年出版《金枝》這本比較宗教著作。弗雷澤研究了古典文獻中有關巫術和神話的起源，他稱之為「亞利安人」的「原始宗教」，但他也相信有些證據就在家門口外。「確實，原始亞利安人所有的心智質地和肌理都沒有消失，」他在書的一開頭就說。「他至今仍與我們同在，」存在於「農人的迷信和儀式之中。」對這些學者來說，人類社會的祕密多半埋藏在他們產出的文本中，包括宗教文學、銘文碑文、象形文字，或是中世紀抄寫員或現代翻譯記下的史詩故事。弗雷澤說，口述傳統和當代「樵夫農人的宗教信仰」也一樣珍貴，因為那是瞭解遠古習俗的一條線索。

不過，鮑威爾帶領的民族學局肩負的任務更系統化、專業且資料取向，從古代文獻延伸到現代可觀察的活生生事物上。他們的目標是描寫和記載歐洲人抵達前定居在美國土地上的各種族群的起源、語言和習俗，人力和預算則由美國政府提供。這同時也是理解這些存活至今的族群的一個途徑，現今任何一個搭上火車前往西部旅行的人都可能遇到這些原住民男女。美國政府現在肩負著管理這些民族的責任，因此這個任務更顯重要。

一八七一年印第安撥款法通過之後，國會不再像過去一樣跟印弟安部落談判協商，或像跟外國強權一樣與之簽訂條約。原住民族不再被視為眾群體或土生土長的民族，而是聯邦政府的「被保護人」。換句話說，印弟安人的地位如今介於外國人和完整公民之間，妾身未明，還要經過好幾十年才會成為正式公民。他們的部落認同不再是國家官員關心的事，反而落入了文物收藏家和博物館策展人的領域。

• • •

該如何描述和解釋印第安社會？為民族學局的「民族學者」勾勒出整套思想架構的人，

即是鮑威爾在知識上的良師益友：來自紐約羅徹斯特的商人和業餘學者路易斯・亨利・摩根（Lewis Henry Morgan）。他跟鮑威爾和鮑亞士一樣熱愛知識，誤打誤撞闖入這一行。一八一八年他出生在一個地主和仕紳的家庭。紐約上州正在蓬勃發展，地方製造業崛起，源源不絕的商品從一八二五年始通行的伊利運河運送而下。或許是因為改變速度太快，當地人更渴望安穩的依靠。摩根長大之際，周圍的人似乎都著迷於「美國有不為人知、比表面上更古老的一面」的概念。

一個又一個城鎮的人，突然意識到一連串的先知、神祕主義者和心靈嚮導揭示的新現實。在羅徹斯特附近，有個名叫約瑟・史密斯的農民聲稱自己撿到刻著先知摩門真跡的金屬片，上面描述了耶穌基督曾經走訪但已經消失的美國文明。史密斯的追隨者自稱為「後期聖徒」，以此跟在尚未墮落的儉樸時代就住在同一片山林中的人區別開來。往東再過去，奧奈達社區的成員相信藉由認同耶穌再臨已在多年前發生，人類將達到完美的境界。通往快樂的康莊大道，就是復興已遭現代社會揚棄的舊方式，從自由性愛到財產共有都包括在內。這就是十九世紀中在美國蔓延開來的宗教復興運動，史稱「第二次大覺醒」。

對摩根來說，可恢復的過去就藏在可見的現在裡。它就散落在星羅棋布於安大略湖南邊和東邊的原住民社群裡。他尤其對之前的易洛魁聯盟著迷，該聯盟曾經將莫霍克人、奧農達加人、奧奈達人、卡尤加人、塞內卡人和塔斯卡洛拉人合為一個複雜的政治經濟體。英法移民來了之後，這個聯盟逐漸沒落，但摩根和幾個伙伴在一八四〇年代擬出了一個復興聯盟的理想性計畫。他們期望藉此讓印第安人和歐洲人重新認識一種更自然可靠的生活方式，重建過去曾經存在於美國土地上的文明。

他們為白人成員設計變身為印第安人的儀式（inindianation），用拼音法另取易洛魁的名字，並劃分成不同的部落和團體，還跟共濟會借地方召開祕密會議，研擬傳承原住民語言的計畫。但這個計畫就像這段期間的許多類似計畫一樣半途而廢。新聯盟的成員在全盛時期多達四百人。後來摩根成家立業，但他對記錄易洛魁鄰居的興趣從未消逝。

到紐約的五指湖附近旅行時，他發現自己遇到愈來愈多原住民男女，甚至跟他們建立了真正的友誼。他驚訝地發現很多家庭在土地買賣中遭到詐騙，被趕出祖傳的土地。一八五一年他出版了集結他所聞所見的《易洛魁聯盟》。這本書很快成為研究美洲大陸有史以來最偉大的印第安聯盟之歷史、語言和習俗的權威著作，尤其值得一提的是聯盟由女性擔任部落領袖和決策者的獨特政治系統。摩根在序言中指出：「鼓勵大眾基於對印第安的社會和家庭制度，及其日後提升能力的實際理解，對待印第安人更加友善，乃是本書最初的動機。」他說這些古老方式的「遺跡」仍存在，任何想看到的人都能看見；只要經過正確的理解即能幫助印第安人「改造」其身為美國公民的身份。他把本書獻給埃利・帕克（Ely Parker），此人是塞內卡族的譯者也是律師，後來成為他主要的報導人和研究伙伴。

繼《易洛魁聯盟》之後，摩根在一八七七年出版《古代社會》。在這本格局更大的作品中，他根據對易洛魁的認識以及希臘、羅馬和世界各地的案例，試圖為人類組織社會和財產的方式建立一個全球通用的模型。他相信所有社會在發展過程都會歷經一樣的階段。從遠古和現代，我們都有可能發現一個社會從家庭、兄弟會、部落等較為簡單的組織，發展成複雜的現代民族國家底下潛藏的定律。摩根的作品開創了新局，其他理論家奉他為理解社會變遷的權威。達爾文在《人類的由來》（一八七一）中談到婚姻模式和親屬制度發展時引用了他。馬克斯在《古代社會》上寫筆記，尤其是摩根提出的社會進化三階段——原始、野蠻、文明。恩格斯一八八四年出版的《家庭、私有財產和國家的起源》抄襲了許多摩根的論點。鮑威爾也跟隨了他們的腳步。當他開始想像民族學局該如何著手展開工作時，他把摩根的《古代社會》列為全體成員的必讀之書。

• • •

一八八六年三月，鮑威爾在華盛頓科學菁英的盛大聚會前發表了根植於摩根思想的未來展望。「人類的發展過程不是一個永恆的圓，」他說。我們可以在四周看到人類的進步，而不只是一連串同樣的事件一再重複。歷史有一定的方向。人類學應該是研究改變的科學，無論是人類的外貌，或是民族學研究的人類行為、制度和習俗等等界定族群的要素。

在鮑威爾看來，這些改變的發生都有清楚的路線。「那就是人類文化發展的不同階段，」他直白地說，其實這是偷渡了摩根的概念。人類社會自然而然會從原始、野蠻發展到文明，每一階段都有自己的特色和「各式各樣的活動」，以及專屬於該發展階段的「文化」。個別民族或許無法展現所屬階段的全部特色，他們可能是「墮落」、「腐敗」或「寄生」型態的文化，「例如吉普賽人」，鮑威爾如此解釋。（如果他想找例子證明文明具有的野蠻潛能，只要低頭看看自己因為慘烈的夏羅之役而少了一截的右手臂就可以了）。但無論如何，「文化的普遍進程」是往更高的成就邁進。

不同的發展階段常會互相融合。「對科學人來說，永遠沒有絕對的亮和絕對的暗，明暗現象涵蓋了無限多等級的明暗對比，一端是絕對的亮，一端是絕對的暗，超越了可觀察現象的領域，只存在於陳述之中。」民族學家應該活在這種半明半暗的狀態中，研究人類不同進化階段之間的邊界，描述不同民族如何從一種文化過渡到另一段文化、語言如何發展、不同語言如何具有不同的特徵、使一個民族從部落到國家都能團結一致的各種制度、他們持續變化的生命觀和宇由觀，也就是鮑威爾所謂的「心理活動」（mentation）。

這些過程有時以冰山行進的速度發生，有時也可能速度飛快，例如當野蠻社群跟文明社群接觸時（美國西部目前就是如此）。但無論如何，能夠理解到那些異於我們的民族並非某種理想原型的劣質版或次級版，怎麼說都是一個好的開始。這些民族只是跟我們置身的階段不同，但同樣都朝著進步的方向前進，各有各的特色和內在邏輯。

「原始時代就是石器時代，」鮑威爾說，「野蠻時代就是陶土時代，文明時代就是鐵器時代。」原始社會由基本的親屬團體組成，也就是源於同一祖先的小家庭。野蠻社會擴展成更大的團體，例如部落。文明社會形成民族國家，有正式的政府組織和清楚的領土分界以因應外來的攻擊。原始人只能駕馭個別字彙和簡單的概念，野蠻人能用複雜的語句表達自己，文明人可用語言處理複雜抽象的概念。音樂也因不同階段而異。原始人或許在木頭或石頭上敲出節奏，野蠻人能唱出一段旋律，文明人則加入了對位及和聲。原始人崇拜多神，通常以獸或禽來代表神，野蠻人把自然界的力量化為神，文明人終於明白神是單一的力量，只有一個名字和一個身份。

人類的本質就是鮑威爾所謂的「人性」，即創造語言、制度並用理性來理解這世界的能力。他一再來回講述同一個概念，其實是為了主張一種信念，因為他把摩根提出的架構轉化成一種武器，並用它直直瞄準那些相信人類社會和自然界一樣，都按照同一套法則變遷、分化出不同的物種。英國生物學家斯賓塞（Herbert Spencer）最近才用「適者生存」來形容達爾文在《物種起源》（一八五九年）提出的物競天擇觀。對他和其他理論家而言，人類社會同樣也為生存而競爭，而自然法則會決定哪些民族優越的表現和世界觀將統治其他較不受上天青睞的民族。鮑威爾的看法剛好相反。他認為社會演化跟生物演化截然不同。社會變遷是以人類為中心的發展進程，人類的思想、行為和制度都會愈來愈進步，沒有哪個民族天生就無法完成其他民族已經走過的轉變之旅。因此，民族學其實就是文明人與尚未踏上這趟轉變之旅的人之間的對話。

鮑威爾的演講得到的迴響並未留下紀錄，但想必很振奮人心。主辦單位華盛頓人類學會邀請了城裡頂尖的策展人和教授，連女性人類學會也獲准參加。鮑威爾確立了摩根提出的三架構，隨時都能把任一社會套進其中一個架構裡。他把民族學家的研究對象跟生物學家的研究對象區分開來。這個新架構為民族學局打開了全新的可能，無論是要研究在西部大草原上居無定所的原始蘇族人，還是摩根曾生動描寫過具有複雜聯盟制度的野蠻易洛魁人，或是將工業和商業帶來新世界的文明英國人，都未嘗不可。世界不再是毫無差別的一大群民族，而是種類有限的不同民族，每一民族都在同一條人類發展道路上前進，只是停靠的站點各有不同。

幾年後，鮑威爾的華盛頓住家對面，有一棟日後將成為國會圖書館的新建築開始動工。一八九七年完工之後，讀者走上宏偉的戶外階梯後，就會跟鮑威爾提出的人類世界架構圖幾乎正面相對。三十三顆按照鮑威爾收藏的模型設計成的花崗岩頭顱，在二樓窗戶之上形成詭異的畫面。文明的歐洲人位在前門附近，對著國會大廈。野蠻的中國人和阿拉伯人包住邊角。原始的非洲人和太平洋島民藏在後面。即使到今天，訪客只要在國會圖書館的主建築傑佛遜館的外牆繞一圈，就能在視覺上重溫一次摩根和鮑威爾當年勾勒出的人類發展旅程。

•
•
•

鮑亞士已經感覺到，美國學者正在摸索一種科學架構，這個架構或許能幫助他整理之前在巴芬島上所做的零碎田野觀察。回到明登才幾個月，他就發現回德意志是一大錯誤。

他終於在國內出版了他的巴芬島考察小書，總算拿到教授職位所需、人人覬覦的高等博士學位，現在只要等帝國境內的一小群教授行行好與世長辭，空出職缺。他得到幾次演講機會，多少算是按時計酬，同時也在柏林的皇家民族學博物館擔任研究助理。在那裡，他曾在兩位德意志人類學大將魯道夫・維爾紹（Rudolf Virchow）和阿道夫・巴斯蒂安（Adolf Bastian）底下工作一小段時間。這兩人都支持鮑亞士誤打誤撞開出一條路的田野工作。但即使在當時，他對未來發展也不抱太大希望，以為自己只能做些整理文物的工作。前景看來一片黯淡，而大西洋對岸又深深吸引著他。此外，瑪麗也不太可能離開曼哈頓的家，為了不確定的未來前往德意志。因此，該做什麼決定就這樣形成。一八八六年七月，離他沮喪返國才一年多，鮑亞士就坐上開往紐約的遠洋客輪。雖然當時還不很確定，但這次他打算長住下來。

鮑亞士是一八八〇到一九〇〇年間移居美國的近一百八十萬德國移民之一，德國移民的人數在當時達到顛峰。瑪麗的家人克拉克維澤一家和鮑亞士的姨丈亞伯拉罕・雅克比，都是一八四八年革命失敗後就從中歐逃出來的專業人士和政治活躍分子。他們走在時代的前面，不屑跟同一艘船上擠滿底層船艙的農人和店老闆混為一談。但比起之前的移民，鮑亞士這一波移民有更多來自城市也更具專業技能，其中新教徒和猶太人多於天主教徒，而且跟鮑亞士一樣多半是未婚男性。對他們來說，來到美國並不是到一個陌生的國度重新開始。紐約雖是美國城市，但也十足德意志。

當時全世界只有維也納和柏林這兩個城市的德國人口比紐約還多。光是把曼哈頓一區名為「小德意志」或「荷蘭城」（後來更多人稱「下東城」）的人移到威廉二世統治的德意志帝國，都能立刻成為帝國的第五大城。德國人在紐約既有成就，人數又多，即使在小德意志以外的區域也常聽到你的醫生、大學教授、書商、酒吧老闆或鋼琴老師（說不定他們彈的鋼琴還是德國製的）都說著同樣腔調的英語。

要出人頭地就要先確立自己在世界上的位置，因此鮑亞士抵達後的第一站不是去小德意志區的小店和工坊，而是位在西六十街的克拉克維澤家。他跟瑪麗的婚事不得不延期，因為她又去北部探望親戚了。於是之後幾週鮑亞士忙著跟學術界建立人脈，不讓自己閒下來。他央請親戚和德國社群中的舊識替他推薦，偶而也順便借借錢。即使剛拿到熱騰騰的特許任教資格，他還是沒工作，找到工作的希望依舊渺茫。他的英文還不夠好，因而放棄了到極具聲望的美國科學促進會朗讀論文的機會，擔心他的文法錯誤會洩露自己是個土包子。但他比一年多前更樂觀，八月時他寫信給父母說：「我看到廣大又自由的勞動市場在眼前展開，光想都覺得振奮。」

此外，他也立刻開始尋找下一次研究的田野調查目標。在柏林的博物館工作期間，他認識了一群貝拉庫拉人（或稱努哈爾克人），即來自加拿大卑詩省的印第安人。鮑亞士為他們的語言和戴著雕工精美的木頭面具表演的儀式舞蹈著迷。太平洋西北地區的原住民族以大型木板屋、精緻的圖騰柱和誇富宴聞名。在誇富宴上，各戶家長比賽誰能把最多食物和財產送人，有時甚至到傾家蕩產的程度。鮑亞士認為，繼巴芬島之後以此地為研究對象，或許是不錯的選擇，最起碼可以藉機研究北美相關的題材，說不定也因此更有機會在紐約或華盛頓找到正職。一八八六年秋天，帶著雅克比姨丈借他的錢和期待收集工藝品之後賣給博物館可以賺取收入的可能，他動身前往西部。

• • •

北部的太平洋鐵路最近才連到海岸，在華盛頓州的新海港城市塔科馬（Tacoma）放乘客下車。鮑亞士可以從那裡搭燃煤汽船經薩利希海（Salish Sea）前往加拿大的卑詩省。參差不齊的海岸線布滿海口和峽灣，一叢叢宏偉的道格拉斯冷杉和阿拉斯加扁柏籠罩在濃霧中，遮住了伐木營地和漁場。更遠處，奧林匹克山脈的雪白山頂聳立在天邊。「溫哥華給我很奇怪的印象，」他寫道。

這城市從荒野中崛起還不到一年，從它成為加拿大太平洋鐵路的終點站才開始為人所知。城裡沒有房子，即使市中心也是，只有燒焦或正在燒的樹樁。各地來的人看起來都惶惶不安，紛紛湧上木板覆蓋的街道。街道還沒修築完成，而其他沒有木頭步道和沒有鋪上木板的街道，除了一片無法通行的沼澤，其他一無所有。白領在溫哥華出現仍是一件大事，但這一切似乎都在快速消失。

鮑亞士記下對卑詩省省會的觀察：「第一次來到維多利亞市的外地人，看到這裡住了那麼多印第安人會感到詫異。」他估計卑詩省的印度安人口約有三萬八千人，多半住在沿岸，人數遠多於歐洲人。他驚訝地發現他們穿著歐洲樣式的衣服，從事裝卸工、魚販、洗衣女工的工作，棲身的簡陋小屋和輕便帳棚散落在市郊。他們說著各種彼此並無關連的語言，社會組織似乎也不相同，有些部落分成一個個強大的氏族，例如特林吉特人；有些部落重視複雜神祕、讓一般人又敬又畏的地下社群，例如鮑亞士所知的瓜求圖人。然而，將印第安人團結在一起的是「高度發展的藝術品味」，鮑亞士寫道，尤其是他們用來裝飾小屋的精美木雕和風格強烈的動物繪畫。

一下雨雖然會把有限的道路變成無法通行的泥坑，但至少比巴芬島的浮冰和零下溫度能夠忍受。鮑亞士一頭栽進工作。「我到處拜訪人，聽他們說故事，」他在給父母的信上寫道，

「然後寫到手沒力為止。」每天的對話和旅行結束之後，他就會趕緊寫下他聽到的一切。接下來幾個月，他在皮革筆記本上寫了三百多頁筆記，寄信給德國的麥爾和蘇菲，讓他們知道他都做了些什麼。

他決定以溫哥華島為中心，專心收集沿岸地區的神話和傳說。之前他已經從在柏林認識的印第安人那裡學會一些貝拉庫拉單字，現在可以開始學奇努克語，一種用來交易的簡化語言。但他主要還是依賴在家鄉常用的技巧：攔住陌生人，例如基督教傳教士或會說英語的當地人，禮貌地請他們陪他趕去參加一場聚會。喬治・杭特有一半特林吉特血統，一半英國血統，婚後才住進瓜求圖族，後來開始擔任他的嚮導和窗口，就像巴芬島上的席格納。

過程有時順利，有時難免出錯。有一次他花了兩小時記錄沿岸科莫克斯村的女人詳細口述給他聽的一段複雜文字，結果口譯員卻告訴他，女人從頭到尾說的話都是自己掰的，因為她以為鮑亞士只是要找人練習語言。

問題在於如何理解這一切。有次一名老翁和一名老婦為了回答鮑亞士的問題而打起來。他在位於克威岑河谷的索美羅斯村記下這個事件：

他說有個男人已經死了九天，她說十天，男人很生氣，之後我從他嘴裡再也問不出半句話……每五分鐘他就跟我保證他是這裡最厲害的人，無所不知，無所不曉。同時間，髒兮兮的小孩大呼小叫跑來跑去；有時候一餐就解決了。小狗和小雞跟人爭道，火直冒濃煙，什麼都看不見。老人盯著我寫下他說的每個字，如果我沒寫，他就視為對他的侮辱，開始長篇大論，但我一個字都聽不懂。

即使在當時，他收集的神話有的太過粗鄙下流，他擔心永遠無法出版。「他們總是想嚇唬外地人，」鮑亞士解釋道。這對科學研究是個問題，對歷史也是。他收集不到的資料或許就這樣永遠收集不到了。

有次他在科莫克斯村附近的岩岸遊蕩時，發現那裡到處都是人骨。那是當地一名農夫耕種時翻出的古老墓地遺跡。新建的加拿大太平洋鐵路很快就會切過這片土地，帶來載著工業化商品的運貨車廂和坐滿白人拓荒者的載客車廂。之後可以預見更多這類事件：木板屋會被拆掉，讓路給現代房屋；墓地會被新路覆蓋；枯骨將在圓石沙灘上曬到發白。他的工作是在跟時間賽跑，就像當年在伊努特部落一樣。無論是因為白喉或蒸汽機，過去的生活方式或遺跡很快就會消失。他很驚訝無論是當地的拓荒者甚至印第安人自己，竟然都沒人認為這是一場悲劇。他抵達和離開的新聞登上報紙頭條——一名德國博士到邊境從事民族學研究。他離開時成了小名人。

•
•
•

那年十二月回到紐約之後，鮑亞士希望自己能有時間寫下他的發現並交給一家美國出版社。出版一本英文著作想必能確立他身為一名嚴肅學者的名聲。一個月後，有個機會從天而降。《科學》雜誌正在找助理。跟雜誌編輯納薩尼爾・賀吉斯吃過晚餐後，鮑亞士得到了這份工作。他發電報給家人說他要正式在美國定居了。他也告訴瑪麗，他們可以開始計畫春天的婚禮。

《科學》是一本仍在努力站穩腳的新雜誌，創立於一八八〇年，如封面說的「每週記錄科學進展」。鮑亞士的工作是管理地理領域的文章（目前這仍是他對外描述的主要關注領域）、準備地圖，和提供地理學發展的不具名摘要。但這也給了他以前從沒有過的東西：一個相對穩固的平台，不只能讓他發表自己的田野觀察和地理描述，還有他對這門新興的社會科學漸漸形成的一些更廣泛的想法。

一八八七年初，他在《科學》初試啼聲，撰文主張地理學家和民族學家不該再以物理學家和其他自然科學為模仿對象。要歸納一件根本上取決於歷史脈絡的事，是不可能的，例如烏鴉神話為什麼在科莫克斯村代表一件事，在薩利希海岸代表完全不同的一件事。民族學本質上就是取決於特定時間和地點的科學，出發點就是要了解「人類在賴以維生的土地上的生活方式」。

他認為，有一個地方在這點上大錯特錯，那就是華盛頓特區的國家博物館，以及聚集在鮑威爾身邊的優秀學者。

從卑詩省回來後不久，鮑亞士去了華盛頓的史密森尼學會，研究他們收藏的西北岸原住民文物。學會在很多方面仍具有同類機構的典型特徵，就如德意志稱為「藝術收藏室」（Kunstkammer）的博物館原型，裡頭將文藝復興和近代王公貴族為了取悅自己或親友而四處收集來的奇珍異寶集合在一起。說穿了就是一堆雜七雜八的新奇物品，例如來自遙遠甚至虛構的部落的服飾、畸形動物的骨骼、格外巨大的腫瘤，其中又以牛津艾許莫林博物館（Ashmolean）收藏的渡渡鳥遺骸最有名，日後更成為路易斯．卡羅的《愛麗絲夢遊仙境》其中一個角色的靈感來源。

相反的，十九世紀逐漸發展起來的自然史和民族學現代博物館著重的是分類。其目的不只是要震驚或娛樂大眾，還要教育大眾。展出品必須根據某種合理的配置陳列，而不是雜亂無章地塞進陳列櫃或堆在桌上。大英博物館的新館（一八五〇年代開放）、鮑亞士在柏林待過的皇家民族學博物館（一八七〇年代創立），以及牛津的皮特．里弗斯博物館（Pitt Rivers，一八八〇年代設立），都把原本一團雜亂的羽毛、石頭和木頭整理得井然有序。走過那些寬敞通風的展場，彷彿穿越一個理性、可理解的世界，看見了大自然的內在邏輯——植物、動物、化石、足印——在眼前展開。

鮑亞士發現，史密森尼學會的國家博物館也說著類似的故事。館內的民族學策展人歐提斯·梅森（Otis Tufton Mason）是鮑威爾的合夥人之一，負責將民族學局的收藏品移往史密森尼學會以東的新館。當年他協助成立了華盛頓人類學會，鮑威爾就是在那裡發表人類發展三階段的演講，而他所設計的新博物館就是其思想的具體展現。既然儀式、工具、武器、服裝樣式和習慣風俗都如摩根和鮑威爾所說，會經歷一定的階段，那麼把骨頭搖鈴或獸皮鼓全都集中在一起，不管它們的地理來源，就是正確合宜的作法，畢竟它們都是特定發展階段的共同表現。就像同一列火車上的個別車廂，多少都用相同的速度通過標著「原始」和「野蠻」的車站，朝著終點站「文明」前進。

鮑亞士看過愈多展示櫥窗，就愈覺得不對勁。他在溫哥華和維多利亞親眼看過民族學的現場有多混亂。田野工作的實況跟博物館訪客看到的條理分明天差地別。展示品呈現的方式反映了收藏者對該物品的看法，而非當初製造它的工匠對世界的看法。參觀者無從知道製造者原本想用它來做什麼，或它在原來的脈絡下實際的用法。

一回到紐約，鮑亞士立刻把一些想法寫下來。六月時他寫信給「鮑威爾大人」（大家習慣這樣稱呼這位大人物），說他想通了民族學的一個「根本問題」，日後他希望把自己的研究導向這個方向。「環境造成的影響有多深遠？」他寫道。這是他從前往巴芬島以來一直推著他往前走的問題，卻是第一次把問題清楚陳述出來，即使他的英文仍然不夠好。「愈深入研究，我愈相信習俗、傳統和遷移這些現象的根源都太複雜……不先徹底了解他們的歷史，我們無法研究其中的心理根源。」他無法就地理如何塑造「他的愛斯基摩人」的遷移型態提出清楚結論。同樣的，在西北海岸地區，他發現那裡流傳的歌曲、故事和神話似乎都沒有明顯的模式，即使住得很近的民族也不例外。因此他懷疑「歷史事實的影響是否大於環境。」他說下一期《科學》會收入這方面的思考，以及對鮑威爾的某個同事的猛烈批評，那位目標就是史密森尼學會裡德高望重的策展人歐提斯．梅森。

那年五月他在雜誌中直言：「我們無法認同梅森教授進行民族學研究的主要方針。」無論是在自身寫作和博物館編制上，梅森都忽略了一個明顯的可能性，那就是類似的情況有可能產生類似的結果，但很多時候類似的情況卻造成了截然不同的結果。在西北海岸地區，鮑亞士在原住民社群間發現多元的差異和驚人的相似，例如並無跡象顯示貝拉庫拉和薩利希人正在同一個發展階段。同樣的環境——松木林和漁場、多雨的冬天和洶湧的海浪——孕育出許多多重疊的、共同的，或截然不同的風俗習慣和手工藝品。然而，在國家博物館裡，參觀者可能逛過所有展場卻仍不明白這個根本的事實。相反的，從當地收集來的工藝品四散在展覽會場裡，不跟同一地方的工藝品放在一起，反而跟來自不同地方的「類似」物品放在一起，因為策展人認為它們代表了同一個文化發展階段。「抽離環境來看一樣工具，」鮑亞士寫道，「抽離它所屬民族的其他發明，抽離影響那裡的人和產物的其他現象，我們無法了解它的意義。」但若把一個民族的物品全放在一起，就好像在整理一間閣樓，大東西放這，小東西放那，同一個空間裡堆了聖誕節飾品、舊鞋，還有蒙上灰塵的大行李箱。這肯定不是科學。

那年夏天，梅森在雜誌中回覆鮑亞士的批評。「我想愈來愈多人相信，」他寫道，「習俗和物品都源自之前的發明，正如同生命源自生命，而我們愈快認知到研究藝術、制度、語言、知識、習俗、宗教和種族時必定要使用生物學家的方法和工具，我們熱愛的科學就愈快能站在無法撼動的基礎上。」梅森聲稱，分類是邁向真正的科學理解的第一步；如果像鮑亞士這樣否定了「類似特徵必定源自類似起因」這個明顯的事實，就不可能進行比較研究。梅森寫道，「深入一個民族，研究其整體信念和行為的探險家，如果有決心把每個發現跟其他時代和地方的同樣活動做比較，研究工作會更順利。」

鮑亞士在六月繼續這場對話，最後推向他顯然認為貫穿一切的宏大主張。他說自己之所以把矛頭指向梅森，因為他是民族學界備受尊崇的重要人物，而他負責的博物館展覽必定會造成深遠的影響。正因如此，梅森用有問題的方式陳列展覽品才更加嚴重。他這麼做等於是在昭告大眾，使用展覽品的民族永遠活在某個時間點，他們的手工藝品就這樣凍結在時間裡。但這些民族其實有自己的歷史，曾經遷徙到其他地方，受其他民族和思想影響。鮑亞士在巴芬島上拼湊出嚮導席格納的生命故事時就發現這點。在卑詩省也是，他看到不同語言的使用者說著同樣的故事、重複著同樣的神話。

理解這些問題的唯一方式，是透過鮑亞士所知的歸納法，亦即深入研究不同群體，暫不提出自己的理論，等到盡可能收集到各方資料再說。相對於歸納法的另一個方法是用演繹法來推論，即先提出一套普遍原理，然後把這套原理套入手邊的個案。但鮑亞士認為，那樣只是到處搜尋能證明自己偏見的證據，直到發現為止。科學標準要求研究者必須把先入之見丟在研究室先不管它，實際去研究一個社群的生活環境，讓人類社會的理論從中逐漸浮現。社會演化或許有其定律，但想找到那些定律的研究者必須先花點時間抗衡自己的無知。鮑亞士曾在西北海岸地區寫下：「這一切漸漸讓我覺得自己好笨。」然而，他現在開始把那種感覺——在資料的龍捲風裡迷失方向——轉為一種科學方法。

「在民族學裡，所有一切都是個體，」他下了一個有點玄的結論。「我認為民族學收藏的主要目標應該是宣揚一個事實：文明不是絕對的，而是相對的，我們的想法和認知只在我們的文明中真實無誤。」打從在巴芬島寫信給瑪麗說出他的發現以來，這就是他一直在推敲的結論。只有在一個特定的時間和地點實際使用它的人，才是能夠判斷一樣長得像弓的東西究竟是武器、小孩的玩具，還是生火器具的真正專家。這個骨頭搖鈴或許能製造音樂，那個能驅逐惡靈，另一個能用來逗哇哇大哭的小孩，一切都取決於你在這個世界的**哪個地方**，而不是你剛好置身於直線進行的社會發展路線的**哪個時間**。擺設博物館的方法不該依據摩根和鮑威爾提出的原始、野蠻和文明的三大分類，反而應該讓展出的物品與製造這些物品的民族相互對應。

鮑亞士或許理直氣壯地以為自己贏了論戰，直到《科學》雜誌的編輯室收到鮑威爾大人寄來的長信。這封信在下一期雜誌刊出。鮑威爾否決了鮑亞士的論點，認為那不僅實際上不可行，科學上也有疑慮。他暗指鮑亞士對博物館的多種功能顯然毫無概念，按照製造物品的社群將物品分類的作法不但教育不了大眾，也啟發不了學者。更好的作法是以普同的「人類獨有的社群活動」為依據，包括「藝術、社會制度、語言、思想或哲學」，任何一所當之無愧的博物館都應該按照類似的清楚路線來設展。這就是鮑威爾的結論。

除了回封短信，難為情地說他跟鮑威爾有很多基本觀點意見一致，鮑亞士能做的並不多。他寫信給父母說，這整件事讓他頭痛。他區區一個編輯助理，竟然不知天高地厚，挑戰了圈內兩個地位最崇高的大人物，而從輿論的走向來看他是輸了。他跟《科學》的合約就快結束，如今又陷入跟兩年前一樣的處境，差別在於現在的他比以前更具份量。他獲選為美國科學促進會的成員，甚至已經能夠不看講稿上台致詞。目前為止他用第二外語所寫的最長作品——巴芬島的調查報告《中部愛斯基摩人》，將刊載在民族學局的年度報告上。然而，選在這時候出版卻不是好時機。一八八八年秋天他跟瑪麗迎來第一個寶寶海蓮，而他又再度成了流浪學者。

CHAPTER 4 科學和馬戲團

鮑亞士來到美國的時間，正好是人類學者崛起的年代。愈來愈多人使用「人類學家」這個詞，其代表的意義結合了旅行、收集文物、學習語言、尋找骨頭等等鮑亞士在巴芬島和太平洋西北地區做過的事。自稱是「人類學家」就像踏進了嶄新的領域，一片尚未開發的土地就在你眼前展開。你可以看穿時空，回到人類的起源。鏟子一敲，逝去的祖先就會從塵土中重現。原始人用陌生的語言與你交談，只要堅持不懈，有天你就能破解他們的語言。要把這個工作做好需要熱愛旅行，不怕染上痢疾，並一心相信你一點一滴建立的會是人類的科學偉業。

前往克里夫蘭參加研討會的火車上，鮑亞士剛好跟一個比他過去認識的人都更能理解這份野心的人聊了起來。此人就是學術界的經營管理者史坦利．霍爾（Granville Stanley Hall）。在哈佛求學時，霍爾拿到美國第一個心理學博士學位，當時心理學還是一門新學科。後來他到巴爾的摩新成立的約翰霍普金斯大學，成立美國第一所心理學實驗室。霍爾相信，人類心智研究應該被視為一種科學，而非過去一般認為的哲學分支。研究者應該放棄天馬行空的推測，仔細檢驗對照實驗裡的假設。他不只自認為是個傑出的實驗主義者，同時也是真理的鼓吹者，畢竟那個年代大家都知道科學能幫助人活得更健康、更富裕、更長壽，只要對科學的理解正確無誤。

身為心理學家，霍爾對人類的渴望和弱點不無理解。或許因為如此，他特別擅長說服人加入他野心宏大的學術計畫。一八八七年他創辦了《美國心理學期刊》，即使當時這門學科才剛興起，能放的文章仍有限。他創立美國心理學會時，國內心理學家加起來剛好可以坐滿一間大會議室也不會太擠——學會第一次開會大概也是這種光景。霍爾招募人馬的方式就像民族學家在收集民間故事。他繫著條紋領帶，談鋒頗健，又有個人魅力，是那種演講結束後總有一群年輕人圍繞著他想找他講話的人。他因為拆穿靈媒和占卜師的謊言而聲名大噪，是青春期性發展的權威，但也是個爭議人物，出了多本書名讓人撓頭不解的暢銷書，例如《下半生》、《娃娃研究》、上下兩冊《心理學觀點的耶穌基督》。

正當鮑亞士跟《科學》的合約快到期之際，他意外收到這位他在火車上遇到的自信學者的來信。對方問他願意來克拉克大學任教嗎？學校位於麻薩諸塞州，是霍爾正在扶植的新學校。鮑亞士將成為受聘到美國大學傳授名為「人類學」的新學科的第一人。這份工作讓鮑亞士離擁有教授頭銜的夢想更近一步，因此他毫不猶豫就答應了。一八八九年秋天，他帶著妻小舉家遷往伍斯特近郊，著手草擬課程大綱，仍擔心自己的英文不夠好。

克拉克大學在招募教職員和學生時，標榜的是該校之成立乃科學教育的一大進步。學校的最大金主喬納斯．吉爾曼．克拉克是成功的五金商人，希望效法其他企業家把財富——和姓名——用來創辦高等學府。埃茲拉．康乃爾是美國電報系統的早期投資者，晚年致力於在紐約綺色佳創辦一所大學，一八六五年終於如願。一八七三年，航運及鐵路大亨康內留斯．范得堡在田納西州的納什維爾也創辦了大學。因為有石油鉅子約翰．洛克斐勒一開始的慷慨捐助，芝加哥大學才得以在一八九〇年成立。一年後，淘金熱時代的批發商利蘭．史丹佛在加州的帕羅奧圖也做了同樣的事。

然而，克拉克大學有一點與眾不同。這所學校只提供研究所學位，打算結合高等教育和學術研究；換句話說，教員的工作內容較少講課和閱卷，較多專業領域的創新研究。除了約翰霍普金斯大學，很少有地方實現這種「研究型大學」的新理想。研究所教育很昂貴，因為若要博士生把人生投入純粹的學術研究，而不是從商或從法，他們就會期待有獎學金和學費全免，況且大學都在爭搶有限的人才。擁有國外研究型大學學位的人尤其吃香，鮑亞士就是一個。此外，克拉克大學一心想利用它擁有的資源，建立一個推動新知識發展的社群。當鮑亞士踏上克拉克校園，看見兩棟偌大的建築被新英格蘭色彩繽紛的秋天圍繞時，感覺這地方充滿了希望。它得到的捐款將近七十萬美金，不輸史丹佛、康乃爾和芝加哥。

這所大學是霍爾的個人計畫。身為校長，他每堂課、每場教職員會議都親自到場。然而，鮑亞士沒過多久就發現事情進行得並不順利。十一月初他第一次講課，課堂只有八名學生，而且光線暗到他連自己的筆記都看不清楚。霍爾有眼高手低的毛病。第一年的支出就超出了捐款金額，霍爾自己也禍不單行，先是得了白喉而無法說話，之後妻小因為瓦斯漏氣窒息而死。

過不久，教職員開始默默反抗。每年芝加哥大學都有行政人員來搶人，從伍斯特載走一車車穿花呢西裝的講師，薪水立刻翻倍。但鮑亞士想走也走不了，他答應瑪麗要暫時安頓下來一，畢竟一八九一年二月他們的兒子恩斯特才在寒冷的麻州誕生。「我只希望自己對這所大學更有信心，」他寫信對父母說。

鮑亞士持續寫下他在卑詩省的收穫，包括之後幾個夏天重返後的收集所得。克拉克大學有個好處，它網羅了各個領域的傑出——但永遠不滿足——的學者。跟這些專業研究員緊密合作，鮑亞士不知不覺深受影響；這些人都對知識充滿好奇，決心要解決科學帶來的一些重大問題。他的第一個博士生張伯倫在一八九二年完成學位，是全美第一個人類學博士。但在克拉克大學還是很難熬。霍爾早期似乎是個理想主義者，如今變得冥頑不靈，有時甚至會藉機報仇。鮑亞士完全依賴創辦人克拉克的贊助，而克拉克不但喜怒無常也愛干涉校務。

夏天到卑詩省做田野對鮑亞士來說是解脫，但秋天一到，他又得回伍斯特面對單調的工作和複雜的人事。一八九二年，教職員的不滿成了走廊間和午餐桌上的每日話題。那學年底，三分之二的克拉克教職員集體辭職，霍爾以穆罕默德逃出麥加的「出走」事件名之。這對學校帶來的重創永遠無法完全復原。大多人去了芝加哥大學，受夠霍爾的人通常都會投奔那裡。

過不久，鮑亞士也打算跟隨他們的腳步，但不是去芝加哥大學。十一月他打包了家當，帶著瑪麗和一雙兒女遷往芝加哥南區的恩格伍德，不遠處的密西根湖沿岸的沼澤荒地再過不久就會熱鬧滾滾。芝加哥正在籌辦世界上最大規模的科學、科技和藝術展覽。鮑亞士最近才正式成為美國公民，迫不及待要盡一己之力展現新國家的神奇不凡。他將要在美國有史以來第一棟大門口刻著「人類學」三個字的建築物裡工作。

• • •

鮑亞士一直夢想成為芝加哥世界博覽會的工作人員，正式名稱為世界哥倫布紀念博覽會，預計在一八九三年五月一日開幕。跟當年前往克拉克大學一樣，這次生涯轉變也是他在美國到處認識人、跟另一個學界名人短暫交談而冒出來的機會。此人是哈佛大學所屬的畢巴底考古與民族博物館（Peabody Museum of Archaeology and Ethnology）的策展人：菲德烈克・普特曼（Frederic Ward Putnam）。

普特曼是美國印第安遺址的傑出考古學家，師承偉大的哈佛博物學家路易士・阿格西

（Louis Agassiz）。籌備芝加哥博覽會期間，他大膽擬出一個「呈現美國從原始野蠻人至今的發展三階段的居住變遷」的詳細提案，並發表在《芝加哥論壇報》上。主辦單位注意到這篇文章，並提供三十萬美金的豐厚預算邀請他成立民族學和考古學部門，後來稱為M部門。普特曼立刻著手找人收集文物、設計展場，以及整理龐大的原始資料以備展覽所用。

這場博覽會是哥倫布航向新大陸的四百週年紀念，也是一八七一年的毀滅性大火之後芝加哥證明自己已經浴火重生的機會。但就普特曼所知，這同時是人類學表明自己是個獨立學科的難得機會。第一本在封面冠上「人類學」三個字的期刊《美國人類學家》，一八八八年才由鮑威爾周圍的一群學者在華盛頓創辦。第一期的內容包山包海，包括人類手部的演化過程、古希臘羅馬的守時天性、阿爾岡昆印第安人的冶金術、首都兒童玩的遊戲，甚至還有鮑威爾兩年前發表的〈從原始到文明〉的講稿。普特曼期望M部門能收服這門野性未脫的學科，把它集中在一個屋頂下（比喻的說法）。會場將展出考古學家從印第安墓塚挖出的遺跡、民族學家帶回的原住民服飾和儀式用品、語言學家收集的歌曲旋律，甚至來自原住民部落的真人，代表活生生的樣本，看頭十足也富教育意義。

普特曼知道自己有不少競爭者。歐提斯．梅森跟華盛頓的其他策展人已經打包好史密森尼學會的一些珍藏運往芝加哥。老牌的民族學局在展覽場中心的美國館會有自己的展場。附近還有另一個引人注目的「大道樂園」，世界各地的民族屆時將上場遊行，有舞者、特技演員，還有提供世界美食的小吃攤。M部門得拿出不一樣的東西，或許因為如此，普特曼才會找來鮑亞士負責特殊任務：設一個展覽讓人類學看起來像貨真價實的科學，講求數字、精確，和細心的測量，尤其是人體的各種比例。那就是名為「人體測量學」（anthropometry）的學術研究領域。

從十八世紀末開始，自然史學者就藉由收集特定的人類頭骨和整副骨骼來記錄人類的差異。鮑亞士在卑詩省也做過一樣的事。他曾把在溫哥華島附近的墓地遺址發現的骨頭運走。但又為什麼要測量活人？一八九〇年代當時，答案很明顯，而且直接從摩根、鮑威爾和其他人提倡的演化式的社會發展理論而來。

個別人類的身體會隨時間成長，變得更高，骨骼更強壯，頭更大，到了年老則開始退化，骨頭變脆弱，脊椎變彎。同樣的，人類社會應該也有這種改變模式可尋，只要看看這世界上的原始和野蠻社會，或許就能找到文明人在早期發展階段是何種樣貌的線索。再者，外表特徵明顯隨著地理環境而改變。例如黑皮膚的人住在某些區域，白皮膚的人住在另一些區域。但科學家除了觀察這些表面差異，也要仔細記錄可測量的身體差異，從頭形、身高、體重到股骨長度都不放過，其目標是根據身體特徵的差異為人群分類。

用來測量古墳人骨的卡尺和捲尺，同樣能用來測量活生生的人。歐洲研究者率先出動。英國的法蘭西斯・高爾頓（Francis Galton，達爾文的表弟）是現代統計法的先驅，他根據居民的美貌程度（他認為美貌是客觀的、可計算的）製作了一份不列顛群島的地圖。外科醫學教授及巴黎人類學會創辦人保羅．布洛卡（Paul Broca）收集了野生動物和傑出人類的大腦，比較兩者的大小並解釋它們的不同心智功能。人體測量學家收集了用指數、平均數和希臘字彙記錄的最新發現。長顱，也就是頭相對較長的人，據說在非洲和地中海許多民族中出現。短顱則主要分布在中亞。中型頭則四散在歐洲及美洲大陸。量化的吸引力難以抵擋。那是人類學這門最新的人類科學得到大眾敬重最可靠的一條路。

然而，這些收集到的資料不只限於描述功能。人體測量學底下潛藏著一個理論，即外表的差異或許能為現今社會的難題提供其他線索，從公共衛生到智商都是。短短幾十年前，瑞士解剖學家安德斯．雷澤烏斯提出「頭顱指數」測量法：頭顱最大寬度除以最大長度再乘以一百。此公式算出的數字成了人體測量學者最關心的數字。只要稍加計算，研究者就能得出數字，並用來比較不同人的頭顱。但真正的重點在於比較全部人口的平均頭顱指數。若你把一大群人的平均頭顱指數算出來，再把數字寫在地圖上，或許就能想像人類如何隨著時間演化和遷移、如何跟早期某些人類拉開差距，然後繼續擴散開來，發展成今天地球上的各式各樣不同的人類。這是一種回溯歷史的方式，標示出人類的根本差異，或許能根據差異進而為消逝的王國和帝國畫上邊界，或是發現沙漠到山頂之間的隱形溫度梯度。換句話說，根據頭型和腦容量將現代人類分類，從中揭露人類的自然原型。

由於頭顱也包含大腦，頭顱指數和其他頭顱特徵或許也埋藏了理解人類行為的鑰匙。鮑亞士搬去芝加哥前幾年，法國警官阿方斯．貝第榮（Alphonse Bertillon）提議有系統地利用攝影來研究犯人，可在警察局安裝攝影機，訓練警察收集被捕嫌犯的影像資料。貝第榮建議為嫌犯拍攝兩種姿勢，一個正面照，一個側面照。目的不只是幫助辨識犯人，畢竟嫌犯已經被捕，而是提供可作為研究用途的影像，幫助警方從已知犯人的身上找到關鍵臉部特徵，如額頭和下巴的形狀和頭骨大小等。如此一來，不只有助於判斷誰是犯人，也能推測誰未來可能犯案。或許犯罪可能性存在家族基因或特定人類當中，或許從額頭或下巴就看得出來，只要你知道從何找起。這個系統後來發展成眾所皆知的嫌犯大頭照檔案，即為人體測量學的實際應用：人類正常或異常的整套理論透過攝影裡的姿勢加以標準化，然後再跟頭顱指數串連起來。

對普特曼和當時大部分的科學家來說，心理學、民族學和人體測量學都指向同一個目標：利用對個體外在特徵的系統化觀察，得出不同社群具有明顯差異的結論。鮑亞士將帶領M部門把這幾個研究領域相互連結。他在德國攻讀博士時受過數學和統計學的訓練，而規模不大的美國民族學界又以地理學家和業餘探險家居多，很少人受過相關訓練。鮑亞士在巴芬島和卑詩省等地已經累積豐富的田野經驗，並獲得美國心理學奠基者霍爾的肯定，在克拉克大學期間也短暫嘗試過人體測量學家的工作。一八九一年，他曾提出測量伍斯特公立學校學童的大規模研究計畫，並經過教育單位核准，視其為研究學童成長、營養和心智發展的一種途徑。然而，計畫最終卻遭地方報紙推翻。一個口音濃重的德國人，「頭上刀痕累累，眼睛、鼻子和臉上坑坑疤疤，」要學童「讓他觸摸身體」，對麻州家長來說太難接受。

這個計畫引起的爭議，以及霍爾對外的軟弱立場，都是鮑亞士迫不急待離開這所奮力掙扎的大學的原因。但這個早期研究計畫帶來的經驗也使普特曼注意到他。現在他每天一早就離開恩格伍德的家，前往鐵鎚和手鋸敲打不絕的湖畔工地。

• • •

鮑亞士到展覽場報到上任時，進度已經落後。要用來擺設普特曼的展覽品的建築還停留在藍圖階段。展覽品還沒收集完成，更何況是公開展示。除了設計人體測量學實驗室，鮑亞士也去幫忙其他民族學展區。他要協調手下七十多名田野工作者，每個人都得到太平洋西北地區的部落收集文物。他動員了第一次前往卑詩省以來認識的人，透過一連串當地仲介找到儀式用品、面具、獨木舟、圖騰柱等物再寄回芝加哥。其他助理也對墨西哥和南美的仲介提出類似的請求，一切都是為了填滿普特曼正忙著打造的兩棟大展場。

五月一日博覽會在眾人喝采下開幕。一座由景觀設計師菲德烈克・奧姆斯德（Frederick Law Olmsted）規劃的「白色宏偉之城」沿著古老的沼澤海岸線延伸，佔地將近七百英畝。超過兩百個臨時展館由電燈照明，展出你想像得到的各領域的科學科技進展。巨大的「製造和人文館」是棟木造建築，佔地約四十英畝，外圍是人造大理石牆和科林斯式柱，是當時全世界最大的有頂空間。大道樂園展出世界民族各自獨特的生活方式，從貝都因營地到維也納咖啡館都有，但多半是小販用來兜售商品和廉價娛樂的薄弱偽裝。有一整棟建築展出女性的生活和進展，其他則著重於農業、電氣化和造形藝術的進步。有種名叫「拉鍊」的新固定器在六個月的展期中亮相，還有以Juicy Fruit為商標的可咀嚼樹膠、費里斯先生設計的可供人搭乘的圓形轉輪、帕布斯特家族提供的得獎啤酒，以及取了「麥乳」這個怪名的早餐。

參觀者可從農業區越過南池上方的橋，坐上架高的火車前往民族學區。猶加敦半島的馬雅遺址複製品旁邊，就是佩諾斯卡印第安人用樺樹皮搭的棚屋，接下來是六根圖騰雕刻柱，其中一根是兩層樓高的大熊，立刻吸引住參觀者的目光。兩間實物大小的長屋住著十七名瓜求圖人，包括兩名孩童，是鮑亞士的田野仲介帶來芝加哥的。美國西南方岩居（cliff dwelling）的大型複製品旁邊就是人類學館，終於趕在七月四日獨立紀念日及時開幕。

現場就像全世界的高中科展全速衝進了馬戲團的餘興節目。館裡塞滿了普特曼的助理收集來的物品，名義上按照鮑亞士幾年前對史密森尼學會主張的方式，以國家或民族分類。參觀者在兩層樓的展場穿越人類演化的歷史，看到世界各地的不同習俗、服飾和信仰，接著再走進有關衛生、公共慈善和監獄的現代展覽，提醒參觀者科學是使每個人更乾淨、安全和幸福的途徑。草席堆在木編籃和麻繩旁邊。腳踝飾品跟獸皮鈴鼓、人髮做成的裙子、猴子牙齒護身符一起放在展示櫃裡。穿著手編服飾的假人站在海達族村落的比例模型旁，後面是迷濛松林的彩色布景。沿著希臘雕像庭園走下去可見漁網、草編籃、鹿皮上衣，還有成千上萬的複印海報、標籤、圖表和地圖，很多都是鮑亞士親手修改的。

沿著人類學館的北邊展場走，就會看到鮑亞士負責的人體測量學的八個展覽室。展覽室分為三大研究領域：美國印第安人和「混血」的身體特徵、兒童成長發展的數據資料，還有一個即時實驗室——走進來的人既是參觀者也是研究對象，研究領域涵蓋心理學、神經學、顱骨學（研究人類頭形）。這是前所未有的創舉：一個公眾科學的大規模實驗，本身既是展覽也是研究中心。參觀者會看見大猩猩、澳洲人、南非的何騰托人、祕魯人和歐洲人的完整骨骼，還有在雅典收集到、據說是古希臘劇作家索福克里斯的頭骨。參觀者可以當場用當時獲取和處理人類資料的最新儀器來進行身體測量：用卡尺量體長；用測角儀量臉的角度；機械式計算機用來加總大數字；名叫Zambelli的頭顱速寫儀用來繪製頭骨的橫斷面；甚至還有「劍橋科學公司的大型垂直頭部測量器……用來精準測量頭頂高於下眼窩和耳窩之平面的高度。」此外還有一系列圖表和海報呈現人體測量學的最新發現。

但任何一個逛完這八個展覽室的人，看完所有量化和測量數字之後大概會很困惑。假如科學的重點在於確定性（certainty），在這裡似乎看不太到。北美黑白混血兒的測量身高看來跟白人差不多。從北美印第安人的指紋可見他們每個都獨一無二，不同族群的指紋也沒有一定的模式。巴黎人的身高分布狀況差別很大，南北戰爭的退伍軍人也是（雖然調查發現西部州來的人通常比東部州高）。針對義大利人身高的研究發現，北義大利和南義大利沒有明顯差異。提洛人和巴伐利亞人的顱形變化性高（譯注：位於奧地利和德國的兩個相鄰區域），甚至更勝各種不同出身的美國白人。比起美國的移民，「老歐洲」人彼此之間的身體差異甚至更大，這樣的結果或許令人意想不到。

鮑亞士愈來愈厭惡沒有證據支撐的理論，當要他在「呈現資料」和「從中得出重要結論」之中選一個時，他往往偏愛前者。這就是當初他跟梅森和鮑威爾爆發論戰的導火線，為芝加哥博覽會打造實驗室時，他也以此為原則。早在一八八九年他就發表過一篇短文，指出研究者如何可能完全搞錯方向。這篇文章探討了鮑亞士所謂的「聲盲」，即聽者無法聽出某些字詞發音的差異，就像色盲的人無法辨識某些顏色差異。當時的主流看法認為，不同社會多少都有聲盲的傾向，多半因他們的發展程度而異。原始民族的語言能容許的語音變化程度較大，因為發音仍變化不定。更先進的民族多半會將發音固定下來，一大原因是書寫和拼音規則的出現。他們能輕易察覺和糾正同胞的發音錯誤，鮑亞士當初學英語時就有過這種經驗。

然而，鮑亞士認為這種語言觀根據的不只是錯誤的資料，還有錯誤的理論。走訪伊努特和瓜求圖部落時，他發現原住民對發音的要求不比觀察他們的民族學家鬆散。真要說來，聲盲似乎在觀察者身上更常發生。鮑亞士比較了歐美探險家收集的原住民語字彙表，發現同一個研究者會用不同方式記下原住民字的拼音。回頭看自己的皮革筆記本，鮑亞士發現自己也會犯同樣的錯誤。

他漸漸發現，研究者看到的世界不是客觀現實中的世界，而是用自身最熟悉的口語系統闡述的世界：用自己的舌頭、牙齒、喉嚨和鼻子以自己的語言在日常對話中所發出的聲音。「收集者寫的字彙表，呈現了他們自身語言的語音架構，儘管他們可能使用了附加符號或特殊字母，」鮑亞士寫道。「這可能是因為一個事實：每個人都藉由自身語言的聲音去統覺未知的聲音。」結論清楚擺在眼前：聲盲不只在原始民族中發生，而是人類理解或鮑亞士所說的「統覺」這世界的普遍現象。按照我們最熟悉的經驗去詮釋新經驗是人皆有之的普遍傾向。

所謂的社會科學資料，亦即研究者在田野筆記上寫下的特定觀察，會隨著研究者本身的世界觀、技能，和既定的分類而有所不同。鮑亞士愈來愈相信，科學都是暫時的。理論沒有真或假，成功或不成功或許才是更好的說法：要不符合觀察資料，要不就不符合。當觀察結果跟既有的理論相互扞格時，該改變的是理論。先要拿到可靠的資料，再讓理論隨後趕上，這就是芝加哥博覽會的人體測量實驗室呈現一堆令人困惑的圖表背後真正的意義。

由於人類學館位在會場外圍，「一般參觀者很容易錯過」，有本導覽書指出。雖然一開始的預算很龐大，但普特曼實際上只花了八萬三千多，不到博覽會成本的百分之零點二五。花費少也反映在參觀人數上。超過兩千五百萬人走進博覽會的大門，但來到人類學展館的人卻很少，這讓普特曼大失所望。人潮似乎更受隔壁乳品館的母牛和乳酪吸引，或是皮革和鞋交易館——為瓜求圖舞者提供不協調的背景。史密森尼學會負責的民族學展覽也把人潮吸引走，正式會場外「水牛比爾」的狂野西部秀也是。連匆匆布置的「人類學會議」也只吸引了稀稀落落的教授。

芝加哥博覽會對鮑亞士來說是一個實現理念的機會，讓他得以根據幾年前在跟梅森和鮑威爾的論戰中提出的原則，協助設計出一個展覽空間，在展覽中向大眾呈現原始的資料和最新的田野調查發現，而非先入為主的理論。但整體來說卻是一大失敗。博覽會總監哈洛．希金伯坦從未去看過民族學展區。就連瓜求圖人吸引到的人也不多。真正走過來的人有時會被眼前的景象嚇到。當瓜求圖模擬「食人舞」儀式的放血橋段時，有個參觀者大喊「停！停！這裡是基督教國家！」，打斷了表演。博覽會逐漸接近尾聲之際，鮑亞士寫信給父母說：「從科學的角度來說，這個夏天極其失敗。」他決定「再也不扮演馬戲團經理人的角色。」

他只覺得，無論對自己和對芝加哥來說，這一切都是白費力氣和一團混亂。天花在城市裡擴散開來，接著是流行性感冒。博覽會閉幕典禮之前，受人愛戴的芝加哥市長卡特．哈里森遭人暗殺。失業工人引燃的大火毀了大半展覽會館。鮑亞士在恩格伍德租的房子，竟然離連續殺人犯霍姆斯（H. H. Homes）住的公寓只有幾條街，根據報導，他在房間裡安裝特殊管線將不知情的房客悶死。另一場悲劇造成的打擊更直接。一八九三年三月女兒海德薇格降臨人世，這時鮑亞士正為了籌備人體測量實驗室而忙得不可開交。博覽會閉幕後不久她就夭折。

後來，鮑亞士暫時接下某任務，協助將人體測量資料搬移到固定地點，最後該地將成為芝加哥的菲爾德博物館（Field Museum）。但博覽會已經結束，不再需要那麼多人力，他很快就被解雇，而且還是經由他人口中得知。他怒不可遏地寫信對上司控訴：「這是一種無以復加的羞辱。」學歷高再加上沒有符合他資歷的職位（除此之外別無理由），他又再度陷入失業的窘境。

他的個性也不利於他。暴躁、頑固、缺乏耐心、難以妥協，都使他跟比他資深的同事結下梁子。他養成一種每次換工作都覺得自己受了委屈的習慣，前同事也愈來愈覺得幸好打發了他。鮑亞士只能返回紐約，靠著接博物館的工作勉強維持家計，同時不斷打電話到大學尋求機會。此外他也繼續收集文物，並把在西北岸收集的面具和其他手工藝品寄回家。為了協助史密森尼學會籌備新展覽，他拍了一系列穿著羊毛大褂甚至內衣褲的可笑照片，為的是要展示瓜求圖的祕密社團獨特的儀式舞蹈，雖然他可能在芝加哥博覽會上才第一次看到。展覽在一八九五年開幕時，很少參觀者知道他們看到的其實不是取材於現實生活的展示，而是一名穿著長內衣褲的人類學家跳上跳下模擬他看過的舞蹈。「如果我不能發揮所長，而是為了生活被迫這裡做一點那裡做一點工作，」有次他到西部考察時寫信給瑪麗，「就算我知道自己是美國這一行的佼佼者又如何？」

然而，芝加哥經驗帶來的好處其實不少。鮑亞士因此得以展示他在西北岸的考察成果，他也得到了管理大型學術計畫的經驗，而且主題還是當時最先進的研究領域：人類學取向的人體測量，以及不同群體的顱形、鼻形和其他特徵的區別和分類。這些專業——以及跟普特曼的關係——最終會有回報。普特曼接下了紐約的美國自然史博物館策展人一職。因為鐵路大亨和金融家莫理斯．傑塞普（Morris K. Jesup）最近將財富轉向慈善事業，這間原本奄奄一息的博物館才得以重獲新生。一八九六年鮑亞士受邀加入這項新計畫。於是鮑亞士一家搬離芝加哥，在紐約西八十二街的三層樓赤褐砂石住宅裡安頓下來。博物館那棟位於中央公園邊緣、略帶粉紅色的顯眼建築就在不遠處。

• • •

成立於一八六九年的美國自然史博物館，原本是歐洲貴族、博物學家和標本師的私人收藏大雜燴，東西全都堆在中央公園的老舊軍火庫裡（編注：前文提到的史密森尼學會的國家博物館是公立的，在華盛頓）。一八七四年六月二十日，美國總統尤利西斯．格蘭特到西七十七街以北的光禿荒地出席一棟新建築的奠基儀式。三年後，這棟新羅馬風格的花崗岩和略帶粉紅的赤褐砂建築終於對外開放，一路從中央公園延伸到哥倫布大道。一九三〇年代又重改路線，經由老羅斯福總統騎馬的雕像通往中央公園西路上更宏偉的圓柱入口。但在鮑亞士抵達當時，原本十八英畝大的館址已另外增建幾棟建築，是當時數一數二大的博物館。

館方指定普特曼擔任人類學策展人是萬無一失的選擇，因為他把之前投入芝加哥博覽會的衝勁轉向了紐約的長設展。在普特曼的指揮下，鮑亞士開始收集以後將成為新館收藏的西北岸原住民文物，這一次他自己的考察和田野聯絡人扮演了重要角色。其中最具份量的收藏是一艘六十三呎長的彩繪獨木舟，另外還搭配假人槳手和戴面具的巫醫。在館長傑塞普（Jesup）的支持下，鮑亞士協助組成一支研究隊，橫越北太平洋進行大規模考察，研究亞洲和美洲原住民之間的關係。另一個計畫則致力於記錄逐漸消失的美國西部部落。這兩個計畫為博物館提供了大量收藏和汗牛充棟的報告和出版品。鮑亞士的小字爬過一冊又一冊的館藏目錄，外加他對籃子、船、圖騰和骨頭的詳細來歷註解。

鮑亞士一家的規模也逐漸擴大。搬回東岸之後，女兒葛楚在那年春天出世。兩年後另一個男孩亨利出生，一九〇二年初，女兒瑪麗．法蘭契絲卡誕生，家裡總共有五個兒女。返回紐約也帶來了芝加哥博覽會閉幕那年的黯淡冬天鮑亞士絕無法想像的好運：他在一所營運穩定且充滿野心的大學得到教職和教授頭銜。一八九七年初他受聘到哥倫比亞大學任教。雖然已經四十幾歲，但他終於實現了當初坐上日耳曼尼亞號前往巴芬島時為自己設下的目標。他懷疑是家人穿針引線才得到教職，但無法真正確定。其實雅克比姨丈私下去跟校方說情，並願意代為支付他的薪水。然而，這個工作只是兼職，而且跟他一直以來在博物館負責的收集、策展和編目工作有關。

哥倫比亞大學成立於一七五四年，最初名為國王學院，美國獨立戰爭之後才改為愛國意味濃厚的「哥倫比亞」（譯注：美國的早期名稱）。校長塞斯．勞（Seth Low）是布魯克林出生的政治家及支持改革的共和黨員。哥大在他的大力支持下重新定位為大學，不僅提供碩士學位，還有全面修改過的課程，特別著重社會科學。鮑亞士加入哲學系的行列、擔任人類學教授的這一年，勞校長正著手將學校從市中心遷往曼哈頓上城的新校址，位在自然史博物館以北，距離只有數十條街。鮑亞士就在這兩個地方之間來去，博物館西面的第九大道線高架鐵路剛好可以把他載往晨邊高地上日漸擴大的校園。

現在他的工作比過去都要穩定。他一頭栽進學術工作。一八九九年春天，鮑威爾等人創辦的《美國人類學家》由他領軍推出新系列，除了編輯委員換新，也期望把它從華盛頓人類學會的內部期刊變成全國性期刊。鮑亞士鼓勵同事踴躍投稿，再加上他在哥大的名聲漸響，可以利用一小群研究生的田野報告和最新發現填滿期刊。隔年，鮑亞士得知自己獲選為國家科學院的成員，這對他來說是莫大的殊榮。自然史博物館吸引了新一代的學者，又有傑塞普館長出錢出力，人類學研究的重心漸漸從華盛頓轉移到紐約。打從鮑亞士來到美國以來，德高望重的鮑威爾就一直擔任民族學局長，但他一九〇二年過世之後，也象徵著一次世代交替。未來似乎屬於鮑亞士這一代人。鮑威爾過世那年，鮑亞士幫助一個老學會死而復活，並將它重新命名為美國人類學會，成為第一個使用這個標籤的全國性學術團體，《美國人類學家》成了它的正式刊物。

這本重新推出的期刊第一期就登出鮑亞士的文章。他在文中批評了他認為人類學前輩普遍的理念。他認為要等到收集到更多資料之後，才能提出有關人類差異的泛論。但他同意測量外型，包括頭顱指數、身高、鼻形等等，最終能導向對人類之各種自然變異型的清楚定義。「這些事實很有力的支持了人種類型固定不變的假設，」鮑亞士寫道。「對測量範圍的分析有必要比目前為止所做的拉得更廣。我相信，到時候我們就會獲得能夠精確判斷不同區域群體之間血緣關係的工具。」

然而，鮑亞士覺得人體測量仍有其限制。人類學需要從不同角度切入問題，每種角度都有自己的資料、理論和解釋。人體測量學家整理出的外型差異，或許能夠呈現不同人類長久混居之後的重要現象。民族學家或許能指出儀式、歌曲和神話在空間中如何移動。語言學家或許能理解語言如何傳播和改變。單一的研究角度或許能夠描述某一個人類社群的獨特「類型」，卻不足以充分描述研究者在這世界觀察到的種種差異。尤其談到「文化」時更是如此，從鮑亞士將近二十年前登上日耳曼尼亞號第一次出外考察至今，他就一直用各種方式避免直接使用「文化」這個詞彙。

他加入自然史博物館那一年出版的《科學》期刊中有一篇他的文章。他在文中來回切換

「文化」一詞的單複數。有時他指的「文化」是人類整體的思想和行為，有時似乎是特定村落或地區才有的存在和做事方式。大體而言，他認為人類學家「除非放棄為文化發展建立一套整齊一致的系統化歷史這種徒勞無益的事，不然就無法有所收穫。」找到推動所有人類社會的「普世概念」只是個起點。下一步是「回答兩個有關人類社會的問題：第一，這些普世概念如何產生？第二，它們如何在各種文化中自我確立？人類或許會用跨域時空的共通方式來組織社會，世界上或許有一套共通的法則支配著人類的社會行為。但根據他身為民族學家和人體測量學家的研究，鮑亞士發現，假設真有這些法則，它們似乎也藉由各種不同方式呈現。人類的共同文化（culture），只能透過我們實際觀察的不同文化（cultures）去理解。

複數的文化是重點所在。往後十年，鮑亞士的論點漸漸跟他曾在《美國人類學家》提出的主張背道而馳。他不再認為所有個體都呈現了某種永恆不變的生物類型，而且人們還會很自然地依據這些不變的生物特質來區分群體。相反的，各種證據在在證明人類的身體和他們創造的社會具有多元、流動不定、能不斷適應新變化的本質。這是科學史上的一個觀念大轉變，而且大半源自鮑亞士採用的基本方針：用歸納法來推論，跟著資料走。最後他走上了一條跟他的第二祖國自古以來理解自身的方式相互衝突的路，挑戰歐洲人和美國人後來稱為「種族」的文化執念。

CHAPTER 5 獵人頭族

鮑亞士跟當時的所有人類學家一樣，理所當然認為人類本來就分成不同的生物類別。人類學的一個目標，就是命名和理解這些組成人類社會的單位。人體的膚色、體型、大小和髮質，就是人類分類的依據。鮑亞士在克拉克大學的實驗室和在芝加哥博覽會的人體測量展，都是為了收集足夠的資料，讓研究者分類人體的方式能夠真確呈現更深層的生物本質。

「種族」的概念是人類學的核心。幾乎對所有觀察者來說，「人種」(type)和「種族」(race，自一七九〇年開始，美國人口普查依據「膚色」而定義來的)，實際上都是同義詞。人類社群穿的衣服或唱的歌或許各異，有的會多部合音，有的只會粗聲亂哼，他們或許住在沙漠、平原或沼澤地，房子或許是土坯屋或海邊別墅，但看似混亂無序的行為底下是不可撼動的自然秩序。人分成不同種族，就像動物分成不同種類：短毛或鋼毛、大或小、有角或無角。只要張開眼睛，看看比方某人的嘴唇、頭髮質地、鼻形和膚色，就能確認這個事實。

一個多世紀前，德意志解剖學家約翰．布魯門巴赫(Johann Blumenbach)提出五大分類，後來成為人種描繪的基礎。他在一七七五年出版的《人類自然種類》一書中，根據人所在的地區和明顯異於他人的特徵將人分類。包括他稱為「衣索比亞人」的非洲人、他稱為「美洲人」的美洲和北極原住民、他稱為「蒙古人」的亞洲人、他統稱為「馬來人」的太平洋島嶼人，最後是歐洲國家和流散海外的歐洲人組成的「高加索人」。

前四種分類早已經廣泛使用，最早起碼可追溯到瑞典博物學家和現代生物分類學之父卡爾·林奈（Carl Linnaeus，一七〇七－一七七八），雖然形式略有不同。最後一類則是布魯門巴赫的自創。他的人類分類表根據的是他自己收藏的人類頭骨，一百年後鮑亞士和其他人體測量學家也仍在使用這些資料。其中有個喬治亞少女的遺骨特別吸引他的目光。當時喬治亞是俄羅斯帝國的一邦，位於帝國南邊的高加索山脈上。

布魯門巴赫認為她的頭骨線條優美，比例適中，顯得格外美麗，必定是依照上帝的形象所創，就如同最早的人類一樣。他之所以使用「高加索人」這個標籤，一來因為女孩來自高加索，二來因為有些製圖師將聖經中的伊甸園放在高加索山脈附近。上帝最初造了完美的人，這名喬治亞女孩就是明證，後來人類禁不起環境的壓力和生命的無常才產生了缺陷：細緻的頭髮變粗糙，白皙的皮膚變黑，尖挺的鼻子變扁塌。對布魯門巴赫來說，高加索人是人類的最初原型，後來才又分化成不同類型。

布魯門巴赫提出的這套架構歷久不衰。他對人類差異的理解，慢慢滲入幾乎所有學術領域，從自然科學、歷史寫作到藝術都是。地理課本重複了這個論點。醫學期刊視之為理所當然。博物館展覽將它介紹給社會大眾。一八九〇年代末，鮑威爾的民族學局改名為美國民族學局，改名的主要理由並非在於界定其掌管的地理範圍，而是確認該局的研究志業在於特定種族，也就是美國的原住民族，亦即布魯門巴赫所謂的「美洲人」。在鮑亞士那個時代，連兒童都會隨口吟唱布魯門巴赫主張的人類分類。「紅褐黃／黑與白，」一首十九世紀末流行的主日學校聖歌如此唱道，「個個都是神珍愛／耶穌愛世界的小孩。」

不過，種族從來就不只是把人按照外表分類而已，長久以來種族概念也讓人聯想到體能、智力、語言、文明程度等差異。每個種族似乎天生就有自己獨有的說話、飲食、跳舞和穿著的方式。一般認為這些特徵是一組的，就像羽毛、飛行模式、獨特的叫聲，以及築巢和遷徙的本能都是小鳥具有的特徵。「既有的外型種類不會改變，當時不會有考古學家或博物學家懷疑這點。這些專業人士也不會否認不同人種長久以來固定不變的道德和智力特徵，」美國最重要的地理和人體生物學教科書《人類的種類》如此宣稱。該書於一八五四年發行，之後又出了很多版本。「人的智力跟身體不可分割，一邊的本質改變，另一邊也會隨之改變。」

當時的知識分子並不會懷疑這些事是否自然而然相互對應，因為歷史顯然已經證明種族有優有劣，例如複雜多變、征服世界的歐洲人，對應於頭腦簡單、愚昧無知的非洲人。美「在白種人之中是常態，主要是因為白人的個別差異相對較大，」捷克裔的阿列斯・賀德利卡（Aleš

Hrdlička）在一九〇六年下此結論。他是史密森尼學會的第一任體質人類學（人體測量學後來的名稱）的策展人。「這在黃種人中較不明顯，黑人中最不明顯，因為他們的身體個別性也最有限。」當時很少人類學家會反對這種觀點。知名的民族學家及美國科學促進會會長丹尼爾・布林頓（Daniel G. Brinton）多次利用職位之便，在學術團體中斷言「黑人、棕人和紅人在解剖學上跟白人天差地別，就算腦力相等，他們付出同樣的努力也絕對比不上白人。」種族在潛能和表現上的巨大差距被視為理所當然。對科學家來說，真正需要釐清的問題是，人類的等級最初如何而來。關於這點，科學界分成兩個陣營。二十世紀初，這兩個陣營開始針鋒相對。

所謂的人類起源一元論者（monogenist）強調，所有人類都是同一原型的變體。基督教學者援引聖經擁護此一論點，聲稱人類都源自共同的祖先，即伊甸園的亞當和夏娃。更著重實證的作家雖然同意此說，卻是基於不同的理由。他們認為是社會習俗或外在影響，例如生殖模式或環境，創造了名為「種族」的分類。對布魯門巴赫及他那些支持人類起源一元論的追隨者來說，現代種族分類不過證明了人類被逐出天堂之後墮落到何種程度。

即使是歐洲白人，看他們的城市如此骯髒、身體如此多病就知道他們是更遙遠、更純淨的古早人類的次級版。「假設同一屬的不同種或同一種的不同類或許擁有不同的能力，這樣並不違反經驗，」湯瑪斯・傑佛遜在《維吉尼亞州註釋》（一七八五）中寫道。「一個熱愛自然史並用哲學眼光來看待所有物種等級的人，難道會無法接受把人類的類別維持得跟自然最初的創造一樣清楚分明？」傑佛遜認為人類是一個整體，但有它自己自然的「分門別類」，其特徵就跟純種馬和耕馬一樣清楚分明。

相反的，人類起源多元論者（polygenist）者認為現代種族要不來自不同的祖先，要不就是上天的不同作為造成的結果。這個論點當然跟聖經故事相抵觸，但很多博物學家認為不同種族之間的文明差距和外表差異只能夠如此解釋。啟蒙時代期間，人類起源多元論得到一群大人物的支持，從林奈、伏爾泰到大衛．休姆都是。到了十九世紀，人類多元論背後有著人體測量學方法撐腰，這個方法正是鮑亞士在克拉克大學沿用的同一種。業餘研究者出版了不同種族具備巨大天生差異的研究，例如費城醫師薩謬爾．莫頓（Samuel Morton）和阿拉巴馬醫師喬西亞．諾特（Josiah Nott），還有動物學家路易士．阿格西（普特曼在哈佛的老師），並吸引到許多讀者。科學本身似乎解釋了為什麼一旦這樣的種族秩序被逾越，人自然就會產生反感。「看到他們的黑臉、厚唇和咧嘴笑時露出的牙齒，還有頭上的毛、彎曲的膝蓋、修長的手、大而彎曲的指甲，尤其是蒼白的手掌，」第一次在費城看到黑人時阿格西寫信給母親，「為了警告他們不要靠近，我只好一直盯著他們的臉。」

然而，鮑亞士出生時，人類起源一元論似乎贏得了論戰，至少在科學界。一八五九年，達爾文的《物種源始》呈現了生物的外表差異可能來自隨機的小改變。所有的生命形式都透過與前一種形式產生差異的過程而相互連結。不同物種是長時間自然淘汰的結果。達爾文在《人類的由來》將焦點從雀鳥轉向人類時，直直瞄準了「種族」這個概念本身。他說甚至沒人能對究竟有多少種族取得共識，巧妙地取笑了其他學者：

比起其他動物，人類受到更徹底的研究，但這些優秀的裁判之間卻可能出現極大分歧，不知究竟要把人分成一個種族、兩個種族（維雷）、三個（賈昆諾）、四個（康德）、五個（布魯門巴赫）、六個（布馮）、七個（杭特）、八個（阿格西）、十一個（皮克林）、十五個（波里．文特森）、十六個（德穆蘭）、二十二個（莫頓）、六十個（克勞福）還是伯克說的六十三個。

結論一清二楚。「那些接受演化原則……的博物學家（這包括了大多數的年輕世代）不會懷疑人類種族都源自同一個原始血緣──而且年輕一代絕大多數也都認同。」達爾文相信人類有的落後、有的進步，但那主要是環境和習慣造成的結果，而非演化的不同路徑造成的天生生物差異。

但即使在達爾文之後，人類起源多元論也從未真正從科學研究或公共論述中消失，後來甚至還重振旗鼓。美國南北戰爭結束後，老南方並沒有解體，反而它的許多核心特質轉移到全國層級的政策。南部聯盟的前將軍和官員獲得特赦之後，很多都回到國會或到聯邦政府任職。重建期正式結束後，這些領袖展開新一波以種族為取向的立法。從一八九〇年代開始的強制種族隔離、禁止種族通婚、投票限制和其他政策，打造出一個以種族為基礎的政治和社會關係體系。這種強制種族隔離制度後來稱為吉姆．克勞法（Jim Crow）。同樣的，美國法院也發展出涵蓋甚廣的判例法體系，把證人分成清楚合法的類別。律師藉由歷史學家、民族學家和其他專家的專業，鞏固國家用來將人分類的基礎架構的科學正當性。一八七八年，法院首開先例判定中國人不是白人。類似的決議在一八八九年判定夏威夷人非白人，緬甸人和日本人則是在一八九四年，美洲原住民在一九〇〇年，菲律賓人在一九一六年，韓國人在一九二一年。此外，法官分別在一八九七、一九〇九和一九一〇年判定墨西哥人、亞美尼亞人、「亞州的印度人」和敘利亞人是生物學上的「高加索人」。這些判例引發的後果既立即又實際。一個人因此只能在種族限定區買地產，只能在種族限定醫院生產，只能讓小孩讀種族限定學校，或只能埋在種族限定的墓園裡。吉姆．克勞法和種族判例並非奴隸時代的延續，而是根據種族科學的最新發現而建立的全新、全國性的、據說也合乎自然的新制度。

全世界的情況也很類似。一八七〇年代晚期，歐洲殖民強權爭搶非洲，歐洲人開始對原住民族和管理（或剝削）他們的方法感興趣。從比屬剛果的橡膠園到南非的金礦場，一種有效的新奴役制度在非洲大陸擴散開來。與其說種族的概念使歐洲帝國主義者和美國立法者制訂了種族相關政策，不如說歐洲人——無論是非洲的殖民者或重建時期過後變得大膽的美國白人——需要得到掌權的正當理由。各方種族理論家都迫不及待要獻上自己的理論。

種族成為政治權力的依據，也為種族的科學研究注入能量。很多人將種族理論發揚光大，世界各地對種族理論走火入魔的科學家也互相拜讀對方的著作。諾特（Nott）讀了法國理論家亞瑟・德・戈比諾（Arthur de Gobineau）的《人種不平等論》，後者在這本千頁論著中提出現代白人源自古代「亞利安人」的理論，並譴責他們跟低等種族結合而日漸衰敗。戈比諾讀了莫頓，後者研究過埃及木乃伊後堅信金字塔的建造者一定是歐洲白人。所有人都讀過阿格西，他擔任哈佛比較動物學博物館長直到一八七三年逝世，在法律辯論、立法和公共政策上都扮演重要角色（從奴隸制的合乎自然到禁止種族通婚都有）。由諾特等人共同編輯的《人類的種類》這本廣泛被使用的教科書，說明了以種族為根基的科學的實際用途：

> 因為以下原因，民族學應該成為研究美國文化的顯學，在我國，布魯門巴赫區分的五大種族有三種被放在一起決定他們的命運該何去何從。此外，來到加州的中國移民和可能從海外輸入的苦力，或許會讓我們跟第四種有一樣親密的接觸。我們跟這些種族的關係和管理他們的方式，顯然很大程度必須視他們固有的種族特徵而定……對美國政治家和慈善家以及博物學家來說，這變成他們極度關注的一項研究。

種族學這個領域雖然有一幫傑出的作家、思想家和演說家，但論重要性，誰都比不上麥迪遜．格蘭特（Madison Grant）。他有種特殊才能，知道如何把人類頭顱相關的晦澀資料，轉譯成美國人該如何生活的實用建議。事實證明，他比誰都更能掌握他的祖國優於其他國家的一個事實。決定誰屬於布魯門巴赫的哪一個分類其實很簡單，因為只需看一眼膚色或摸一束頭髮就知道，種族學的真正用途在於，界定白種人內部的高低等級。

•••

麥迪遜．格蘭特長相英俊，談吐斯文，出身顯貴，濃密的八字鬍抹上蠟，往下拉成兩個尖角。他擁有無懈可擊的美國血統，祖先是最早一批來到新世界的清教徒和荷蘭拓荒者，打過美國大大小小的戰爭，也簽署過各種重要的統治文件。他從小在紐約長大，拿到耶魯和哥倫比亞的學歷之後就進入公職，將他的精力、野心和家族財富用於造福社會的計畫上。他跟同為行動派的好友西奧多．羅斯福（Theodore Roosevelt）一樣，滿腦子都是改革社會的理想：政府應該為它統治的人民創造更美好的生活，有才能的人應該把聰明才智用來提升大眾利益，而科學的最新進展將會幫忙指路。四十歲他前往美國西部探險，做了駝鹿和馴鹿的創新研究，呼籲當局建立國家公園體系，還協助成立布朗克斯動物園（一八九九年開放）。

這間動物園成了格蘭特最心愛的計畫之一。他相信把自然界的寶藏用最純淨的形式保留下來是人類社會的職責。他跟羅斯福一樣熱愛打獵。跟落磯山脈和北美大平原的壯觀物種親密互動的經驗讓他相信，有計畫地管理野生生物不只能保護美國特有的動物，也能避免環境受害。透過提升大眾的意識和向國會不間斷地遊說，格蘭特在達科他州和蒙大拿州為瀕臨絕種的美洲野牛畫出保留區。事實上，要不是他，美洲野牛可能已經從世界上消失。

格蘭特相信，你不需要關心每一頭美洲野牛，只要對這種動物抱持尊重就足夠。這就是設立自然保護區或動物園的目的所在。它們是不受污染、保存自然和教育大眾的場所。每頭動物都代表同種類的動物，具有你可能期待會在同種動物身上看到的所有特質。我們當然不可能看遍全世界的獅子或河馬，但參觀動物園或許能使你相信自己辦到了。每種動物都是它所屬類別的完美化身。

任其自由發展，大自然就會孕育出壯麗物種：一頭頸部高聳厚實的公野牛，一頭為了救小鹿打敗狼群的母駝鹿。然而，格蘭特在田野工作中親眼看到高貴物種如何走向衰敗。最強壯的物種將成為壞心獵人的犧牲品，整個族群從此消失；棲息地因為引進外來物種而遭破壞；雄偉的動物因為鬼鬼祟祟的入侵者而逐漸減少。

回到紐約之後，格蘭特愈來愈相信同樣的事也在曼哈頓下城的都市街頭上演。正如他在一九一〇年秋天寫信對威廉・豪沃・塔夫特總統（William Howard Taft）所說的，任何一個有機會「在中午時間步上第五大道，一路走到華盛頓廣場的人」，都能對外來種族入侵的影響做出定論。你不可能錯過穿著寬鬆長袍、留著亂蓬蓬大鬍子的猶太移民；愛打斷人說話的義大利人和討人厭的斯洛伐克人；剛從某個外國港口來的煩人小販，還有嘰哩呱啦各種你聽不懂的語言。整座城市充滿了新來的人種，這些人不知道不能在街上橫衝直撞，也不知道走在人行道上要靠右邊。約在這個時候，布朗克斯動物園的參觀人數破了紀錄，其他的保育計畫也上了軌道，格蘭特於是決定把他的專業轉向新的研究領域和行動：保護自己的種族免於移民入侵。

這方面不乏可供參考的文獻。一八九九年彙整的相關書目多達約兩千筆。諾特、戈比諾、阿格西和其他人類起源多元論者的著作，輕易就能在任何一家藏書豐富的圖書館找到。二十世紀的前十年，探討種族與健康、能力甚至存活力之關係的新近研究多如牛毛，這裡的種族指的是世界最強大的種族，即歐洲白人及其海外後裔。最新的研究利用人體測量結果，以清楚的科學語言界定種族之間的差異。統計學家菲德烈克．霍夫曼（Frederick L. Hoffman）證明黑人的腳後跟長度（平均零點八二吋）跟高加索人（零點四八吋）有明顯差異。德意志社會學家奧圖．阿蒙（Otto Ammon）透過家譜調查和頭部測量，證明長顱型多半集中在市中心，而城市上層階級多半比其他人的頭更長。「長顱的北歐人種（Nordics）強勢，富進取心，以新教徒居多，」他概括論道。「而短顱的阿爾卑斯人種（Alpines）任勞任怨，保守，以天主教徒居多。」

哈佛社會學家威廉．李普利（William Z. Ripley）把這些研究加以整合，提出長顱、短顱和其他人種對人類歷史的相對貢獻。一九〇八年格蘭特可能曾在演講中聽說過他。李普利在《歐洲種族》（一八九九）中將歐洲人分成「條頓人」、「阿爾卑斯人」和「地中海人」三類，世界文明主要是第一種人的貢獻。歐洲歷史有如一場盛大的種族歷史劇場，不同民族上台下台，有的為劇本加上幾句台詞，有的用他們的外來方式擾亂了敘事。現代歐洲就是種族遷徙的歷史，看目前這塊大陸上種族雜處就可見一斑。長顱條頓人被趕到他們目前在北歐和西歐的堡壘據點，這裡是過去從南邊和東邊如洪水湧入的短顱人最嚮往之處。因為李普利告訴讀者：「過了庇里牛斯山就是非洲的起點。」

這些研究對格蘭特來說想必有如暮鼓晨鐘。他很快發現自己正在目睹李普利旁徵博引論述的種族遷徙浪潮。他也學會用一個字來形容大眾擔憂的種族健康和人類環境遭破壞的問題。這個字由英國博物學家和統計學家法蘭西斯．高爾頓（Francis Galton）所創，他也是人體測量學的奠基者。高爾頓名為「優生學」（eugenics）的研究領域和行動方針，目的是藉由刻意持續地汰弱扶強，進而提升人類的品質。Eugenics一字源於希臘文，意指「優良種類」或「出身良好」的；它做為一門學科最主要的目的，是將格蘭特成功用在美洲野牛和獅子保留區的科學方法，應用在人類身上。假如人類要參與大自然的競賽，那麼提升人類品質的最可靠方法，就是促進李普利等人從歐洲歷史長河中如此睿智歸納出的種族特質，亦即最優秀的白種人具備的特質：活力充沛、創新、聰明、熱愛冒險。

格蘭特既非歷史學家亦非人類學家，從未針對這些主題做過創新研究，也從未像鮑亞士一樣拿著卡尺在芝加哥為稀稀落落的人群計算頭顱指數，但他整理大量學術研究的功力著實令人讚嘆。此外，他還得到紐約某貴族的強力背書。一九一六年春天，他把種族和人類歷史宣言的草稿拿給朋友看，朋友鼓勵他把稿子寄給出版社。那年秋天，史克伯納之子（Scribner's Sons）出版社（旗下已有西奧多·羅斯福和吉卜齡等硬漢作家）出版了格蘭特的這本《偉大種族的消逝》。雖然歷史是它的一大主題，但書店不把它歸於歐洲歷史類，而是歸於科學著作。

書一開始先討論種族和民主。「在美國，我們幾乎成功摧毀了出身的優勢，」格蘭特寫道。「也就是一個血統優良的人與生俱來的智力和道德優勢。」普選權把美國變成「一般大眾統治」的社會。要求政府為人民發聲的主張，變成「對權利的無止盡要求。」然而，歷史證明「人類是在菁英的帶領下擺脫原始和野蠻，這些菁英擁有的本領、才能或智慧，賦予他們領導的權利和使人服從的力量。」格蘭特的結論是，應該透過種族和優生這類新科學提供的觀點，將這些菁英挑選出來。

他說，科學早就推翻了人類擁有共同血緣的「亞當理論」，並重新強調人類起源多元論的論述。換句話說，每個人都是所屬種族的特徵總和，身上帶著長久以來融合混雜的痕跡。從身體就能找到證據。他說，人的鼻子「最具價值」。最初寬寬扁扁，沒有鼻梁，跟嬰兒一樣，從嬰兒的臉部特徵可以看到人類最早的樣子。長而窄的鷹鉤鼻跟種族進化和文明密不可分。嘴唇也值得深入研究。「厚而突且外翻的嘴唇是很古老的特徵，也是原始種族的特徵，」他寫道。

但到這裡為止，格蘭特只是在重複許多人體測量學家很久之前就提出的主張，差別在於他接著往前邁進了兩步。第一，種族本身可以根據可見的外型差異再做區分。他說即使是白人都有「次種族」(subspecies)。第二，種族特徵多半不會改變。外在特徵和行為特質都源於不同種族和次種族之間的深層差異，科學若鎖定正確方向，就有助於釐清這些差異。就好比穿上托加長袍（編注：Toga，古羅馬時期的男性長袍服飾）不會使一個敘利亞人變成羅馬人：「花五十年學說英語、穿體面的衣服、上學和上教堂……不會把黑人變成白人。」人的臉和身體是「一整套錯綜複雜的象形文字，」科學家仍在努力要讀懂它。一旦成功，人類就有可能不只正確地將人類分類，還能選擇要把哪些特質傳承下去，造就出真正更優良的人口。「將人類分類的最大困難之一，」他寫道，「是人類與錯誤對象配對的反常傾向，」但科學研究能夠提供矯正的方法。原始種族是早期人類遺留下來的人種，之所以「原始」是因為他們退回了人類的某些「原始」樣貌，他們若跟進步種族結合產下的後代，很容易退回較低等且古老的人種。「白人和印第安人結合產下印第安人，白人和黑人結合產下黑人，白人和印度人結合產下印度人，任何一種歐洲人跟猶太人結合產下猶太人。」

格蘭特跟李普利一樣（他在致謝中特別指出他以李普利為楷模），大致探討了歐洲從舊石器時代經由古代、蠻族入侵再到現代的歷史，全都從歐洲次種族之間的競爭來切入。「立法者一旦認清這些事實的重要性和意義，我們的政治結構無可避免將徹底改變，」格蘭特如此結論。「目前我們對教育力量的依賴，將被根基於種族價值所做的調整取代。」這實際上要說的是，當局秉持著「利他價值」和「脆弱的感傷主義」任由數百萬低等歐洲人移入美國，等於「把這個國家掃進種族的深淵。」美國再也無法繼續當「受壓迫者的庇護所」，勢必會步上雅典和羅馬的後塵，被入侵的低等人推下世界歷史的舞台。

來自北歐的美國白人這支偉大的種族正在消逝，格蘭特按照歷史順序將這個過程記載下來。如果你需要圖像，只要翻到書後面的折頁，上面用鮮明的色彩呈現歐洲大陸上的人種興衰，有如一堂縮時攝影的歷史課，呈現人種因為忽略自身的脆弱而轉瞬消失。

《偉大種族的消逝》後來被奉為將科學概念應用於歷史和公共政策的里程碑。它激勵了一整代的追隨者繼續寫下他們自己的論著、為決策者提供建言，以及推動新法案。從哈佛到加州大學共有四分之三的美國大學開設優生學課程，很多都把格蘭特的著作當作教科書。洛斯羅普・斯托達德（Lothrop Stoddard）常跟格蘭特共列為美國最權威的種族科學家，這位年輕、受過良好教育的新英格蘭人接著寫了《有色人種的崛起》（一九二〇）及《伊斯蘭的新世界》（一九二一）。前者警告大眾，有色人種排山倒海而來，後者調查了阿拉伯人、土耳其人和波斯人的「復興伊斯蘭」運動對西方構成的威脅。「這些書都有科學基礎，」費茲傑羅代表作《大亨小傳》中的湯姆自信地說，指的就是格蘭特和斯托達德的書，「我們是老大，有責任小心提防，不然其他種族就會爬到頭上來。」

一九一〇年，美國的外來人口激增到一千三百五十萬，這是十九、二十世紀之交二十年間的移民熱潮造成的結果。這些人佔了美國總人口的百分之十四點七，只比一八九〇年的最高點（百分之十四點八）少一些。增加速度相當驚人。比起一九〇〇年，一九一〇年的外來移民多了將近三分之一。（還要過一個世紀，也就是二〇一〇年代，移民數字才會再次逼近類似程度。當唐納．川普藉由痛斥墨西哥移民多為「強暴犯」來宣布競選美國總統時，外來人口比例只比一九一〇年高一個多百分點。）

這些新移民多半住在擁擠的都市地區，因此知識分子和政治人物才如此介意。新移民等於跟格蘭特家這類更古老、更富裕的美國家庭比鄰而居。一八八二年通過的《排華法案》禁止中國勞工赴美，但從一八九〇年代開始，美國卻為數百萬歐洲人敞開大門，尤其是東歐人和南歐人。事實上，十九世紀末、二十世紀初，外來移民將近九成登記的出生地都是歐洲國家。紐約市以前井然有序的小德意志如今擠滿猶太人、波蘭人、義大利人和斯洛伐克人。因為如此，對格蘭特和當代其他理論家來說，種族的問題不在於區別高加索人跟亞洲人或黑人的不同，這種差異對受過教育的人來說清楚可辨。更大的問題是如何區別進步、健康、活力充沛的北歐人，跟如今在下東城的大街小巷上蹣跚而行的低等次種族。

但格蘭特提筆寫作不只是為了提出自己的學術論點。在《偉大種族的消逝》前幾頁，他特別提到最近由政府出資的一項研究。研究結果——若認真看待的話——或許可視為美國最優秀的種族即將終結的前兆。根據格蘭特的說法：

最近為了討好我國移民中的低等種族而做的研究證明，人的顱形確實會改變，而且不需要經過一世紀，短短一個世代就能改變。一九一〇年，國會移民委員會的人類學專家在報告中沉重地指出，橫越大西洋來到美國的圓顱猶太人可能也確實生下圓顱的小孩，但經過幾年，服下美國制度這樣的靈丹妙藥後，可能也確實產下頭顱明顯較長的小孩，東區移民公寓就是一個例子。而長顱的南義大利人自由配對之後，頭顱同樣會變短。換句話說，在環境改變的影響下，大熔爐立即出現了反應。

格蘭特聲稱這些研究全是胡扯，並在書中指出理由。他會提起一份鮮為人知的政府報告並非偶然，事實上，那就是格蘭特的主要攻擊目標之一。這份報告的作者是某個未具名的「人類學專家」，也是格蘭特的攻擊目標。當格蘭特忙著閱讀李普利和高爾頓的著作的這幾年，鮑亞士也默默埋首於工作，他實際走訪曼哈頓下城的鄰里街坊，也就是格蘭特建立其理論的地區。

• • •

到哥倫比亞大學任職之後，鮑亞士跟美國自然史博物館的關係就逐漸變淡。他有種讓人敬畏勝過於喜歡的習性。在博物館工作期間，他做了新研究和新展覽，但也有失望、意見不合而讓同事覺得受傷。在同事眼中他自信過頭、好管閒事且暴躁易怒。一九〇五年他正式辭去策展人職位時，也沒有人挽留他。

轉往大學接下正職工作，給了鮑亞士建立自己研究團隊的機會。「無論是柏林的五位人類學教授、巴黎的人類學學院或荷蘭的殖民學院，都無法為我們需要的觀察員提供適當的訓練，」一九〇一年他在給同事的信上說。於是他重整系上的課程，除了傳統的人體測量學還加上語言學和民族學訓練。「以考古學為招牌，」他告訴哥大校長尼可拉斯．莫瑞．巴特勒（Nicholas Murray Butler），「我們應該能從各方面來訓練人類學家。」

鮑亞士把一家大小遷往紐澤西的格蘭特伍德區，在哈德遜河對岸的一棟大宅安頓下來。那裡不久就成了一群研究生的非正式聚會所，人數愈來愈多。其中很多已經漸漸闖出名聲，成為精通民族學、語言學、考古學和體質人類學的全才學者，鮑亞士後來將這四個領域視為人類學正規訓練的四大基礎。第一個拿到哥大人類學博士學位的是艾佛瑞德．克魯伯（Alfred Kroeber，一九〇一年）。他也是來紐約闖天下的德意志移民，不久便前往加州，在柏克萊大學成立人類學系。從奧地利流亡到美國的羅伯特・羅伊（Robert Lowie）畢業於一九〇八年，專攻平原印第安人，逐漸嶄露頭角，後來也到西岸加入克魯伯。愛德華・沙皮爾（Edward Sapir）是來自俄羅斯帝國的猶太移民，一九〇九年在鮑亞士指導下完成學位，博士論文研究的是美國西北部地區（Pacific West）的原住民語言。他很快就遷往渥太華帶領加拿大政府的地質調查計畫。亞歷山大・高登懷瑟（Alexander Goldenweiser）和保羅・拉丁（Paul Radin）都是猶太移民，一個來自德意志的基爾，一個來自波蘭的羅茲，分別在一九一〇和一九一一完成學位，研究主題是人類學理論和美國原住民民族學。鮑亞士曾對校長巴特勒誇耀：「我要開心地說，哥大人類學系培養出的學生供不應求，幾乎所有在人類學博物館和學院任職的年輕人不是這裡畢業的，就是曾在我們系上讀過很多年。」

然而，不出幾年，早期的衝勁似乎就冷卻。巴特勒校長不滿教師花太多時間研究而非教學，還告訴鮑亞士校方不會再增加人類學經費。沒有錢添購教材；系上師資不足，無法涵蓋所有專業領域。「情況很可悲，」鮑亞士一九〇八年初寫信給克魯伯，「而且……目前我們之前的希望和抱負都破碎。」他還說唯一的出路就是想辦法找新的收入來源，甚至「徹底改變研究方向」，這樣或許能為他希望能持續的田野工作提供較穩固的財務基礎。

鮑亞士開始寫信給幾乎他想得到的所有單位，提出可能吸引到資金的宏大研究計畫。他聯絡了美國民族學局的舊同事，說他想出一本美國印第安語手冊，期望為學生和同事找到額外的旅行經費。一九〇七到〇八學年間，他增加課程，包括「黑人問題」這堂課。「我正在統整黑人種族的科學研究，相信對改變國人對黑人問題的看法會有極大的實用價值，」他告訴布克．華盛頓（Booker T. Washington）。他很清楚課堂上的學生愈多，巴特勒校長就愈有理由增加系上的預算，因此他也爭取為大學生開課的機會。到了一九〇八年春天，有個特別的機會找上他，很可能一次為他解決許多難題。

一年前，美國國會成立一個特別委員會研究移民增加對美國的實際影響。謠傳外國政府故意把罪犯和老弱送來美國，藉此擺脫累贅並削弱美國社會。委員會由參議員及佛蒙特州的共和黨員威廉．迪靈漢帶領，網羅各方人才，包括麻州共和黨員、反對移民的亨利．卡伯特．洛奇（Henry Cabot Lodge），還有密西西比州的民主黨員、成功經營密西西比河三角洲農場的萊羅伊．帕西（LeRoy Percy）。這群名人組成的委員會戴上硬草帽，穿上亞麻西裝，搭乘汽船前往拿坡里、馬賽、漢堡和其他歐洲港口考察，在當地看見擠滿義大利人、希臘人和敘利亞人的髒亂拘留營，每個人都願意付出哪個沒良心的船長隨口開的價錢，只求能坐上船橫越大西洋。他們並沒有發現外國圖謀削弱「偉大種族」（格蘭特不久即如此稱呼）的證據。儘管如此，歸國之後他們決定組成一系列工作小組全面研究移民問題、收集統計資料，並提出詳細的建言，為陣陣撲向美國港口的移民浪潮打造更合理的政策。

一九〇八年三月，委員會找上鮑亞士，希望他就「不同種族移民美國」提出報告，並詢問他可以如何進行研究。鮑亞士立即給予答覆。他建議測量美國新移民的身體變化，畢竟移民若是真的對美國社會造成影響，最明顯的結果可能在新一代美國人身上呈現——那就是移民的小孩。他們被一般美國人同化了嗎？還是歐洲種族的共同遺傳特徵太強大，歷經時空變化仍未消失，繼續傳給種族通婚生下的小孩？這些古老種族和次種族遺留下來的特徵有可能打破天然屏障，達成美國「大熔爐」的理想嗎？

「這個問題肯定有一定的重要性，」鮑亞士寫信給委員會。「而現代人類學方法的發展，讓我們完全有可能為出現在我們眼前的問題找到明確的答案。」他編列的預算將近兩萬美元，打算用它來聘請一支團隊測量頭部、調查家族史、彙整巨量的資料以回答他提出的問題。「我相信我能向你保證，這份有實用價值的調查結果會很重要，因為能夠一勞永逸地解決南歐和東歐移民是否及能否被我國人民同化的問題。」委員會看到預算數目有點猶豫，但答應他會贊助初步的研究。那年秋天，政府同意將研究工作擴展為全面性的研究計畫。

鮑亞士的研究生、哥大同事和他雇用的助理很快分散到城市的各個地區。他們帶了許多鮑亞士當年在芝加哥世界博覽會上用過的測量器材，以及紐約某配鏡師用來比較眼睛顏色的特製玻璃珠，到下東城測量猶太學校學童的頭顱；到查坦廣場和楊克斯區發問卷給義大利家庭；到東城的第三和第五大道、東七十和八十四街之間的鄰里訪問波西米亞人；找出布魯克林的匈牙利人、波蘭人和斯洛伐克人；站在埃利斯島的碼頭上，手中抓著卡尺和眼珠顏色測量器，幫人做身體檢查。感化院、收容所、教會學校和私立學校、希伯來青年會和基督教青年會（YMCA），共有約一七八二一人接受鮑亞士等人的測量。這種事前所未有，至少從未在官方委員會贊助下進行，而他們的任務是要精確掌握移民如何影響美國的「身體政治」。一九一〇年春天，鮑亞士寫信給美國民族學局的同事，告訴他們他的工作得出了「完全出乎意料的結果，使得整個問題呈現全新的觀點。」

經過無數小時的資料收集、分析和撰寫報告，結論終於集結成《移民後代的形貌變化》一書，並在一九一一年出版，這也是迪靈漢委員會（Dillingham Commission）的官方紀錄的一部分。鮑亞士在第二頁簡單說明主要結論：「移民的適應力似乎相當大，因此在這份研究確立之前，我們沒有資格妄加推測。」比起來自同一國家或種族（格蘭特應該會如此稱呼）的人，在美國出生的移民小孩跟同樣在美國出生的小孩有更多共同點。圓顱猶太人變成長顱。西西里人的長顱變短。拿坡里人的大臉變窄，跟周圍的移民愈來愈像，而不是故鄉的同胞。換句話說，純粹以身體來說，沒有所謂的「猶太人」、「波蘭人」或「斯洛伐克人」，看第一代移民生下的子女就知道。從飲食到環境等等生活條件，對人的顱形產生了快速且可測量的影響，即使過去一直認為頭形是遺傳，固定不變，而且是特定種族的特徵。

種族不是固定的，鮑亞士如此結論。假如它們不存在於現今的外型特徵上，也不可能存在於過去，這就表示任何一段以種族爭霸戰來呈現的人類歷史，基本是錯誤的。假如「種族」

此一概念沒有固定不變的外型，至少不像主流論述那樣固定不變，那麼特定外型也就不具備一組特定的特徵，例如智力、體能、整體的強弱，或發展文明的能力。「這樣的結果如此明確。儘管在此之前我們有權利假設人種是固定不變的，」他接著寫道，「如今所有證據都支持人種的強大可塑性，以及人種在新環境下維持不變反而是例外，而非定律。」

從前往巴芬島那時候起，鮑亞士就在往這個結論發展，但現在他能用來支持這個主張的，已經不再只有單純的直覺。他有資料，許許多多資料，全都指向一個革命性——對很多人來說也令人不安——的結論：移民美國之後，他在博物館和博覽會上記錄的「人種」並非人類自然的種類。沒有理由相信隸屬某種族或某國家的人更可能是社會的負擔、更容易犯罪，或比其他人難以同化。合理的社會科學應該以「他們做了什麼」而非「他們是誰」為起點；更進一步來說，政府的殖民政策也應該以此為根基。

迪靈漢委員會發表報告的同一年，鮑亞士在他第一本為大眾而寫的著作《原始人的心靈》中詳細闡述了這個論點。從踏上北極為報紙撰稿以來就一直期望能影響輿論的人來說，這一天來得很遲，但他就這麼一頭跳進種族、科學和權力的激烈論戰。這也是他第一次嘗試建立大量的實證資料，一層又一層把在芝加哥世界博覽會、美國自然史博物館到哥倫比亞大學的課堂從事的研究，整合成某種或許可稱為「世界觀」的東西。

鮑亞士開宗明義就說，歐洲人及其後代把森林變成有生產力的農場，挖出岩石山脈裡的礦藏，發明聽從人類指揮的機器。原始民族因為順服於自然環境而非征服自然環境，因而沒有這些「成就」，文明人看他們自然會帶著「同情的笑容」。但他認為，這種笑容背後藏著一種未經證明的假設，那就是：我們的社會今天之所以成功，是因為一般以文明來形容的人類，尤其是「北歐人種」，天生就比成就較低的原始人優越。

鮑亞士認為，這樣的假設其實並無根據。運氣和時間一樣可能用來解釋成就的差異，當「高度」文明在新世界蓬勃發展、舊世界還停留在文明發展初期，歐洲人在探險時代和後來的帝國擴張時代開始往外發展，反而打斷了他們征服的地區正在發展的物質和文化。「簡而言之，」他總結，「比起能力，歷史事件似乎是引導種族走向文明的更大力量，由此可見種族的成就並不代表我們可以斷定某種族比另一種族優越。」

鮑亞士還說，外型特徵也無法用來區別進步種族和落後種族。人們習慣說「高等種族」，暗示著有一條直線從動物通往高成就歐洲人，而所謂的「低等種族」則仍保有動物的某些外型特徵，雖然所有人類都是動物變成的。在文明這場競賽中，落後的人被認為是身體和習俗都停留在野蠻階段的人。但鮑亞士指出，思考片刻就會知道這是無稽之談。從人類測量學的角度來看，最像人猿的人類不是「低等種族」，而是某些薄唇、短腿並長著濃密黑髮的歐洲人。

接著，鮑亞士轉向人種的問題，他稱之為「不明確差異」。兩個人，假設一個來自撒哈拉沙漠以南的非洲地區，一個來自北歐，彼此的外型差異當然明顯可見，例如膚色、鼻形、頭髮質地等等。但若以為這些差異在各種情況下都成立，就與科學觀察相悖。外表差異是細微的逐步變化，是外表特徵跟一個又一個群體融合之後產生的結果，而不是區分外型種類的清楚線條。事實上，一般被歸於同一類的人，髮色、膚色、股骨長度、頭形也大大不同，如果你願意花時間觀察，或像鮑亞士過去在芝加哥和近來在下東城一樣幫人測量的話就會發現這個道理。抱持另一種看法就是把理論置於實證觀察之前，用演繹法而非歸納法去思考。鮑亞士認為這樣根本不是科學。「當……我們比較所有種族和人種會發現，人類社群存在無數的過渡期，因此很難說某種特徵專屬某人種所有，其他人種就沒有。」此外，由於很多特徵隨著世代交替而改變，有些甚至在人的一生中就會改變，「因此不能假定人類具有固定的形貌。」

少了特徵相同、輕易可辨的「種族」，整個種族層級架構就隨之崩塌。「整體來說，跟每個種類下的差異比較起來，不同人種之間的差異很小，」鮑亞士總結。種族之間不但沒有分明的界線，同一種族內部的巨大差異也令人懷疑這個概念本身的效用。一旦真的嘗試去界定什麼是種族，更不用說拿著卡尺或捲尺去測量，你就會發現自己手中抓的是一把灰燼。

《原始人的心靈》呈現了鮑亞士的人體測量研究的總和。那同時也是一種嘗試，試圖用新的方式看待種族和外型差異，甚至整個世界。雖然書的前半部都在拆解種族階層及種族本身，他想要探討的其實是原始民族的心靈。他發現「世界各地人類的心靈活動呈現出各式各樣無限多的樣貌」，與他們的外型差異一樣明顯。

「常有的觀察是，我們先產生渴望或採取行動，」鮑亞士寫道，「之後才試著合理化自己的渴望和行動。」他指的是他稱之為「慣常行為的後續詮釋」的機制，亦即根據其他──多半荒謬的──解釋架構，合理化自己的文化常規的傾向。例如，常聽人說文明社會發明叉子，是因為像野蠻人那樣用刀子吃飯有割傷嘴巴的危險。但這明顯很可笑，因為用叉子跟用刀子一樣容易割傷嘴巴。所有社會都很容易把自己的習俗視為更早的合理發展的產物，尤其是富含情感的習俗，例如美國上流社會的餐桌禮儀。但更合理的方式是，相信這些習俗之所以產生有各種原因，從歷史借用到純粹意外都有可能，而不硬要找到合乎常理的原因。鮑亞士主張，如果你發現自己看不慣其他社會的習俗，真正科學的作法是分析自己的反應。這或許是了解自己文化看重什麼樣的事物的一個重要線索。最好的資料來源就是自己的反感。

鮑亞士相信，「方法」就是一切。如果你真的想了解瓜求圖村落或伊努特營地發生了什麼事，你就得盡可能擺脫自己出生的地方習以為常的看法，努力跟上新思維和新邏輯，並捕捉新的感受。要為來自他族看似奇怪和陌生的原因感到腸胃翻攪、怒火上升或深沉的悲傷，需要經過努力。更進一步是做出符合這些感受的行動，例如腳一抽就準備落跑，或手一抖就準備打人。若非如此，你就不能聲稱自己了解任何事。你看到的，不過就是從別人的文化反射出自己先入為主的偏見。

鮑亞士認為，若用這個標準來檢驗旅行者、記者，甚至自稱人類學家的人對原始民族的普遍看法，你會發現他們的評論多半很可笑。常有人說原住民很懶惰，但要是他們只是對自己不在乎的事懶惰呢？為什麼我們要期待每個地方的每個人都關心在意我們在意的事，或認真投入我們投入的事？也有人說原始民族容易情緒失控破口大罵，畢竟所謂文明就是能冷靜沉著和保持理智。但在千篇一律的浮冰上跟蹤海豹群，或划著獨木舟追捕鯨魚直到雙方都精疲力盡，難道不需要冷靜沉著和理智思考？「要比較野蠻人和白人的善變情緒，」他寫道，「最適當的方法，是比較雙方面對同等重要的事情時的行為反應。」

在《原始人的心靈》中，鮑亞士不只極力闡述一套理解人類社會的方法和基本準則，同時也在發展後來成為他獨特風格的論述方法。他在一章又一章中使用相同的寫作技巧，先提出一個普遍觀點，並承認用此觀點來理解世界具有一定的吸引力，接著指出它如何符合我們的一般經驗、如何解釋不同的現象、如何理解各式各樣的觀察結果。接著話鋒一轉：要是我們的經驗和觀察本身就有問題呢？要是我們其實是戴著自製的眼鏡在看這世界、無可避免被自身經驗所限呢？若我們真心想檢驗自己對人類發展和社會組織抱持的看法，首先要先張開眼睛。

我們之所以賦予自身文明某種價值，其實是因為我們參與了這個文明，而且打從出生就被此文明控制。要我們認清這點有點困難，但不難想像或許有其他文明的價值不遜於我們的文明，甚至擁有自己獨特的傳統，並用異於我們的方式取得情感和理智的平衡。不過，沒有在那樣的環境下成長並受其影響，要我們欣賞他們的價值或許不太可能。由人類學研究發展出的這套評價人類活動的基本理論，教導我們要比現在自稱的包容更有包容力。

在鮑亞士心中，人類學不再只是科學，也是一種心態，甚至是美好生活的處方。只要正確地實踐，就能培養往「更有包容力」的目標邁進的傾向，甚至能從此放下「憐憫的笑容」。按照這個藍圖，人類學或許把自己變為最有希望的一門科學，因為它的任務不再只是為不同人類分類，某程度也要熱愛人類。

CHAPTER 6 美國帝國

一九一一年對鮑亞士來說是大豐收。他靠著寫信和拓展人脈讓人類學系有了更穩固的財務根基。迪靈頓委員會讓他得以完成他做過最大規模的統計研究。他出版了由史密森尼學會資助的《美國印第安語手冊》，學會也向他承諾會繼續提供研究資金。《原始人的心靈》雖然銷售不佳，卻是他跨出學術圈的第一次大膽嘗試。

到了他五十三歲生日的那年夏天，他終於成為自巴芬島之行以來他就夢想成為的公共知識分子。他在《手冊》第一冊的序中寫道：「因此我們認為，人類的所有分類必定多少是人為的，根據的是特定的觀點。」現在他已經是他致力於拆解的人種分類的公認專家。各方邀約不斷，請他就種族問題發表論文或發表演說。

幾年前，他應杜波依斯之邀，前往亞特蘭大大學發表了一篇激勵人心的畢業演說，呼籲美國人放棄種族階序的舊思想。如今，他跟杜波依斯在倫敦的第一屆世界種族大會上再度同台。會場聚集了全世界的學術權威，領域涵蓋「跨種族經濟學」到「促進跨種族友誼的正面建言」等無所不包。鮑亞士在演講中直言：「人種固定不變的假設已經不可信，」再次重提他在迪靈頓委員會報告中的結論。無論是公開演講或寫給大眾看的文章，他絕不會放過重申理念的機會。鮑亞士所說的話意味著，我們對種族的看法本身就是歷史的產物，是一群人試圖合理化自己一心想相信的事，例如他們比其他族群更高等、更優秀、更進步。歐洲人用種族解釋自己的優越感和成就感。種族概念是透過文化想像，而不是生物上的宿命而存在。

然而放眼四周，鮑亞士所在的國家似乎正往跟他的科學看法相反的方向前進。迪靈頓委員會投入將近一百萬美金出版了四十一卷的最終報告，而且多半不顧鮑亞士在獻詞中所說的話。迪靈漢、洛奇和帕西及國會的其他同事多半都堅定反對移民，也在報告中重申他們的理念。委員會的結論重新確立了種族區分的力量和意義。報告上明言，在移民問題上，委員會「認為沿用布魯門巴赫的分類是合理的，美國人透過學校地理課的薰陶也最熟悉，亦即……白色、黃色、黑色、棕色和紅色人種。」一八八〇年之後抵達的人多半是第一種人，但不幸的是他們來自「發展和進步程度較低的歐洲國家。」其同化的速度「相較於更早的非英語種族還要慢，」而且「以一個種族等級來說遠比過去的種族智力低」，「本質上不像」之前從不列顛群島和德意志領土來的移民。他們來到美國主要是想享受美國提供的好處，而不是對大眾福祉有所貢獻，因此對美國總是無法全心全意，對新國家的忠誠度很可疑，對尚未開化的故國念念不忘。

鮑亞士當然也是移民，但根據迪靈漢委員會的看法，他所屬的群體至少最接近一般人所能想像的模範少數族群，由事業有成、融入社會的德語人士組成。委員會極力指出德裔人士與新一波的義大利、波蘭和猶太移民的不同。即使東歐和南歐移民暴增，德意志移民仍是美國最大的非盎格魯－撒克遜群體，甚至是四十八個州中將近一半的州最大的群體。過去十幾年，德裔美國人幾乎在國內各大公共領域成為領袖。他們打進學術圈和州律師公會，編報紙，耕耘從賓州到達科他州的田地，在菁英學院和鄉村學校教書，對路德教派、福音教派和羅馬天主教信徒佈道。即使是說德語的猶太人（至少仍遵守教規的那些），他們上的猶太教堂的建築和裝潢（長椅、高壇、彩繪玻璃）也強調自己與基督教鄰人的連結。

但沒想到迪靈漢委員會把報告交給國會過後短短幾年，鮑亞士發現自己陷入完全意想不到的處境，感到非常震驚——他所屬的社群成了美國人最害怕甚至討厭的少數族群。鮑亞士來到世上時，剛好是一八四八年歐洲一系列革命失敗、專制政權重新掌權的時代。如今已屆中年的他，在第二祖國感受到了類似的變化，但不是因為他的猶太人身分，而是因為他是德國人。第一次世界大戰爆發，美國的兩大歐洲移民社群（一個是不列顛群島移民，一個是德意志移民）漸漸發現他們是這場國際戰爭中的敵對陣營。

一九一四年八月，德國對比利時展開猛烈攻擊，引起協約國支持者的撻伐。於是，德裔美國人呼籲大家冷靜，給予衝突雙方表達意見的公平機會。隔年，德國海軍加強在大西洋上對潛艇的攻擊，更在同年五月擊沉盧西塔尼亞號，將近一千兩百名乘客罹難，包括美國人，雙方的衝突升到最高。輿論隨之轉向，認為德國人是對美國安全的直接威脅。德國企業面臨非正式抵制。貝多芬和華格納從大型管弦樂演出中被除名。歌德和席勒的雕像遭人潑漆。各大報章雜誌的漫畫把德國人畫成叛徒和故作文明的野蠻人，伺機破壞工廠或在水庫裡下毒。美國總統伍德羅．威爾遜（Woodrow Wilson）一九一五年十二月在國情咨文中提出警告：美國公民身份再也不是忠誠的保證。「在其他國旗下出生，但受到我國寬厚的歸化法歡迎」的間諜和破壞分子，可能利用這點來掩蓋其恐怖行動。

隔年夏天，替德國工作的間諜炸毀了紐澤西澤西市的黑湯姆大型軍火庫。方圓一哩內的建築物都被夷平，窗戶碎片最遠飛到曼哈頓，自由女神像布滿砲彈碎片。約六十萬沒有公民身份的德國人被迫到聯邦政府登記，並禁止前往碼頭、坐火車旅行或住在哥倫比亞特區。司法部呼籲美國人保持警覺，通報可疑活動，尤其是與通敵者或間諜之文化形象相符的相關活動，也就是看起來、聽起來像德國人，或表達支持德國的人。路易西安那、肯塔基、南達科他和愛荷華州都禁止在公共集會或電視上使用德語。將近一半的州完全或部分禁止學校教德語（這條規定之後還得靠最高法院的判決才能廢除）。大眾對政策和政治辭令改變的反應可想而知。從威斯康辛到佛羅里達都傳出殺人案、有人遭臨時組成的「『公民』委員會」鞭打、私刑、嚴刑拷打，還有大範圍破壞公物。家家戶戶不再說德語，連在家也是，或是把姓氏裡疑似德國拼音的字去掉。

先前，鮑亞士和瑪麗在紐約找到了一個規模甚大、也歡迎他們的德國社群。他們有自己的餐廳、教會、文化中心，從小德意志、上東城，延伸到紐澤西郊區。但美國政府和美國社會似乎很快開始跟這個高度融入的社群為敵。從定居美國以來，鮑亞士第一次不再是個自信滿滿的移民，以為這裡跟祖國一樣是個文明的地方。現在他成了外人。不久，《紐約先驅報》開始固定登出當局認為是德國或奧匈帝國之國民的姓名和住址。鮑亞士一八九二年獲得的美國公民身份似乎也不足以提供保護。

雪上加霜的是，鮑亞士也成了這場戰爭最公開的批評者之一。一九一五年，他在給《紐約時報》的一封信中表達對德國的同情，還主張他的同情絕不該被其他美國人譴責。如果情況持續不變，德國或許有跟美國宣戰的充分理由。「無論法律的字面意義為何，」他寫道，「街上同情德國的人，應該完全無法理解，為什麼一個人寄物資給德國軍艦就該被我國政府起訴並受到法律最嚴厲的制裁，而送價值幾百萬美金的軍火給另一邊軍隊的其他人，卻應該受到政府的保護和照顧。」美國的處境要是跟德國或奧地利一樣，被動盪不安的鄰國包圍，受小集團統治和其他野心勃勃的帝國勢力挑釁，反應或許也會跟德國一樣。事實上，十年多前，美西戰爭期間，美國威脅到國際間的和平，歐洲國家要求美國政府冷靜下來時，美國不理不睬，這次也好不到哪去。

隔年，鮑亞士在給《紐時》的另一封長信中重申立場。他認為美國現在不只自視為歐洲衝突的一員，也是可能的「世界仲裁人」。他在信中寫下他的知識發展歷程。當初來到美國時他滿懷希望，以為他在歐洲看到的民族衝突不會在這個大熔爐國度上演，但一八九八年他卻「猛然覺醒」並陷入「深切的失望」。美國也開始展開帝國擴張，跟西班牙的戰爭和在菲律賓的殘酷殖民都是明證。他的政治信念一直都以一個原則為出發點：美國的外交政策應該以自制為圭臬。美國人對其他人的生活方式一無所知，因此才特別需要自制。「我一直認為我們無權將自己的理想強加於其他國家，」他寫道，「無論我們覺得他們喜歡的生活方式多麼奇怪，無論他們多麼拙於利用自己國家的資源，或他們的理想跟我們相差多遠。」

一九一七年初，鮑亞士譴責支持美國參與歐洲戰爭的聲音，並責怪威爾遜總統對德國的敵意愈來愈深。四月，美國終於參戰，鮑亞士不但持懷疑態度，甚至在戰爭狂熱時期擺明了不挺美國。「以前被容忍的，如今再也無法容忍，」哥大校長巴特勒在那年夏天的畢業典禮上宣告，似乎把矛頭指向鮑亞士之類的激進派教授。「過去的愚蠢變成了叛國。」另一位教授投書《紐時》譴責鮑亞士的看法很「不美國」，絕無法代表「哥大人」的多數意見。

鮑亞士在哥大的上司規勸他克制自己的公開發言。眼看規勸無效，學校董事會砍了他的薪資，取消他的研究資金，並公開批評他有灌輸學生「以德國觀點詮釋人類學」的傾向（一名董事會成員的說法）。當帳單愈積愈多，研究費用持續增加時，有時他只能靠學術圈朋友的募款和支持者的贊助，才不至於負債累累。

然而，鮑亞士沒有要讓步的意思。他火力全開，持續寄文章和寫信給編輯。他臭罵政治界，上至威爾遜總統下至政府官員，並挑戰美國最具影響力的公眾人物。有人請他評論格蘭特的《偉大種族的消失》，他立刻抓住機會，在《新共和》週刊上寫道，格蘭特說出了一個卡珊德拉預言：所有禍害都會因為黑眼珠人日漸增加而降臨在我們身上。但鮑亞士指出，事實上能支持這種論點的證據很少，那不過就是「武斷的臆測」，後來也證明多半明顯是錯的。美國人稱為「種族」的分類毫無遺傳根據。實際去測量任一種族成員的身體，你不會發現一系列相同的身體特徵，更不用說智力或道德上的特徵，反而會發現極大的差異。「談論某個種族整體的遺傳特徵並無意義。」

鮑亞士認為格蘭特還犯了一個更罪孽深重的錯。種族主義不只是認為有些種族比其他種族高等或低等。基本上，種族主義就是相信種族本身的可遺傳性。這樣的概念包裹在科學的語言裡，從頭到尾都是西方文化的產物，就如同彩繪面具是瓜求圖族的產物。鮑亞士曾在《原始人的心靈》中說，如果一個理論沒有證據支撐，你就必須放開它，尤其是當該理論剛好把你的種族置於宇宙中心的時候。要不然，你所謂的科學不過就是裝腔作勢的無稽之談。

鮑亞士提出的論點需要讀者做一種具挑戰性的概念跳躍：他要求美國人和西歐人，暫時擱置自己的種族高人一等的信念。相比之下，格蘭特的建議比較簡單有力：盎格魯撒克遜主宰世界是明顯可見的事實，西方社會基於這個事實深信自己高人一等。格蘭特認為，德國執迷不悟要跟鄂圖曼跟日本人結盟，只證明當優越種族把命運糊裡糊塗交給落後種族時會有何種下場。相反的，鮑亞士手上只有一些神祕難懂的頭顱測量數字，以及一套跟常理常識背道而馳的科學理論。格蘭特的《偉大種族的消逝》可想而知持續熱賣，很快改版，新版把「條頓人」（美國步兵現在在壕溝對抗的人）一詞改為政治較正確的「北歐人」。

• • •

戰爭結束後，鮑亞士的職業生涯只是更加惡化。他覺得科學有如海上女妖的歌聲，引人入迷，如果被誤用只會把決策者引入危險的水域。他在《自然》發表一篇文章，指控有些學者假借田野工作之名在海外從事間諜工作，並譴責有人利用人類學研究為政府達成目的，雖然沒有指名道姓。此文一出，美國人類學會（當初他協助成立的組織）指責他將學術研究政治化，並將他從委員會中除名。重量級學者寫信要求史密森尼學會與他一刀兩斷，因為他質疑了「美國總統的正直誠信」。史密森尼學會的祕書查爾斯・沃爾科（Charles D. Walcott）已經決定要聯合美國民族學局，革除鮑亞士的榮譽語言學家一職，那是他從開始編輯《美國印第安語手冊》就接下的職位。此外，沃爾科力勸威爾遜總統命令司法部調查鮑亞士的激進思想。司法部長米歇爾・帕爾默（A. Mitchell Palmer）也對鮑亞士展開調查，他不久之後執行了惡名昭彰、對付左派份子和其他可疑的異議分子的「帕爾默搜捕」(Palmer Raids)。

美國自然史博物館館長亨利・費爾費爾德・奥斯本(Henry Fairfield Osborn)在寫給沃爾科的信上說:鮑亞士「現在的地位相對低落也缺乏影響力。」奥斯本繼傑塞普之後當上館長,早就把鮑亞士視為怪人。他甚至為格蘭特的《偉大種族的消逝》的修訂版寫了一篇表達讚賞的序,並致力於重新布置博物館的展覽以呈現格蘭特的種族優越理論。看見鮑亞士受到懲罰他並不覺得遺憾。

鮑亞士的私生活也使他面臨兩難。因為有很多親友還在德國,他也跟許多德裔美國人一樣夾在祖國和第二祖國之間,不知該效忠於誰。凡爾賽條約簽訂後,他的家人陷入隨之而來的經濟危機和社會動盪中。長姊湯妮雖然設法搬到美國,但因為是德國公民,也就是前敵國僑民,因此財產被美國政府沒收。後來她住進鮑亞士在格蘭特伍德的家,受弟弟庇護。

湯妮到美國不久,美國移民政策就在迪靈頓委員會的努力下,出現重大轉變。根據一九二四年頒佈的詹森–里德法案(Johnson-Reed Act,譯注:又稱移民法案),國會規定新移民的人數不能超過一八九〇年同一國移民人數的一定比例。這個奇怪的規定是為了翻轉美國的人口結構,回到十九世紀末、二十世紀初大規模移民之前的比例。該法有效遏止大量亞洲移民,他們是廉價勞工的來源,因此讓支持民族主義的政治家和工會很頭痛。不過,拉美移民因為人數不多,所以未被禁止。這個法案明顯是用來減少鮑亞士在下東城常見的人口增加率,包括猶太人、義大利人、波蘭人、斯洛伐克人和其他大量成長的社群，同時避免被美國政府認為是危險或文化不適當的人湧入美國。此後四十多年，美國移民制度都以此政策為標準，直到一九六五年才翻轉。

後續的規定很快築起防堵僑民的堡壘。美國國務院引進新的官僚工具監控新移民，那就是簽證。只有符合資格且支付費用的人才能拿到簽證。領事人員鼓勵一家人團圓——今日有時貶稱為「連鎖移民」，但背後有個明確的目的：詹森－里德法案獨厚被歸為「白人」的移民，因此允許美國公民將國外親人接來美國，藉此增加美國人口中的白人比例。其他法案則明確禁止被視為不當組合的家屬移入。以一九二二年頒佈的已婚婦女法為例，該法規定美國女性若與種族或國家不符公民資格的外國男性結婚，就會被撤銷公民身份。換句話說，很多嫁給非白人外籍男性的女人被剝奪了公民權。同年，最高法院確認沿用「小澤訴美國」一案的法律架構，該案是界定白人範圍的一連串判例之一，它否決了日本人歸化美國籍的資格，因為他們不屬於白種人。

當時格蘭特曾說：「我們得及時關上大門，避免低等種族超越我國的北歐人種數量。」他還說，國會以血統為本的新政策是「這個國家有史以來邁出最偉大的一步」。他的遊說對國會通過一連串移民規定起了重大作用，並在一九二四年頒佈移民法案時達到顛峰。史克伯納之子出版社又發行兩版《偉大種族的消逝》，比原來厚了將近兩倍並附上大量書目。連鮑亞士任教的哥倫比亞大學也跟國內大多數的一流大學一樣，開始限制僑生和外籍生。入學申請書現在要求學生寫出家庭的信仰和父母的出生地。博士學位如今是為「盎格魯撒克遜人、日耳曼人、斯堪的那維亞人或拉丁人」所設的學位。在新生班級上，「叫名字」越來越容易，「越來越不會舌頭打結，」哥大教務長赫伯特・霍克斯（Herbert Hawkes）贊同地說。

一九二五年，《偉大種族的消逝》出了德文版。同年，奧地利一名剛出獄的激進分子寫信給格蘭特，稱讚他的作品是「我的聖經」。過不久他出版自己對歷史和國際事務的論著，呼應格蘭特的見解，主張歐洲國家淪為雜種人的犧牲品，這些人卻還大言不慚地自稱為英國人、法國人和德國人。然而，有一個國家「至少可以看出他們正在汰弱扶強。」寫下這番話的人就是阿道夫・希特勒。他在《我的奮鬥》中指出，美國藉由去除外來者，示範了一種更光明、更科學的方式，來建立政治社群的路徑。「在這個遭受種族毒害的時代裡，一個致力於照顧本國最優秀之種族成分的國家，有朝一日勢必會成為世界的霸主。」

• • •

戰後，鮑亞士有了極大的改變。戰時，他的兒子恩斯特不顧父願反對加入美軍，全家人為了他提心吊膽，直到他從法國平安歸來為止。一九一五年春天，鮑亞士的唾液腺出現腫瘤，他視之為一種死刑，或許因為如此他才肆無忌憚批評戰爭——將死之人已經沒什麼好怕。他開刀切除了腫瘤卻傷到神經，導致左眼和臉頰下垂，視線模糊，臉僵硬如「木板」（他的用詞）。他的德國腔變得更重，由於擔心治療牙齒使癌症復發，因此也顧不得牙齒。後來他讓人體測量學家同事拿卡尺和皮尺替他測量並把結果詳細記錄下來：頭髮三分之二灰白，「臉部癱瘓」。

他告訴恩斯特。「我這輩子的遺憾是，」美國人終究屈服於民族主義。他的第二祖國愈來愈像德國或歐洲任何一個國家，著迷於自己的純粹血統，視外國人為洪水猛獸，在意變得偉大勝過變好。到頭來美國並不如大家以為的那麼特別，他如此總結。

「無論是家庭生活、地方的愛國主義、大學精神、民族主義、宗教的排外，無論到哪裡都一樣，」他說。「只因為喜歡自己的生活方式就非得排擠其他人嗎？」移民美國以來，他第一次覺得那麼疏離、那麼邊緣。校長巴特勒縮減了人類學系，現在他的系只剩下三個辦公室，而且位在新聞系館，要走七道樓梯才會到，一間給鮑亞士，一間給他的祕書，另一間是空的。他懷疑自己還有沒有能耐扭轉頹勢。他在哥大彷彿被放逐，靠著少數有錢朋友的善意才有研究經費甚至薪水可領。

他以前的旅行伙伴威爾翰．衛克的死訊從德國傳來。「一個人的青春開始從四面八方消逝，是非常痛苦的事，」鮑亞士寫信給恩斯特說。他這一生致力於成為公共知識分子難道錯了？他畢竟是科學家，不是辯論家，無論他要傳達的理念有多高尚。「我掌握不住能言善道的表達方式……」他告訴恩斯特。「只藉由外在形式、卻無法透過內涵來達成一件事，這違反我內心深處的感覺……這自然會成為一個人領導大型運動的阻力，於是你能扮演重要角色的活動愈來愈少。到最後你只能在自己的領域裡默默工作，因為這裡的工作仰賴的是對知識和對事實的掌握，情感因素扮演的角色相對較小。」

起碼他還能掌握課堂。戰爭期間，哥大的大學部人類學程逐漸被淘汰，這是巴特勒校長為了避免「哥大人」受鮑亞士的激進主張影響而做的決定。最後只剩下碩士班和一系列熱門的通識課，即鮑亞士所謂的「雜耍課」。他最熱心向學的學生似乎都來自百老匯大道另一頭的哥大學生：女大學生。

・・・

哥大跟當時大部分的大學一樣，是為了讓年輕男性受教育而成立的大學。但在一八八〇年代初期，董事會和各院院長開設了可讓女性參加考試取得學士學位的特別學程，但仍禁止女性聽課。

安妮・納森・麥耶爾（Annie Nathan Meyer）是早期取得該學位的女性之一。她來自紐約最古老的塞法迪（Sephardic）猶太人家庭，家族樹枝幹繁茂，包括詩人艾瑪・拉薩路（Emma Lazarus）和法學家班傑明・卡多佐（Benjamin Cardozo）。塞法迪猶太人是少數民族中的少數，十五世紀遭西班牙天主教君主國驅逐，所以說的是西班牙語。然而，麥耶爾擁有的美國憑證跟格蘭特一樣無懈可擊。她的曾曾祖父葛頌．塞伊薩斯（Gershom Seixas）拉比在殖民時代的紐約主持一所著名的猶太教堂。後來因為拒絕為英王喬治三世祈禱，英國當局就關了他的教堂。後來他出席了喬治．華盛頓的就職典禮。

嫁給受人敬重的猶太醫生艾佛列德．麥耶爾（Alfred Meyer）之後，安妮利用她的廣大人脈和哥大女校友的身份，為成立一間真正的女子大學奔走。她的構想是建立一所隸屬於哥大的女子學院，但隔著一條街的安全距離，那樣校本部就看不到女生。「我對於推動激進的計畫有個狡猾的理論，那就是一定要盡可能用最保守的方法來完成它，」她回憶道。女子學院一八八九年開放之後，麥耶爾成了它的守護者和領導人。要是換個時代，學院說不定會以她為名。但即使她的名字不在上面，她的精明謹慎也一目了然。以受人愛戴的哥大前校長菲德烈克．巴納德（Frederick A. P. Barnard）命名是她的主意。這個建議似乎說服了哥大董事，女性加入或許也不會毀了學校。直到一九八三年哥大廢除只收男生的規定之前，巴納德學院都是女性進入哥大就讀的主要途徑。

麥耶爾對教育的看法雖然先進，卻是女性選舉權運動的公開反對者。她認為第一要先求改進，之後再來談政治發聲。但受巴納德學院吸引的學生或教授，通常不是這樣的人。一次大戰後，巴納德學院提供心理學、政府治理、應用統計學和人類學等社會科學課程，品質不但不比校本部差，往往甚至更好。維吉尼亞．吉爾達斯列夫（Virginia Gildersleeve）擔任院長多年，滿懷理想，堅持要從哥大聘請最好的教授來百老匯大道以西的校園上課。她特別央請鮑亞士來學院授課，想確保即使他跟巴特勒校長關係緊張，也不會影響他來上課。

鮑亞士的教學方式是從最難的開始。他要學生先投入進階、獨立的研究，之後需要時再用一般理論填入空白。他從來不用課本，而是鼓勵學生分享課堂筆記和相關的讀書筆記。若是有人需要統計方法或微積分方面的指導以了解人體測量學的基礎，他或許會快速在黑板上寫滿方程式和公式，期望學生很快就能全部學會。他教導學生上山下海取得實證資料，從你真正觀察得到的東西提出假設，這才是從事科學研究的方法。其他方法只會產出格蘭特或斯托達德等人提出的結論。

在百老匯大道以東的哥大校本部，鮑亞士在碩士班的授課方式也差不多。他打成績拖拖拉拉，不太給予具體的評語回饋，相信對學生來說，努力比符合形式規定更重要。畢竟學生一旦投入田野，就能學到人類學所需的知識和技能。他也不隱藏自己的政治觀點，有些學生因此跟他疏遠。拉爾夫．林頓（Ralph Linton）是剛退伍的軍人，穿著軍服來上博士班卻遭到鮑亞士的嚴厲譴責，後來他很快轉去哈佛，甚至控訴哥大的「猶太圈」串通好要打壓他。然而，以一個行為舉止時而心不在焉，時而尖酸刻薄的人來說，鮑亞士也有格外溫暖的一面。十幾年來，他一直努力把更多女性拉進沒有性別限制的碩士班。他相信，一門只能取得一半可用資料（僅限於男人的行為、故事和儀式）的科學不配稱為人類學。

一九二一年，一名高挑、圓臉的年輕女性來到鮑亞士的課堂上。對她來說，鮑亞士的觀點極其振奮人心。除了教書和為學者丈夫持家之外，她很少接觸思想的世界，更何況是她在鮑亞士指定必讀的人類學論文中發現的探險旅程。她並未在巴納德學院修過任何入門的歷史、哲學或人類學課，但靠著自己的力量讀了瑪麗・沃斯通克拉夫特和尼采，也在市中心上了些免費的社會科學研討班。「我沒有小孩，」她告訴一個朋友，「所以不如領養南非土著何騰托人。」

過不久，露絲・潘乃德就會發現人類學系的男女比例出現了大轉變，而她就置身在轉變的現場。「這幾年我在碩士班有個奇妙的經驗，」鮑亞士寫信跟同事說，「我最好的學生都是女性。」

・・・

露絲・富爾頓（Ruth Fulton）是她的本名。日後她說，她的生命其實從父親死去之後才開始。她才二十一個月大，父親就因感染而去世。喪夫之痛將母親擊垮，守靈時她抱著女兒到停放丈夫棺材的房間嚎啕痛哭，要女兒記住這一天。每年三月父親的忌日，她母親就會重現一樣的場景，放聲大哭，把丈夫的死化成「一種悲痛儀式」。從小露絲就學會活在兩個世界裡：一個是安詳美麗的死亡世界，一個是混亂、激烈、憂慮重重的生命世界。她想像如果能活到五十歲，或許終究會得到平靜，畢竟到那時已經捱過了成年的痛苦考驗，找到畢生的工作，也找到了丈夫，但在當時，這些願望似乎不太可能實現。在那之前，她除了面對黑暗也別無選擇，而黑暗就如入站的地鐵撲來的熱風，想躲也躲不掉。

她一八八七年六月出生於紐約，但父親去世前就跟母親搬到紐約州北邊的家族農場。一九〇九年她拿到瓦薩學院（Vassar）的學位，並很快嫁給康乃爾醫學院的生物化學家史丹利．潘乃德。夫妻倆搬回市區，但露絲卻茫然若失。家裡成了她的活動中心，她每天忙著煮飯、打掃和保持安靜，好讓史丹利沉浸在修理引擎和沖洗相片的嗜好中。「他想要的，」她告訴自己，「就只是安穩的生活。」她在例行公事中找到慰藉，後來她說那是她「避免自殺念頭在毫無防備的時刻變得太強烈」的方法。

後來史丹利渴望郊區的平靜生活，露絲雖然答應搬家，卻在市區留了一個房間。這是她第一次在婚姻裡尋求自己的空間。她寫詩，開始寫日記，甚至去上自由學院（Free School）的課；那是一所不計成績的實驗學校，租用西二十幾街的連棟住宅上課，後來成為社會研究新學院（New School for Social Research）。她報名了由埃爾西．克魯斯．帕森斯（Elsie Clews Parsons）授課的碩士班。帕森斯畢業於巴納德學院，是研究美國西南地區原住民的新權威。

帕森斯熱愛冒險，聰明，來自華爾街家庭，渾身充滿魅力。她喜歡翻轉常規，也有經濟保障和社會地位容許她這麼做。從巴納德學院畢業後，她拿到哥大社會學博士，並成為鮑亞士戰時陷入困境時資助人類學系的主要金主。她早期的著作《恐懼與常規》（一九一四）用通俗的語言來解釋鮑亞士的《原始人的心靈》。她鼓勵讀者放棄過去的思考方式，想像一個你視為平常的事物全都變得奇特陌生的世界。「害怕改變是人類一直與之共存，但如今漸漸要擺脫的恐懼……人類現在所謂的常規是我們抗拒改變的一種機制，但我們開始要檢驗這個機制，甚至會隨著恐懼逐漸減少，而放棄這個機制。」

帕森斯相信，我們都被禁錮於繼承下來的人類分類中。這些分類看似把我們合為家庭、部落或國家等說得出名字的群體中，事實上是阻礙我們「大膽無畏」去愛其他民族和社會的屏障，同時也導致個體在自己的家鄉（甚至自己家）都覺得格格不入，從來無法真正融入社會強迫他們用來形塑生活的既定分類。因此，社會科學的起點，就是學會在遙遠的外國社會及自己社會中，認出不符合社會分類的人，也就是個體與他們被期待的社會行為之間的斷裂。不然的話，人類自然的「分類傾向……既可能是偉大成就，也可能是悽慘失敗的來源。」《社交名錄》的編輯證實她說的沒錯。在她出版了一連串頌揚自由性愛、離婚和避孕之好處的著作之後，帕森斯的名字被移出紐約名門的正式名單。

這些都讓露絲．潘乃德深受啟發。她對帕森斯等人在自由學院打造的氣氛深深著迷。她在書面作業中檢驗了帕森斯的一些概念。她在學期報告中指出，一個鼓吹自由性愛的社會，顯然比把女性的性愛生活侷限於處女、婦女和妓女這三類的社會更為自由。這世界有各種可能，而非一切都是命定，社會科學讓人對這些可能性的理解變得更敏銳。帕森斯邀請讀者拉開跟周圍環境的距離，用陌生的眼光來看待自己的習俗。但潘乃德從小就很常這麼做，不需要再練習，也就是把這世界看作原本就偏離常軌，她稱之為「靈魂的混亂」，這種混亂可能造成恐懼，但也可能產生冒險和洞察。事實上，她所有的日常對話都是翻譯練習。小時候長麻疹使她的聽力部分受損，她努力要聽懂其他人似乎都清楚明瞭的話語。世界對她來說稜角模糊，不像她丈夫眼中那樣線條分明。

潘乃德的另一個教授亞歷山大・高登懷瑟（Alexander Goldenweiser）是鮑亞士的學生。他鼓勵她去讀哥大博士班，進一步探索她的興趣。哥大人類學系剛從鮑亞士被放逐的打擊中復原，由帕森斯和其他慈善家資助新的田野調查、出版計畫，甚至雇用了系上的祕書。去了柏克萊的克魯伯和羅伊、在自由學院任教的高登懷瑟、遠赴加拿大的沙皮爾這些老一代的學生，換成了新一代學生。包括剛從斯沃斯莫爾學院畢業、研究納瓦荷印第安人的格拉迪斯・賴哈德（Gladys Reichard）；退伍軍人、芝加哥大學校友、對非裔美國人的文化感興趣的梅爾維爾・赫斯科維茨（Melville Herskovits）。再過不久，潘乃德就會加入他們的行列。她極度害羞，打不進大部分的對話，而且已經三十四歲，比很多同學老很多。她整天埋首書堆和田野報告，急著想開始寫博士論文。

大多數的博士論文比較是一種表演，而非創新的研究，目的是為了說服審查委員該學生已經掌握某程度的專業知識，但潘乃德打從心底受到啟發。從她在圖書館收集到資料看來，她認為過去劃分宗教經驗的方式並不恰當。學者把原始部落的信仰清楚分成泛靈、巫術、神祕主義三類。然而，深入鑽研學術論文和田野報告之後，她很快就發現文獻資料豐富而雜亂，北美大平原的部落習俗就是一個例子。「既定的宗教分類……在這個領域中相互推擠，」一九二二年她在第一篇發表的論文中寫道。「我們的首要任務，難道不是在明確的領域中盡可能仔細地詢問這些宗教經驗依附在哪些事物上，並評估其異質性和不明確的多樣性。」

這是一個初出茅廬的學者用稚嫩笨拙的方式，述說她從鮑亞士那裡學到的事情：我們對人類經驗的分類應該從經驗開始，而非觀察者帶入的思維架構。然而，除此之外她還有更深入的觀察。美國西部實際的宗教活動，例如看到令人狂喜的幻影、折磨人的酷刑、逼真得有如牛奶工的守護神從天而降等等，包含了各式各樣「極度多變的心理狀態」。如今她已經能夠用科學的方法描述她從小就熟知的事。心智也會抗拒簡化的分類。

潘乃德在加州度過一九二二年的夏天，跟克魯伯一起在印第安保留區做研究。那年秋天，鮑亞士請她擔任他在巴納德學院的助教，負責籌辦會議，在上班時間提供諮詢，以及帶學生到美國自然史博物館考察。這是她第一份學院工作，即使沒有頭銜也沒有實質的地位。當時她沒有太多選擇。她只花了三個學期就交出一份很厚的論文手稿，題目是〈北美原住民的守護神概念〉（The Concept of the Guardian Spirit in North America），並在一九二三年拿到人類學博士。那一年全美社會科學領域只有四十名女性榮獲博士學位，她是其中一個。但她的研究提案都一一遭拒。提供研究資金的聯邦單位國家科學研究委員會的回覆是：三十五歲仍未在任何大學擔任正職者，「並不是一塊未來發展很被看好的料。」

然而，一九二四年夏天，靠著兼職工作、鮑亞士的善意，以及人類系長期金主帕森斯一直以來的賞識，潘乃德終於有足夠的資金展開自己的考察之旅，前往帕森斯調查過的田野地。沒過多久，她就坐上往新墨西哥州蓋洛普市（Gallup）的火車。

• • •

四百年前，美國西南部的原住民是最早一批居住在西班牙探險家認定為城市或印第安村落（pueblo）的原住民，範圍橫跨河岸和沙漠，從德州延伸到內華達州。

在蓋洛普以南的祖尼（Zuñi），一層層用泥磚和木材建成的四方形住宅簇擁在河谷上。住在這裡的小社群說著跟周圍社群都不一樣的語言。傳說鄰近的納瓦荷族和阿帕契族會來掠奪玉米田和牲畜。一座布滿紅條紋的平頂山聳立在遠方，名為多瓦亞拉尼（Dowa Yalanne）或玉米山，使人想起祖尼族也曾湧向那裡，把它當作最後的堡壘。史密森尼學會的民族學家弗蘭克・漢密爾頓・邱辛（Frank Hamilton Cushing）曾描述一八七九年他第一次看見這片壯闊景色的心情。「太陽正在往山的後面沉落，」他屏息寫道，「把它化成參差不齊的金字塔剪影，頂上一圈耀眼的光暈，一束看似午夜極光的強光從那裡迸出，穿透雲層，為每座藍色迷濛小島勾出金邊和紅邊，接著往上射出萬丈光芒，彷彿要在高空中重現一次人間的璀璨光華。」

帕森斯警告過潘乃德，要打進祖尼族就像攻進「尖釘柵欄」一樣難。自從半世紀前，邱辛將當地的神聖儀式和宗教奧祕當作民族學局的部分報告出版後，當地人就對研究人員戒慎恐懼。祖尼人對邱辛留下不好的印象和對外人的不信任。但旅途中有露絲．班澤爾（Ruth Bunzel，也是鮑亞士的學生）的陪伴，潘乃德找到了願意接受長時間訪問的本地人，有時是付費訪問。她熬夜抄寫民間傳說，努力理解她從好幾個鐘頭的對話中寫下的筆記。即使大家說的都是英文，她也得努力理解別人說的話。印第安人有時會納悶，為什麼「聾子」（有人這麼叫她）急著要收集自己幾乎聽不懂的古老傳說。但潘乃德不由自主深受她的發現所吸引。家裡的男人替女人工作，財產完全歸女人所有。母親會把財產傳給女兒，女兒再傳給女兒。社會以母系傳承為主，意思是他們把母系家族的祖先當作祖先，而不是父系家族。族人說得出自己曾祖母的家譜，就像老紐約人說得出當年從荷蘭來到新阿姆斯特丹的先祖。

祖尼人跟其他西部部族一樣，也有行之有年的跨性別傳統。法國探險家名之為berdache。生理男性可以扮演社會女性的角色，穿女裝，做一般分派給女人的工作，甚至跟一般男性建立關係。英文通常稱這種人為men-women或直接以法文berdache稱之，但這個法文字其實源於阿拉伯文，指的是充當性奴隸的少年，但berdache在祖尼人裡顯然並非如此。他們的存在恰恰證明了將祖尼人的現實翻譯為美國常態的語言有多麼困難。女性可以有陽具，男性可以穿婚紗。潘乃德很能理解帕森斯為什麼會對這裡如此著迷。

然而，祖尼是已經被透徹研究過的領域，連鮑亞士都會短暫來訪，潘乃德不期望自己會有太多新的貢獻。但在悶熱的午後，只有泥磚牆可供遮蔭，她漸漸想通，儀式、傳說和性格或許能形成某種系統。她從鮑亞士那裡學到，文化必須根據該民族自身的狀況去理解。她從博士研究中學到，心智的樣貌可能與養成心智的社會相似。現在她已經有了收集證據的經驗，無論收集到的證據有多不完整和迂迴。在這個地方，財富和身份都以母系家庭傳承，而非父系家庭。在美國，她丈夫若聽到要冠妻性想必會哈哈大笑。

「研究各種文化最驚人的一個發現是，」她後來在〈人類學和反常〉（Anthropology and the Abnormal）一文中寫道，「我們認為的反常在其他文化中卻怡然自得。」幾乎你說得出來的每種反常或異端，都可能找到一個社會能從這些磨難中孕育出不只可接受，還很愜意、甚至受人尊敬的生活。這些「怪人」或許找到了安身立命的地方，不再會被視為異常。靈魂出竅、僵硬症、精神官能症、著魔、精神分裂和長期憂鬱，都是無法在它們顯現其狀態的社會脈絡裡來加以界定的分類。

同性戀是另外一個好例子，潘乃德寫道。在祖尼族這樣的社群中，社會結構把看似異常的行為變得「可用」，因此同性戀「在社會上就有了位置」。也就是說，他們扮演的特殊角色既讓他們與社會標準結構隔開，同時也把他們安全地包覆在社會裡面。Berdaches不是社會的棄兒。相反的，他們是每個人眼中即使反常卻可以理解的一種人。「簡而言之，一個大範圍裡的正常是文化界定出來的。它主要用來指稱任何文化中由社會建構出來的人類行為；而反常指的是對一個特定文明沒有用處的部份。」

潘乃德認為，任何種類的異常，不過就是個體摸索生活的方式時，不符合社會偏愛和看重的行為和情感模式。任何社會下的正常，其實只是人類所有可能行為剪裁而成的一個版本。沒有理由期待每個社會都用一模一樣的方式去剪裁。異常的存在方式，只是因為當地社會脈絡製造了「因為對社會無用而生的精神困境。」這種說法直接來自她的自身經驗。長時間泡在圖書館研究平原印第安人的靈境追尋（譯注：vision quest，印第安人的成年儀式，幫助年輕男性找到生命的目的），還有在印第安村落所做的田野訪問，都教導她去理解自身的笨拙蒙昧、黑暗心靈和害羞膽怯，把這些性格視為隱形力量的產物而非天生的缺陷，就是這些隱形力量使她跟自己最熟悉的文化格格不入。

完成田野工作之後她返回紐約，又開始寄出一連串履歷和研究經費申請書。跟過去一樣，儘管有鮑亞士的支持，還是沒有學術工作向她招手。她跟史丹利的婚姻已經達到各不相犯的境界，兩人基本上已經分居，但沒有打算正式離婚。她的日記充滿了工作和開會的紀錄，偶爾跟鮑亞士共進晚餐，早上泡圖書館，一整天改學生的報告。但她的生活隱隱約約、斷斷續續地出現了變化，完全出乎意料卻也難以形容地恰到好處。

經過西南部的田野經驗後，她似乎終於要擺脫自身社會之傳說、偽科學和宗教教條的習俗桎梏。直接的原因是她在鮑亞士的入門課上負責照顧的學生。此人是巴納德學院的大學生，身材瘦小，肩膀方正，名叫瑪格麗特。

CHAPTER 7 「瑪格麗特這麼柔弱的女孩」

瑪格麗特·米德若對儀式和規則感興趣，那是因為她是那種經常打造儀式規則的小孩。她可以把女同學帶進社團，要大家寫下在家或學校發生的所有趣事。她把兄弟姊妹的心智發展記錄在筆記本上，還在上面評論他們的行為究竟是狡猾，還是只是幼稚。她跟很多小孩一樣會列清單，並加上「我最喜歡哪些科目」和「爆發傳染病的年代」等等標題。

她出生於一九〇一年十二月十六日，是在費城西園醫院的新產房出生的第一個嬰兒。勇於嘗試、探索完美、力求改進，無論在政治、社交生活和個人行為上，這都是愛德華和艾蜜麗·米德（Edward and Emily Mead's）傳給四個存活下來的小孩的家訓。艾蜜麗在芝加哥大學讀社會學，在那裡認識了愛德華，之後開始著手寫博士論文，探討紐澤西松林區的義大利移民的困苦生活。瑪格麗特六歲參加的第一場婚禮，就是艾蜜麗在工作上認識的兩名剛來到美國的義大利人，後來她還請瑪格麗特詳細描述她看到的陌生食物和習俗。愛德華是賓州大學華頓商學院的金融學教授，可能一下午坐在家中沙發上，戴著黑色禮帽，埋首閱讀托斯丹·范伯倫（Thorstein Veblen）的著作。根據家族傳說，瑪格麗特甚至還不知道「社會學」和「經濟學」是什麼意思時，就會說這兩個字。

米德一家時常搬家，但住最久就是位在賓州巴克斯郡的山脊路和小山谷間的房子。夏天，孩子們在賀里共（Holicong）這個小聚落附近名為「隆蘭」的家庭農場演戲自娛，這也是米德第一個印在個人文具上的住址。米德的外祖母瑪塔一心要把她教育成一個博學、自信的年輕女性，能分辨機智和愚痴之間細微而分明的界線。米德的少女時代體現了誠實的性格如何能自成一種叛逆形式。十一歲那年，她告訴父親（出生時是衛理公會教徒，實際上是無神論者）她決定在美國聖公會受洗。

一九一九年，米德進入印地安那州德堡大學（Depauw University）就讀，也就是愛德華的大學母校。她為校慶寫了嚴肅的寓言故事還得了獎。她用特製的窗簾裝飾宿舍房間，但也掛上孟加拉哲學家泰戈爾和俄羅斯革命分子凱薩琳．布雷許科夫斯基（Catherine Breshkovsky）的照片。大二迎新週她設計了自己的服裝，本意是想讓人聯想起當地布滿罌粟花的麥田，但卡帕卡帕伽馬姊妹會（Kappa Kappa Gammas）禮貌地繞過她，沒有一個腦袋正常的女生會想讓自己看起來像來自印第安納州的鄉巴佬。

這雖然不是多大的打擊，卻不免讓米德有種被放逐的感覺。這是她有生以來第一次覺得被同儕徹底排除在外。過去她引以為傲的時尚感、聖公會教徒的身份、刻意的美式英語發音，突然變得陌生和有點可疑。綠堡（Greencastle）跟東岸似乎是不同的世界；在這裡，學期圍繞著中西部大學可想而知的重要事件打轉：「兄弟會活動……足球比賽，還有……跟日後有助於他們成為扶輪社員、他們的妻子成為園藝社成員的人建立良好關係，」她回憶道。這時米德已經跟路德・克萊斯曼（Luther Cressman）訂婚，他是鄉村醫生之子，在曼哈頓的聖公會總神學院就讀。米德在德堡讀了一年，過程中勤於寫筆記但成績平平，後來說服父親讓她轉到離未婚夫和離家更近的學校就讀。於是，她在一九二〇年秋天成了巴納德學院的大二生。

日後米德回憶：「我第一次覺得找到了比自己更好的東西，開心極了。」她在巴納德交的朋友是自己的選擇，而非命運的湊巧，總共十幾個人，包括日後成為美國桂冠詩人的雷歐妮・亞當斯（Léonie Adams）。每年他們都會給自己的團體取一個充滿貶義的名稱，當作一種榮譽勳章，可能是西城居民罵她們的話，或教授不滿什麼愚蠢行為或激進政治立場而教訓她們的話。她印象最深刻的是「垃圾桶野貓」（Ash Can Cats）。這對一群思想自由、熱愛冒險、不修邊幅但思想前衛的女性來說是很棒的標籤；其中一半是猶太人，熟悉布爾什維克主義的程度跟埃德娜・聖文森・米萊（Edna St. Vincent Millay）的詩不相上下——一群留著短髮的才女。西一六六街的合租公寓不時響起如珠妙語、酒瓶鏗鏘翻倒、老男人甚至老女人的校園八卦韻事，好不熱鬧。一九二一年夏天，米德通知費城的日日假期聖經學校（Daily Vacation Bible School），她無法繼續在長假期間擔任讀經課老師。

米德從原本成為牧師之妻的預期裡，踏進了詩、情感，以及圍繞著「垃圾桶野貓」核心團體打轉的「各式各樣的小蕾絲邊朋友」的世界。她跟圈子裡的所有人一樣是政治激進派，但從未跨過得體有禮的界線——根據某同事的說法，她只是有點衝。紐約充滿了活力和活動：支持薩科和凡賽第的遊行（譯注：他們是兩名被控謀殺的義大利移民。兩人聲稱自己是無辜的，卻仍被判死刑。有人懷疑他們的移民身份和政治立場影響了法官的判決）、極具挑戰性的數學和社會學課、伊莎朵拉．鄧肯和約翰．巴里摩的《哈姆雷特》首演、跟未婚夫到格林威治村的餐館共進晚餐，還有填滿其他男士名字的舞會卡，但狐步舞和華爾滋被她用鉛筆頭畫了大叉叉。儘管她瘦小又體弱多病，神經炎讓她的手臂虛弱無力，有年聖誕節她還得了猩紅熱，巴納德學院甚至要求她去上「特殊體育課」，但紐約生活對她來說仍然多彩多姿。

米德的成績也有進步，尤其是一九二二到二三她開始修進階人類學和心理學的這學年。她交出一頁又一頁用細小快速的筆跡寫下的指定閱讀和上課筆記，彷彿要把教授說的一字一句全都捕捉下來。她畫下詳細的編織籃圖樣，提醒自己特定部族使用的不同花樣，並寫下她替朋友做的心理實驗和問卷調查的結果。剛進巴納德學院時她成績普通，多半是C和B，但她自信地跟父親說，大四她已經可以「毫不費力」拿到優等成績。她在人類學課堂上表現優異，鮑亞士教授和他的助教潘乃德准她不用考期末考。

• • •

這期間的一次自殺事件對她造成沉重打擊。

一九二三年二月初，名叫瑪麗・布倫菲爾德（Marie Bloomfield）的同學喝下從巴納德學院實驗室弄到手的致命氰化物。米德跟其他朋友在布魯克斯館的宿舍發現瑪麗的屍體。《紐約時報》只簡短交代死因：「她似乎精神狀態不穩定，在書中讀到死亡可以達到狂喜超脫的境界就深信不已。」

米德很內疚。瑪麗的麻疹還沒痊癒，她卻沒留在宿舍照顧她，跑去找另一個女同學——比起難伺候又黏人的瑪麗，對她來說更具「外型吸引力」的同學。去年聖誕節米德送她一本詩選集，瑪麗在歌頌死得其所的段落畫線，《紐時》認為這就是她對自殺想像的來源。米德覺得，你帶進這世界的想法只要一個不注意，就可能造成慘重的後果。她應該要能事先察覺這種危險才對。「我是她在學校裡最好的朋友，卻從來沒有好好愛她，」事發不久她在給母親的信上寫道。

聽到這個噩耗，潘乃德很快寫了封短箋。「親愛的瑪格麗特，」她在二月八日寫道：

其他女孩需要你盡心盡力對待，如果有什麼事能讓你輕鬆一些，請人送信來教室給

我。如果你走得開，就自己來一趟。我的事就算延後再辦也無妨。今天我都會惦記著你，

希望大家在困難時期都更能互相幫忙。

米德到死都留著這張紙條。這是兩人之間第一封存留下來的通信。一個是巴納德學院的大四生，一個是哥大的助教。

兩人前一年秋天就已經認識。巴納德學院的女性社群很小，師生彼此都很熟。暗戀（crush）或巴納德女學生所謂的「smash」（譯注：crush和smash兩字都有碎裂的意思，但smash又比crush激烈）很常見，純愛或激戀都有，儘管或許傳聞還是比事實多。但那年春天發生的悲劇使情況有了轉變，兩位女性對彼此愈感親近，發展出新的連結。要再過相當一段時間之後，米德才不再稱她「潘乃德夫人」而直接叫她「露絲」，但潘乃德在當時已經感覺到了一些改變，至少以她自己的觀點來說。「她就像壁爐和鋪了軟墊的椅子，讓我很放鬆，」她在日記中寫下。

一個月後，也就是三月的時候，潘乃德建議米德報名哥大社會科學碩士班，人類學系也隸屬其下。「鮑亞士教授跟我能給你的，無非就是參與重要工作的機會，」她說。那年春天米德拿到學士學位，長袍上還別著連她那喜怒不形於色的父親都感到驕傲的優等生別針。潘乃德送她三百美金當作禮物，並稱之為「非正式獎學金」，可讓她用來付研究所學費。米德回信謝謝她的「神仙教母」，並附上一句曖昧的附注：「這恐怕不是『非正式』的回覆。」

大學畢業後，早已訂婚的米德和克萊斯曼終於在一九二三年九月結婚，地點就在米德家的賓州鄉間住宅附近的聖公會小教堂。他們到潘乃德夫婦位於新罕布夏州的小屋度蜜月，但分房睡，因為米德回紐約之前要完成研究論文和讀書報告。之後米德又回到學校。

米德並非一直都嚮往成為社會科學家，如今卻踏上了母親之前反對過的研究生生涯。她駕輕就熟，參加研討會，參與辯論，感覺自己正在拓展對人類社群的理解。她覺得自己一腳踏進了一個神祕封閉的圈子。每堂課都是一個新視野。她去修潘乃德的人體測量學課程，上課方式很新奇，不像過去那樣探討頭顱指數和種族階層，反而用不同方式來詮釋統計數字。根據潘乃德所說，從個別測量數字到族群行為模式是一個大跳躍，同時也引誘人做出錯誤不實的推論。看似社會規範的東西，可能其實是自己的統計類別製造出的假象。「以界定瑞典人、巴伐利亞人和黑人的差別為例，」她在潘乃德的概論課寫下筆記。「我們會天真地說，瑞典人跟黑人的差異大過瑞典人跟巴伐利亞人的差異。但嘗試去界定那個差異，又是另外一回事。」社會科學要能超越表面所見，學習質疑社會端出來的預先烹調過的真實。」

她已經從鮑亞士和潘乃德那裡學到一些關鍵原則：擺脫自己的先入之見、問對問題，還有實際去做收集資料的辛苦工作。她漸漸覺得人類學是涵蓋一切的科學，使用的方法比她在其他課學過的方法都要嚴格。過不久，她就針對鮑亞士最喜歡的一個主題提出博士論文計畫。

• • •

數十年來，鮑亞士一直是「如何解釋文化形式差異」之論戰的核心。即使在同一個地理區域，編織籃、刺青和獨木舟的製作方法都可能截然不同，連樣式、技術或相關儀式都可能因社群而異。

變異性從何而來眾說紛紜，主要分成兩種學派。一種認為關鍵在於演化。人類社群發展出某些行為模式以配合某些情況。隨著智力和技術逐漸提高，人類想出更好也更有效的方法來解決過去曾經困擾祖先的問題，並在漫長的歷史中日益進步。這就是為什麼現代社會的技術比古埃及更先進。但這或許也能用來解釋文明社會和至今仍很原始的社會在儀式、親屬系統、宗教和裝飾藝術上的差異。先進又聰明的社會在往前進的過程中，跟其他社會產生了差異，但偶而會有一些早期發展痕跡「殘留」至今，例如愛爾蘭人至今仍相信有「綠精靈」這種傳說動物，而且到處都有，就像下雨過後被雨水沖刷而露出地面的陶瓷碎片。

鮑亞士則有不同的看法。根據他在西北岸的觀察，文化形式往往是從不同族群借來的，有時甚至是距離很遙遠的族群。它們會改變，沒有一定的規律或可識別的法則。如果演化理論是對的，學者應該早已預測出一個地理範圍內、機會和限制條件相似的社群之文化習俗的分布狀況。但實際上的發現卻是，文化形式藉由鮑亞士稱之為「傳播」的過程，發生了可觀的差異。相距很遠的聚落，刺青卻可能相同，而距離很近的部落，刺青卻明顯不同。一個區域的造屋技術看似借用自上游的族群，但仔細觀察卻發現細木工、裝飾和屋頂形狀是複雜的混合體。當地社群似乎把來自不同遙遠地區的技術改成其他用途，因此追溯某個作法、故事或儀式的源頭，到頭來可能是白費力氣。

鮑亞士在一九二四年的夏天寫道：「所有特別的文化形式都是歷史發展的產物。」當時米德即將讀完第一年碩士。人類的行為和習慣不是從遠古的單一模型分化出來的。應該說，從遠古時代開始，住在不同地方的人類就用不同方法做事，當他們跟陌生的個體和族群接觸時便開始分享和修改自己的習慣。運氣和個人的聰明才智當然也扮演一定的角色。「我們聽過光是靠一個人就引入了一整套重要神話的例子，」鮑亞士寫道。

任何社會都必須放在歷史脈絡下去了解，包括承襲過去的孤立狀態、對外的接觸或遷徙的軌跡。現代社會或許能讀寫，具有歷史意識，沉醉於自身的複雜多樣，但這不表示前現代社會就比較簡單、不知變化。原始社群也有它們的歷史。它們不存在於永恆不變的原始狀態中，有如停住的手錶一樣，等待文明人到來將他們拍醒。研究者不該帶著自己在「尋找一個從有史以來就改變不大的社群」的心態進入田野。相反的，田野工作者看到的只是差異化、傳播和混合的漫長過程的當下切片。動盪、移動、借用和時尚在原始社會裡，跟在百老匯大道上一樣普遍，只要你知道從哪裡去尋找線索。

這些觀點米德在鮑亞士的課堂上全都聽過，潘乃德的課也一再強調。她決定以玻里尼西亞的文化傳播問題當作博士論文的研究主題。這個地方特別適合用來檢驗鮑亞士的論點。畢竟，如果能在一個不同文化社群隔著極大距離和洶湧大海的地區找到文化傳播的證據，就能證明借用和相互影響無論在何種地理空間都會發生。而這些過程在移動和接觸較容易的地方，或許更可能發生。

她讀遍找得到的所有資料，每份民族學研究和圖畫、每個刺青和獨木舟評析都不放過，最後在一九二五年五月交出論文。在這之前她已經在多倫多的一場研討會上發表過她的一些發現，並從台下的反應得到鼓勵。主辦人愛德華·沙皮爾是鮑亞士以前的學生，如今已是新一代人類學家的領袖人物，似乎對她的論文特別感興趣。她即將要成為真正的社會科學家，至少感覺上是如此。如今她需要一個能讓她以獨立學者的身份展翅高飛的研究計畫，不再只是重新詮釋他人的成果，而是自己去收集資料；當年潘乃德就是憑著這股衝勁前往印第安村落。在鮑亞士的建議下，她轉向一個直指「演化論v.s.傳播論」之辯最核心的問題。

養過小孩的人都知道，原本可愛又聽話的小孩到了十二歲就會出現神奇的轉變。一股隱形的力量讓他們變得判若兩人，任性，易怒，並以從小餵他們吃飯、替他們穿衣服的人為恥。鮑亞士在克拉克大學的前老闆史坦利·霍爾，在分成上下兩冊的《青春期：其心理及跟生理學、人類學、社會學、性、犯罪、宗教和教育的關係》(*Adolescence: Its Psychology and Its Relations to Physiology, Anthropology, Sociology, Sex, Crime, Religion, and Education*, 1904）中探討了這個現象，後來成為這個問題的標準參考書。霍爾認為，這個問題根源於生物體內的最深處，以及種族的演化過程。種族會歷經原始到文明的發展過程，人類也一樣，會從簡單原始的童年進入成熟理性的成年。霍爾那一代作家開始稱這一階段的人為teener（青少年），而青春期特有的反抗掙扎，就好比社會邁向現代之前的成長痛。

然而，如果這一切都是特定文化在特定時代的產物呢？米德不由好奇。假如連「青春期叛逆」如此看似根深蒂固的觀念，都是一種社會學習，而非荷爾蒙（米德的時代才被命名的一種化學物質）的作用，那麼鮑亞士老爹又狠狠教訓了一次那些演化論者。會選這個題目也有私人的原因。米德自己才剛脫離青春期，多多少少放棄了「廣大的鄉間教區，一間堅固的房子，屋裡兒女成群，方圓幾哩外的人無論大小事都會來這裡求助」的少女夢想。她在巴納德和哥大的生活方式，看在她之前在德堡大學的姊妹會成員眼裡一定是離經叛道。假如人類學家必須常走入田野尋找人類早期的版本，那麼米德某方面也在尋找自己早期的版本。

鮑亞士建議她可以考慮美屬薩摩亞。一來因為那裡是美國領地，她能享有美國公民的好處，而且島上的衛生設施還算良好。米德的神經炎一發作，她就很難舉起手，而且很常發生。研究所第一年，某個風大的晚上她在百老匯大道上為了追帽子而跑進計程車道，扭傷了腳踝，腳傷一直沒有全好。之前她的博士論文已經做過玻里尼西亞的背景研究，現在她只要找到自己的田野場域，就能開始收集第一手證據。

此外，米德想要離開還有其他更迫切的原因。她的生活遠比鮑亞士所知的更加複雜。她跟路德都忙著打拼事業，兩人漸行漸遠。一方面她深深迷戀潘乃德，但她同時已跟沙皮爾——曾在加拿大研討會稱讚過她論文的儒雅學者——成為一對戀人。

• • •

事後回想，米德覺得她跟沙皮爾在多倫多相識時有如一場煙火。他的妻子佛羅倫絲纏綿病榻多年，去年春天剛過世，他才剛要從黯淡麻木的生活中振作起來。他記得當時他覺得米德「聰慧過人」，兩人一拍即合，總能猜透對方的心思。一九二五年春天，離米德前往南洋只剩幾個月，沙皮爾趁著定期前往紐約期間開始跟米德交往，並用假名登記入住賓夕法尼亞飯店。

沙皮爾高大魁梧，比米德大將近二十歲，但看起來永遠像個大男孩，很像學者版的默片演員哈洛．羅伊德（Harold Lloyd），大耳朵，戴著一副圓框眼鏡。但他同時也是傑出的作家和演說家，是鮑亞士的學生中最常被朋友同事冠上「天才」封號的人。米德說他是「我遇過最令人折服的腦袋。」他擁有一種特殊的天賦，能在鮑亞士標出樹木的地方領悟出一片森林。他為美國原住民語訂出分類，後來成為語言學家的標準分類法。他撰寫強而有力的文章探討語言的本質，鼓勵人類學家把口說語當作特定生活方式的檔案記錄。米德第一次看到他時，他已經開始把鮑亞士提出的模糊概念去蕪存菁，逐步系統化，包括觀念、常規、習俗和手工藝等等，人類學家通常一併塞進「文化」這個大標籤底下的一切事物。

沙皮爾跟鮑亞士一樣是移民，後來重新把自己改造成美國人。他的原鄉波美拉尼亞位於波羅的海沿岸，一直在瑞典、德國和波蘭之間不斷易手。每到有市集的日子，城鎮和港口的街道就充斥著各種語言，波蘭語、意第緒語和德國方言都有。沙皮爾一家人在一八九〇年移民紐約，就是當年湧進下東城、惹惱格蘭特這類居民的猶太人。一家人主要靠沙皮爾的母親開店的收入維生。父親誤打誤撞成為猶太教堂的唱師班領唱，夢想有天能成為歌劇明星，他的野心是督促沙皮爾上大學的一大力量。

沙皮爾拿獎學金進入哥倫比亞大學就讀，過不久學校通過反猶政策，避免校園被優秀的移民佔據。後來他留下來繼續讀碩士，專攻語言學，把父親在家常放在他面前的塔木德讀物和希伯來翻譯當作根基。一九一〇年被任命為加拿大地質調查局的首席人類學家時，他已經是北美最著名的人類學家之一。

鮑亞士把沙皮爾訓練成實證主義者，能夠收集民族學證據、審慎評估、建立體系，然後留給他人去發展偉大的理論。但語言學必定會把沙皮爾拉進普同性的領域。將語言中的絲絲、嘖嘖和啪啪聲（小孩為了模仿家人和玩伴，利用舌頭、牙齒、喉嚨和上顎的方法而發出的聲音）分類，永遠無法呈現這些聲音喚起的複雜意義網絡。鮑亞士的《美國印第安語手冊》已經被奉為語言搶救行動的絕佳示範，將瀕危的原住民語言的描述性語法和大量字彙紀錄下來。但沙皮爾認為，語言不僅僅是語言。所有人類社群都會溝通對話，無論他們選擇何種聲音或符號，似乎都一樣能表達複雜的概念，例如用直白的語言描述前往新水源的路線，或用格律嚴謹的詩句記住失去伴侶的椎心之痛。

他認為語言既普遍又多樣，同時也是自發且偶然的。我們決定發出一個音或在紙上寫下一個符號，這個選擇本身表達了我們的自主性和個體性。但另一方面，我們是根據所學的規則做出了這個選擇，但規則本質上是任意武斷的。B這個字母完全可以發作我們一般寫成K的音，是歷史和約定俗成使我們寫成這個字母，而不是那個字母。說跟寫的時候，我們從事的同時是最普遍的人類活動，也是使我們跟特定社群緊緊相繫的活動。因為如此，比起人類的其他行為，語言或許更有必要放在使用該語言的文化脈絡下去理解。

但究竟什麼是文化？沙皮爾在一九二四年一月發表他的一些看法，當時米德還是個研究生。沙皮爾說，「文化」似乎主要用在三個地方。對民族學家來說，它通常指「人類生活中由社會沿襲下來的物質或心靈元素。」對其他人來說，文化可能是指某種教養，例如我們可能會說一場精心安排的晚宴出自「有教養」人士之手。但沙皮爾認為，除此之外還有第三種意義。文化或許會被視為某個大規模社群特有的「精神」或「特質」，足以「象徵」該族群的

「國家文明」。

沙皮爾在這裡挑戰了十九世紀德意志哲學家赫爾德（Herder）的看法，鮑亞士大學時期的閱讀書目也有他的著作。赫爾德主張，每個民族（Volk）都有自己特有的文化（Kultur）。這個世界本身閃耀著許多不同民族代表的精神發出的光芒，每一個都呈現了各個民族獨有的核心特質、信仰、習俗和世界觀。但沙皮爾的論點剛好跟這種早已確立的思想背道而馳。他認為文化可能以「真實」或「虛假」的形式展現。最有資格被稱為文化的，是呈現出內在一致性的許許多多信念和常規。換句話說，文化必須對自身有意義。

「真正的文化不必然高尚或低俗，」他寫道，呼應了鮑亞士的某個核心理念。

> 不過就是內在的協調、平衡、自足。表現在外的就是一種豐富多變但同時也連貫一致的生命態度，從中可看出文明社會的任一成分相對於其他成分的重要性。在理想情況下，在這樣的文化中，沒有任何事物不具精神上的意義，而它的運作也不會帶給人沮喪挫敗、搞錯方向或不受認同的感受。

鮑亞士很早之前就指出，我們不該評判任何一種社會共同行為的價值。事實上，我們應該試著把它理解成歷史演變和借用其他時空材料的產物。然而，沙皮爾把這個主張推得更遠。文化或許看起來像有實體、摸得到的物品，但其實更像一個系統，亦即特定觀念和習慣結合在一起的方式。界定文化最好的方式，不是看有它多進步、多複雜或多現代。應該說，當一個文化的奉行者似乎能在其中為自己找到一個合理且最舒服的位置時，我們就知道自己看到了一種「文化」。「閱讀民族學和文化發展史的文獻明顯可知，文化經常可以在低度開發的文明裡高度表現，而高度開發的文明也可能只有最低的文化表現。文明作為一個整體，不斷前進，文化在其中來來去去。」

一個村落可能有自己的文化，一個鄰坊或部落也是。而他認為，美國作為一個整體，工人潦倒失志，婚姻制度崩解，通勤上班族多不勝數，有可能並無自己的文化。我們常把民族國家視為文化的主要載體，就好比我們可能把法國藝術放在博物館的一邊，荷蘭文化放在另外一邊。但文化可能無所不在，而且絕非固定不變。文化可能隨著時間、新科技、新思維和新作法而改變。當你發現一系列想法和常規能讓個體在社群中感到自在，你就知道自己遇上了一種文化。

沒有什麼比沙皮爾的文化概念，更能界定米德希望在南太平洋得到解答的問題。比起美國人設想出的青春期，有沒有青少年其他更「真實」的生活方式，就像某種指南，能幫助人度過青春期的生理變化，同時也能避免社會混亂？更重要的是，米德所屬的社會——其中的嚴格性別角色、性挫折、巴納德學院裡必須保密的愛戀關係——假如無法輕易接納像她這樣的人，有沒有資格被視為擁有「文化」？她擔心自己不適合兩人世界的浪漫愛，至少是一般人理解下的浪漫愛，像公牛和母牛或一雙襪子那樣成雙成對。她認為愛和性、婚姻和生育、家庭和伴侶都不一定要綁在一起，也不一定只能是兩個人。無論是對是錯，她都掌握了資料：她自己的感受和她互相重疊的愛戀關係。她缺少的是一個大到可以理解它們的理論。

那年夏天，沙皮爾把給前妻的婚戒送給米德當作定情物，希望這只戒指象徵兩人未來將結為夫妻。然而，米德開始用很不一樣的方式描述她心目中的理想關係，還用上她在人類學課堂上學到的一個字：多配偶制（polygamy）。

• • •

準備旅程花了米德超過一年的時間。她說服父親幫她出旅費，也拿到了國家科學研究委員會的補助金，足以支付一些生活花費，條件是要交出一份完整報告，提出她的實際收穫，之後這份任務會像烏雲一樣籠罩著她。她收集了火車和汽船的時刻表，規劃到西岸再到夏威夷最後抵達美屬薩摩亞的路線。那年夏天潘乃德剛好打算到祖尼做田野調查，於是兩人決定結伴同行一段路，一起橫越美國大陸。

很難想像大半年都不在紐約的生活，但米德和克萊斯曼也許正需要分開一陣子。米德覺得被她的「學生婚姻」（她後來如此形容，讓克萊斯曼很反感）困住。他們的公寓常有人來來去去，從來就不是兩人的避風港。米德偶爾會把公寓租給朋友，他們有時會不小心留下用過的保險套。克萊斯曼自己也陷入了信仰和事業的困境。從神學院畢業後，他被任命為聖公會牧師，某個復活節的早晨在「地獄廚房」（譯注：紐約曼哈頓中西區的別名）的聖克萊蒙教堂第一次主持彌撒。過不久，有個教區居民在分娩時死去，留下一對雙胞胎。任憑這種事發生的上帝不值得他侍奉。因此他去找主教，要求把他的名字從教會名單中刪除。之後他進入哥大社會學博士班就讀，並提出到歐洲研究進步節育方式的一年計畫——即當初可能避免教徒喪命的方法。

此外，沙皮爾也是一個問題。他想要一個妻子，一個真正的妻子，能幫忙他照顧佛羅倫絲留下的三個小孩。他懇求米德跟克萊斯曼離婚，嫁給他，好好持家，支持他前景看好的學術生涯。芝加哥大學有個主任的位置正在等著他。他去找鮑亞士和潘乃德幫忙，請他們阻止米德前往南太平洋，還說她精神狀況不穩定，而她的身體病痛一定是潛在精神疾病的表現。「我為她擔心——毫無疑問，」他寫信給潘乃德。「她去薩摩亞是為了什麼？她自己都承認是為了逃離棘手的感情糾葛……你真的認為我們應該到最後一刻才阻止這整件可怕的事嗎？」必須要有人出面管管她，必要的話帶她去看精神分析師。「她的事業那些胡言亂語又是什麼？薩摩亞？不覺得很瘋狂嗎？我們怎麼會都這麼盲目？」他在人類學系的信紙上潦草寫下。「這女孩快瘋了。」

還沒認識米德之前，沙皮爾就跟潘乃德通過信，兩人之間發展出深刻的友誼，或許甚至還有精神上的愛戀。他們互相分享詩和鮑亞士其他學生的八卦。米德漸漸成為他們共同關心的學生之一。「瑪格麗特發展的多偶理論（她自己使用這個詞）只是為了合理化自己的行為，」沙皮爾抱怨。「一旦把自己的情感生活只當作自我的觸角，她不可能允許自己為愛付出代價。所以只能是『水銀式』變來變去的愛，現代而美麗……不講忠貞，唯有『自由』去愛才是真愛！」然而，潘乃德從未在兩人的無數通信中暗示過她對米德日漸增長的愛戀，儘管這時候雙方已經都有這種強烈的感覺。後來她告訴米德，她這輩子最難過的一天，就是發現沙皮爾跟米德在一起的那一天。

但如今，米德和潘乃德之間的漫長愛戀就要登場，同樣的劇本，只是換了演員。假如鮑亞士是這個動盪團體的知識中心，遙遠而威嚴，那麼潘乃德就是它的情感中心，是田野工作的精神支柱、思想的容器、靈感的泉源。米德甚至發明了一套只有她跟潘乃德知道的暗號，不但可以減少無線電報費用，用來分享祕密更好。她告訴潘乃德，一旦她出國，a就代表法蘭茲老爹，b代表愛德華（．沙皮爾），h代表一切安好，s代表路德（．克萊斯曼），u代表你（潘乃德）的愛讓我活下去。抑鬱而長期受苦的潘乃德，是沙皮爾和克萊斯曼信中的dearest，米德信中的darling；身為電報密碼的持有人，銀行帳戶和保險單的保管者，她已成了當事人雙方無止盡抒發不滿和牢騷的出口。

一九二五年七月，米德跟家人道別，與潘乃德一起前往西部。這趟旅程帶他們橫越俄亥俄州到伊利諾州，穿過北美大平原再南下前往潘乃德在印第安村落做田野調查時認識的沙漠。這是他們兩人共處過最長的時光，至少是沒有各自的丈夫在身旁的最長時光。米德在潘乃德的懷中哭泣，拋開過去，擁抱新戀情。潘乃德記得自己親吻了她的眼睛和嘴唇。

最後當潘乃德在大峽谷附近的火車站下車時，米德留在車上繼續前往加州。潘乃德站在月台上回頭看她。有一刻，另一輛火車從潘乃德身後的隔壁軌道上掠過，她的頭髮隨風輕輕揚起，那畫面如夢似幻。「在那個背景裡，你跟我都在移動，速度都很快——當我的火車彷彿穿透空間時，你一直都在我的窗戶對面，一個被風吹過的美妙身影，」兩人一分手，米德就提筆寫信給她。「那幅畫面會一直留在我心中，親愛的，帶給我莫大的安慰。」之後潘乃德會在夜裡輾轉難眠，回味在火車上做愛、一一親吻她的每根手指、用嘴唇畫過米德手心的那些時刻。

前往舊金山港途中，米德回顧整趟火車之旅，只覺得那是一次神祕、震撼又荒唐的告別。那是她跟一個人自願分開的過程，後來這個人對她的意義比誰都重大。「你正在用祖尼語寫筆記——而我即將用玻里尼西亞語寫筆記，這樣的安排從不缺少意義。」長久以來，她寫給潘乃德的紙條和信都以love結尾，就像寫給姊姊或幾年前她曾稱呼過潘乃德的「神仙教母」的信。但現在她終於可以直接坦率地說：「我永遠愛你。」

米德給自己一年的時間解決她拋下的情感糾葛。但短短兩週，事情就已經變得比她所能想像的更加明朗。她利用獨自在火車上的時間寫信跟克萊斯曼坦承她對婚姻的矛盾心理，還有她對開放和自由的渴望。她想出一個面對沙皮爾的辦法：把自己描寫成定不下來的「愛麗兒」（一種在天上飛的精靈），永遠無法把愛只綁在一個人身上或對著一個方向。（J在她的電報密碼中代表：「我不可能一直寫信給愛德華，一定要把我的決定付諸實現，說適當的話安慰他。」）而在大峽谷以東的某個地方，潘乃德終於變成她的人——完完全全，明明白白。

在舊金山，米德爬上馬索尼亞號的舷梯，這艘船過去曾是美軍的運輸工具，現在是往返夏威夷的班輪。她從來沒有那麼自由和開心過，但也比過去更憂愁。她不知道自己在薩摩亞會有什麼收穫，還是會空手而歸。她有個模糊的研究主題，一份參考他人的研究寫成但尚未出版的博士論文，還有欠金主的人情債。「我對於自己敢跟研究委員會提出計畫而覺得心虛，」她一抵達檀香山就寫信給潘乃德。「這輩子我第一次預期自己會失敗。」

•••

米德所知的玻里尼西亞與其說是一個地方，不如說是一個概念。此名是希臘文的組合字，意思是「很多島嶼」，為十八世紀中的一名法國博物學家所創。真正住在太平洋中南部這片浩瀚大海上的居民並未使用這種泛稱。

群島的地形多變，有些小島由火山爆發形成，有些是突出於海平面的山脈。居民使用的語言有些共同的特徵，可說是人類移民拓荒史上的一大奇蹟。當古代探險家划船或駕著帆船繞過玻里尼西亞島群的三個端點時（北部的夏威夷、南部的紐西蘭、東部的復活節島），玻里尼西亞人早已航行過相當於四分之三個地球。

試圖理解這樣的範圍到底有多大，是非常困難的，就像要駕船橫渡這片海一樣困難。最有名的一個嘗試者因此賠上了性命。一七六〇年代，英國探險家詹姆斯．庫克第一次航向太平洋（總共三次）。很多時候歐洲人跟太平洋島民第一次有紀錄的接觸，就是庫克大船出現的時候。他的製圖師常是第一批畫出現代海圖、呈現陸地與陸地之間極長距離的人。外來者難免引起當地居民的緊張。一七七九年二月，庫克的船員試圖綁架夏威夷的卡雷普國王，目的是要贖回一艘（歐洲人認為）被當地人偷走的小艇。船員隨即遭到國王人馬襲擊，庫克被亂棒打死，倒在翻騰的海浪中。

庫克的航海日誌在他第一次出海後出版，立刻造成轟動且長銷不墜。裡頭包含豐富的自然史和地理學等知識，並把tattoo和taboo等字介紹給英語讀者，後來用來指稱禁止行為所組成的複雜系統，當地語言寫作tapu或kapu，是很多玻里尼西亞社群的根基。即使後來庫克慘死的消息傳回國內，他的航海日誌仍舊使西方人愈來愈相信太平洋是某種人間天堂。從史蒂文森到高更等作家、畫家和旅行家進一步增添了一般人對太平洋島嶼的想像：盛開的蓮花、樹上掉下來的異國水果，還有熱情好客，甚至荒淫放縱的原住民。十九世紀，歐洲殖民強權往海外擴張引發土地爭奪和帝國競爭，直到一八九〇年代簽署一連串協議，強權之間才分清界線。太平洋鄰近的獨立國家，例如日本和中國，明顯被排除在協議之外，其他古老的小王國也是，例如逐漸屈服於外來影響的東加和夏威夷王國。一次大戰之後，中南太平洋上有人住的地方，多半都被大西洋的國家佔領。這種新跨洋帝國主義涵蓋的範圍，甚至比幾十年前列強爭搶非洲的範圍更大。

米德開始讀碩士之前，太平洋研究因為一名流亡到倫敦的波蘭人而興盛起來。跟米德不同的是，他之所以能到當地做田野調查，不是因為拿到研究補助，而是全球政治的影響。一九一四年，倫敦經濟學院的年輕學者布朗尼斯勞・馬凌諾斯基（Bronislaw Malinowski）前往西南太平洋從事美拉尼西亞島群的民族學研究。美拉尼西亞直譯自「黑人群島」，包括新幾內亞、索羅門群島、斐濟群島等。後來第一次世界大戰爆發，馬凌諾斯基竟被困在澳洲，那是在該地區進行考察一般會選擇的起點。他是奧匈帝國人，出生在當時由奧地利國王統治的波蘭城市克拉科夫，正式說來算是敵國僑民，所以被禁止重新入境英國。他甚至擔心自己會被捕。

然而，無家可歸反而造就了他的事業。澳洲當局准許他繼續原來的計畫並轉往初步蘭群島（Trobriand），亦即今日巴布亞新幾內亞以東的一連串珊瑚環礁。假如外人根據路易斯・亨利・摩根過去提出的人類發展架構，把身穿羽毛長袍，擁有部落首領、複雜的禁忌和社會階層的玻里尼西亞人看作太平洋野蠻社會中的貴族，那麼美拉尼西亞人通常被視為太平洋中的原始人。「美拉尼西亞」一詞跟「玻里尼西亞」一樣來自歐洲，一八三〇年代由法國探險家儒勒・迪蒙・迪維爾（Jules-Sébastien-César Dumont d'Urville）所創。他建議把太平洋島群及其人民分成四種，除了玻里尼西亞，他還加上密克羅尼西亞（意指「小島群」）、馬來西亞（馬來人的地方），以及美拉尼西亞。美拉尼西亞明顯指的是西南太平洋皮膚較黑、頭髮較捲的許多居民，從新幾內亞人到澳洲原住民都包括在內。從此之後，歐洲旅行者和科學家看太平洋時，就帶有先入為主的種族階級觀，自然而然認為美拉尼西亞人比皮膚多半較白的玻里尼西亞人更落後。這個有時被稱為「海上黑人」的族群輕易就被套進現成的分類裡，這種分類也將大西洋的種族偏見帶來太平洋，由美拉尼西亞人扮演撒哈拉以南非洲人的角色。

然而，馬凌諾斯基在初步蘭群島上發現了一個格外複雜且截然不同的社會。島上居民駕著自製獨木舟航行到遠得不可思議的地方。島跟島之間有複雜的禮物交換制度，這種經濟體系把住在海中小礁岩上的遙遠社群凝聚在一起。看似荒謬的行為，例如冒著生命危險交換貝殼裝飾或薄片串鍊，其實是代表政治權力、責任義務、信任和合作關係的明確體制。當地人稱該系統為庫拉（kula），這在歐洲人看來或許很奇怪，但仔細一想，歐洲君王犧牲自己的女兒鞏固策略性結盟，或王國灑錢安撫不聽話的附庸國，或許也一樣奇怪。

戰爭期間馬凌諾斯基都待在那裡，戰後他將自身經驗寫成《南海舡人》（*Argonauts of the*

Western Pacific）並在一九二二年出版，正好是米德在巴納德學院上大四的時候。這本書某方面來說是標準民族學的實際演練。馬凌諾斯基的目的是要全面性地理解初步蘭社會，尤其是環礁居民在浩瀚大海上完成的驚人航行。（因此書名才會借用希臘神話的典故。）但真正創新的是馬凌諾斯基使用的方法。他不是遠遠地觀察原住民族，記下他們的儀式，或進行短期「考察」去尋找異國的手工藝品，而是真正跟他們生活在一起。

他跟著初步蘭人一起做日常的工作：雕刻獨木舟、把貝殼磨成精緻的裝飾品、玩遊戲、迎接長途環島歸來的船隊。之後學者將這種方法稱為「參與觀察」，但最初用自身坦率的田野紀錄為此法立下根基的人是馬凌諾斯基。一開始是「絕望和沮喪，」他說，只有一片混亂和迷失方向的感覺，「難以計量的現實生活」排山倒海而來，把你壓垮。你或許能讀些小說暫時不去想自己的力有未逮。你需要提起勇氣，從頭開始學習按照他人的好壞標準當一個合乎規矩的人。要認識人，更不用說一個民族，你必須「從蚊帳裡出來」，盡你所能用當地人的眼光來看這世界。因為如此，你需要在一段長時間內真正地在場，從頭學習如何用你試圖理解的社群他們認為合理的方式做事。

米德在檀香山等開往薩摩亞的船時，有種擺脫不了馬凌諾斯基的陰影之感。已經有人看得出《南海舡人》是一個里程碑，促使人類學家重新思考他們在田野中扮演的角色。馬凌諾斯基寫下了從事人類學研究的新方法。米德也想了解不同民族的生活：他們對童年和老去的看法、成為大人代表的意義、他們對性愉悅的認知、他們愛的人、他們何時會覺得當眾受辱或在內心羞愧不已。但她的計畫有一些不同。她打算研究的是包括馬凌諾斯基在內的人類學家一向忽略的隱形大眾，那就是女人和女孩。因此她必須把馬凌諾斯基的方法應用於新的問題和新的背景，只希望結果不會只是一堆亂七八糟的村落八卦。

• • •

在夏威夷時，米德盡可能地做好事前準備。她安排了語言課，並跟畢夏普博物館（Bernice P. Bishop Museum）的學者聯絡，因為那是收藏玻里尼西亞文化和自然史文物的知名機構。她打算一到薩摩亞就替他們做一些收集工作。八月底，她再度出海，登上前往終點站是澳洲雪梨的汽船索諾瑪號。她躺在床上嚴重暈船，一天昏睡十六個小時，除了吃飯很少走上甲板。八月的最後一天，船終於繞過圖圖伊拉島（Tutuila，美屬薩摩亞的主要島嶼）的海岬，停在帕哥帕哥村（Pago Pago）的月牙形港灣。

米德立刻被客輪到來引起的熱鬧混亂包圍。這天因為美國艦隊正在進行盛大的巡航，當地人為了歡迎驅逐艦和支援船，場面更加熱鬧。二十年來，帕哥帕哥已經成了美國海軍在南太平洋的主要停靠站。它跟北邊兩千多海里外的夏威夷是自然而然的伙伴。兩個島群都在十九世紀末、二十世紀初成為美國的領地，都帶有殖民地的氣氛，並吸引傳教士、商人和軍隊前往。

圖圖伊拉島的薩摩亞人總督毛加率領其他地方顯要，到美國船艦西雅圖號旗艦上拜見艦隊指揮官羅伯·昆茲（Robert Coontz）海軍上將。他們穿戴著華麗頭飾和草裙，赤裸的上身塗得油亮。船員湧入村裡的廣場，目睹當地人贈禮給美國貴賓的儀式：各種椰子、編工細緻的草蓆、串珠、彩色樹皮布。上將代表自己和美國總統卡爾文·柯立芝表達感謝，一旁的年輕男女準備跳迎賓舞。光腳丫的村人擠上前，男人穿著拉瓦拉瓦紗籠，女人穿著用便宜的進口布料做成的寬鬆洋裝。船員推擠上前拍照。薩摩亞人用來遮陽避雨的棉質黑傘像烏雲籠罩會場。節目結束後，有些軍人趁亂逃回巡洋艦馬布海德號上吃晚餐，船員則懶洋洋躺在甲板上搭的簡易螢幕前欣賞理察·迪克斯和弗朗西絲·霍華德主演的《太多的吻》（*Too Many Kisses*）。

米德帶了一件禮服，以免在南洋碰上這樣的場合，她加入了船上的慶祝活動。那天晚上她的護花使者是一名海軍軍官，對方對她長篇大論，她暗暗叫苦。「他告訴我他對語言、本能、種族、遺傳和一些相關話題的看法，」她回憶道。「而我發現世界上最無趣的事，就是聽別人跟你談你的專業。」她等不及要上路，親身去發掘薩摩亞，而不是聽一個健談船員的二手資料。很快的，她寫給親友的信上面印的舊住址（賓州巴克斯郡），改成了充滿異國情調的「帕哥帕哥，圖圖伊拉，薩摩亞。」

米德目前跟其他零零星星的外國人（palagi）住在帕哥帕哥唯一的一間飯店裡。她利用這段時間適應當地的食物，包括海膽、野鴿，還有薩摩亞人的主食之一：口感黏糊的芋頭。她養成了描述她看到的一切並寫成一連串「公報」給家鄉親友看的習慣：玻里尼西亞和美國服飾的奇怪混合體、當地政府相信他們把文明帶來了這個落後的前哨基地、禮物（alofa）作為鞏固關係的力量、雞蛋花的香味、剛用椰子油塗過身體的嬰兒觸感。她第一次走下索諾瑪號時，薩摩亞人對她來說似乎是毫無差別的一大群人。但才過幾週，她就發現這種印象有多可笑。「個體性在他們的臉上如此明顯，」她說。她盤腿坐在薩摩亞開放式房屋的石子地板上，繼續上語言課，把老師的小孩抱在腿上，一邊吃力地組合有關煮飯和禮貌的句子。

米德可以從帕哥帕哥前往內陸村落，這種正式的短程旅行當地人稱為malaga，期間會有發表言論、舉辦送禮和製作ava（用卡瓦樹根做成的玻里尼西亞酒）的儀式。在帕哥帕哥對面的法托吉村，她被封為taupou，即榮譽處女，一種她到薩摩亞各地旅行都能帶著走的尊貴身份。但這些都無法保證她能獲得所需的資料，成功完成研究。

米德已經漸漸體驗到不從蚊帳裡出來（馬淩諾斯基的用語），有多難從事田野工作。你無從知道自己是不是問了好問題或笨問題。提供消息的人說的似乎是他們認為你想聽的話。「首領的兒子刺了青之後，是不是就會蓋一棟特別的房子？」她問名叫阿蘇維吉的男人，他是帕哥帕哥的一名村落首領。「沒有。沒有特別的房子，」他回答。

你確定他們沒蓋房子？

對。呃，有時候他們會用樹枝和樹葉蓋一棟小房子。對。

那棟房子是sa（禁忌）嗎？

不是，不是sa。

你可以帶食物進去嗎？

哦，不行，那是sa。

〔你可以〕在裡頭抽煙？

哦，不行。非常sa。

誰想〔進去〕都能進去嗎？

對，誰都可以。

誰都可以。不管是誰？

對，每個人都能進去。

沒人不准進去？

沒有。

那個男生的姊姊或妹妹可以進去嗎？

哦，不行。那是禁忌。

到了十月中，米德認為圖圖伊拉島已經沒什麼可供她研究。稍有規模的村子都「充斥著傳教士、商店和各種侵入式的影響，」她寫信給鮑亞士，說很多薩摩亞人都被美國人的影響腐化。當局為了提升識字率，印了一系列的歐洲童話故事，彷彿薩摩亞沒有自己的童話似的。美國當局上下似乎都把當地人看成「一群容易受影響的小孩」，也如此對待他們。飯店的外國人成天抱怨要得到有益的幫助非常難。

十一月九日，米德坐上汽船，前往離圖圖伊拉島約一百哩遠的馬努阿群島（Manu'a），從那裡再搭獨木舟前往群島中的一個小島：塔烏島（Ta'u）。她才剛開始展開青春期的研究（她原本的研究主題），而塔烏島上似乎有很多青少年。而且那裡人跡罕至，不會有煩人的傳教士。她借住在島上一個姓霍爾特的美國家庭裡，他們家的白色夾板屋是地方上的診所。她擔心這可能算不上真正的田野工作。她在給鮑亞士的信上陷入天人交戰，一方面想跟原住民一樣生活，一方面又想要有足夠的安靜時間寫筆記和思考田野經驗，如果住在薩摩亞人開放式的公共住宅很難做到。

她或許一直是「在門廊上」（from the veranda）做人類學研究——她的房間在霍爾特家後門廊的一半，用薄薄的竹簾當作遮蔽，但她從不缺少報導人（審定注：此處的寫法，是與馬凌諾斯基著名的方法論主張——人類學者必須「走下門廊」（off the veranda），融入田野——做對比。）。小孩和青少年會聚集過來跟她聊天和舉辦隨性的舞會，一大早五點就到，一直待到半夜十二點。她把鮑亞士的照片掛在牆上，用紅色木槿裝飾，偶而有人問起那個長相奇特但她似乎很崇拜的人是誰，她就會拿下來給嘰嘰喳喳的小孩看。不久她就開始用Makelita這個簽名，也就是她的名字的薩摩亞語發音。她在給親友的一則「公報」上說，「我發現自己在這裡最開心的時刻，是當我單獨跟當地人在一起，無論是在洗澡或躺在薩摩亞屋舍的地板上看海，或跟某個老酋長花言巧語的時候。」

儘管如此，當炎熱的夏天一到（紐約是冬天），她開始擔心時間快不夠了。她收集到的有價值的資料很少，至少不足以跟國家科學研究委員會或為她付了大筆旅費（馬索尼亞號和索諾瑪號的船費）的父親交代。過去的生活也令她心煩。沙皮爾持續寄痛苦的信給他，時而哀求時而辱罵，要她放棄這趟可笑的旅行，回到他身邊。她想燒了他的信但又覺得不能這麼做，至少還不到時候。她不確定這些信會不會正證明了她犯了天大錯誤——來自一位傑出學者的認證，證明大老遠跑到世界的另一端，結果到頭來都是白費力氣。

另一方面，沙皮爾也持續跟潘乃德通信，要她跟他一起強迫米德回國之後去尋求專業的幫助，說不定有必要住院治療。「我說真的，親愛的瑪格麗特狀況不佳，而且跟心理問題比起來，身體問題幾乎微不足道，」他寫道。「瑪格麗特最陰險的敵人是她的熱情、她對事物永無止境的興趣……一個像瑪格麗特這麼孱弱的女子，沒有權利完成她現在做的事。」

• • •

十二月中，在她生日的前一天，米德也寫了信給潘乃德，但信的主題不是沙皮爾。她想談談她的一點想法。這麼多個月來她第一次開始有了目標。她漸漸懷疑或許真有某個了不起的概念隱藏在那些棕櫚樹後面。

她說，任何一個認真上過人類學導論的學生都知道，原始社會和現代社會之間最主要的差別在於對形式的著重。現代文明的流動性和適應力高，習慣根據事實證據用務實的眼光看世界。然而，原始民族相信規則和儀式，並藉由遵循這些規則維持世界的平衡，社會因此也有一套召喚雨神、呼喚神靈擊退敵人、阻止不適合的婚姻，以及為公主和祭司挑選適合伴侶的明確程序。玻里尼西亞人通常被拿來當教科書案例，因為他們有明確的禁忌、複雜的酋長家譜、社群安康所仰賴的「儀式性處女」，還有代替酋長發言的「酋長發言人」或稱公共演說家。

但米德認為，薩摩亞人似乎並非如此。她在塔烏島上的鄰居和熟人對照理說應該耗費他們許多心力的規範並不十分熟悉。「非強制規則的數量和一般人對強制規則的無知都很驚人，」米德在十二月十五日寫信給潘乃德。「理論上來說，父親的母親應該負責為第一個小孩命名，但十個人有九個會告訴你，誰來取名都可以。」約束和儀式不但不困擾他們，「當地文化反而普遍有種……根深蒂固的放任態度。」這種態度不能輕易歸因於美國人或早期傳教士的影響。換句話說，那並非鮑亞士在著作中指出，而米德也曾在自己的博士論文中寫過的文化傳播的例子。在日常生活中，當地人似乎自然而然就以外人認為寬鬆而隨性的方式來做決定。

過不久，米德就有機會親眼目睹這種現象。下一個月將有一場颶風席捲塔烏島和其他小島。「法托吉村的房子全毀，」圖圖伊拉島的一位薩摩亞人好友及榮譽修女法莫圖（Fa'amotu Ufuti）在暴風過後馬上寫信給她。「二十六棟房子受創慘重……你那裡還好嗎？一切平安？」米德跟霍爾特一家人抱著一支烤雞和一條麵包躲在混凝土蓄水池裡。等他們爬出來時，塔烏島上的房子多半已被夷平，幸好無人傷亡。現在大家都著手展開整理家園的工作，米德擔心這會毀了她原本的計畫。假如大家都忙著重建家園，沒有節日或儀式可供觀察，她也無法進行民族學研究。

但她很快就改變想法。一個意想不到的機會就在她眼前展開。若是真正了解一個民族的方式不是在一旁觀看他們的儀式，甚或像馬凌諾斯基一樣分擔他們最重要的工作，而是在他們最不設防的時刻，例如打掃殘瓦碎片、重建房屋、重編破爛的草蓆、安撫哇哇大哭的嬰兒，陪在他們身邊呢！就連米德虛弱的身體也像是天賜的良機。大家自然而然就想要照顧她，尤其當風變強、漲潮或是她的腳踝舊傷又犯了的時候。她身體虛弱，需要人照顧，自己就像個小孩。這種情況反而有助於建立一種親密感，換成一個更健壯、更權威的人或許永遠無從體會。她稱這種意外的方法為「活動的民族學」(ethnology of activity)。

米德急著要把她的發現記下來。暴風雨過後，她回到平常聚集在她住的門廊上一小群以女生居多的兒童身邊，開始詢問他們的日常生活並一一寫在紀錄卡上：她們對長大的看法、跟男生如何相處，還有即興跳舞時，男生若對她們做粗魯的動作或磨蹭她們，她們會有何反應。她記下這些個人經歷，漸漸填滿從紐約帶來的一半直式筆記本，有時用她學會的薩摩亞語，有時是記下即席翻譯說的話。這些全都不是她之前學過的民族學。他們很少提到惡魔、禁忌、捕魚方法或編籃技術。相反的，她闖入了一個獨立存在但長久以來隱而不見的世界：女孩和婦女的內心世界，她們對愛欲的想法。

「妻子多半忠於丈夫，」她潦草寫下。「但忠於妻子的丈夫很少。手淫在男孩中很普遍，從小男孩到已婚男人都是。」女生也知道各種性愉悅，口交是性交前為人熟知的前戲。她訪問的小孩都看過性交，也知道基本的技巧。月經期間沒有特別的性禁忌，而美國心理學家常探討的女性「性冷感」在當地從未聽聞，男性不舉也一樣（儘管年老男性據說比年輕男性容易累）。同性親密關係存在，但不常談論，不過男生可以做縫紉或洗衣等女性工作也不覺得羞恥。公開為處女破處在過去是重要的儀式，如今已經廢除，但如果未婚女兒懷了身孕，家人會堅持私下結婚，不辦婚禮。性愛自由仍然有其限制。

幾個月飛快流逝，她繼續寫下興奮激動的信給潘乃德，偶而寄田野報告給鮑亞士，時常跟圖圖伊拉島上的薩摩亞友人通信，定期寫公報回家（只要郵船有來）。米德擔心時間過得太快，不夠她完成重大發現。她還有好多未完成的事：草編籃的寬度、這個或那個慶典的名字、喪禮上要點多少火堆、母親的兄弟的正確稱謂等等。最近她因為扁桃腺發炎而臥床，並任由在當地建立的友誼不了了之。「我從未忘記你，」住在島嶼另一邊有個名叫法普阿的女孩寫道，「我一直記得你，還有你對我的好。我會永遠記得我們一起外出那幾天你對我的愛。請不要忘記我們之間的美好關係。」米德寫信跟潘乃德說，她大概永遠無法成為一個好的田野工作者。

五月，她搭獨木舟離開塔烏島，在九名薩摩亞人的護送下頂著豔陽橫越大海，他們邊划船邊唱歌。回到帕哥帕哥之後她搭上船，展開環球之旅的第一段。她答應克萊斯曼在法國跟他會合，還有跟潘乃德一起參加一場人類學研討會，但她心裡想的仍是薩摩亞。她懷疑自己做的田野調查是否值得，無論她前往歐洲的途中上了多少新聞頭條——女性旅行家隻身從遙遠的南洋歸來。她抵達雪梨時，當地新聞熱烈報導：「很少人的生活比瑪格麗特．米德博士有趣，她是山姆大叔最聰明的女性之一，也是全球民族學權威，昨天才剛搭乘索諾瑪號抵達。」她很快坐上汽船契特拉號，途經錫蘭和蘇伊士運河，展開往西的漫長旅程。

一旦抵達法國，見到久違的丈夫和戀人之後，情況就夠複雜了，但麻煩的問題卻不僅止於此。搭上契特拉號之後，白天在甲板上消磨時間，晚上不是暈船就是跟旅客共進無趣的晚餐，期間她認識了另一個人——一個高大粗獷的紐西蘭人，有個奇怪的名字叫：瑞歐．福群（Reo Fortune）。一抵達馬賽，她就得想辦法收拾這個爛攤子。

CHAPTER 8 成年

「旅途順利嗎？」那年夏天法莫圖寫信給米德。「你恢復健康了嗎？在海上是否暈船？」事實上，她大半航程都在極度憂鬱、暈船和手部神經炎復發中度過。她因為結膜炎而眼睛發紅，鼻子長癬，多半時候都覺得「再也負擔不起千絲萬縷的複雜存在，」當時她如此寫道。她擔心她的田野筆記、她這幾個月來發現的寶藏會散失在海上。她擔心沙皮爾說她自我中心是對的，或許她真的天生缺乏定下來的才能。

瑞歐・福群或許就是一個明證。他出現在甲板上，本身就是奇蹟，他盼望跟人討論詩和激進政治。他的名字瑞歐（Reo），毛利文的意思是「字」，是父親（聖公會傳教士）替他取的。他的腦袋同時往許多方向轉動，那股活力讓米德難以抗拒。她要是貼出一張徵求人生下一階段（從牧師娘到世界探險家）伴侶的廣告，福群就是不二人選：熱情如火，有異想天開的傾向，在不同哲學概念之間跳來跳去，戴寬邊帽的樣子瀟灑俊俏，有如一身獵裝的威廉・布萊克。航向歐洲的七週期間，米德陷入愛河並墜入多年來最溫暖滿足的感受中，雖然她說她「用雙手」奮力抵抗。

然而，抵達之後，情況如她擔心的有如一場惡夢。契特拉號在南法靠岸時，克萊斯曼就等在碼頭上，卻被忙著跟福群道別的米德晾在一邊。午餐時她跟丈夫坦承自己的新戀情。儘管如此，兩人還是按照計畫繼續行程，從波爾多前往巴黎。在巴黎時，福群在他們下榻旅館的服務台重新出現。克萊斯曼在大廳見到他，平靜地對他自我介紹，還慎重地告訴他米德在樓上等他。克萊斯曼很快決定返回英格蘭，他正在那裡拿獎學金唸書，而米德和福群則繼續前往法國西部的普瓦捷。兩人在那裡跟潘乃德會合，潘乃德這時才得知最新的三角關係。然後，米德繼續前往佛羅倫斯、西恩納和羅馬，在那裡她再度見到潘乃德。根據米德的回憶，潘整個人「化為一團妒火」。

她跟潘乃德保證她仍然愛她，這只是她在測試人有可能同時愛上很多人，「表露出來的情感」以不同方式流向不同對象的理論。潘乃德有如火山爆發的情緒漸漸轉為接受。她很高興看到米德終於得到快樂，即使兩人沒有她可能殷殷期盼的感人團聚。那年夏末，他們搭乘同一艘船返美，米德則暫時擱下跟福群可能的未來。道別之前米德對克萊斯曼哭喊：「告訴我該怎麼做！」那是他印象中第一次看到她哭。

回到紐約後，有不少事佔據米德的時間。有份新工作正在等著她。鮑亞士向他的老東家美國自然史博物館推薦米德，職位是非洲、馬來西亞和南太平洋的助理策展人。到大學教書似乎無望，儘管她完成了博士論文也做了大半年的田野調查工作，卻沒有大學或學院找她。去當策展人不失為權宜之計，也有助於把她的研究推往新的方向。「比起一直繞著性的問題打轉，這對我更有吸引力，」她告訴潘乃德。

一九二六年九月初，她抵達博物館位於西七十七街的薔薇色正門，跟鮑亞士整整三十年前幾乎一樣。上樓穿過公共展覽空間到五樓，經過排列著木頭和玻璃展示櫃的長廊，這就是人類學的核心收藏。這裡是紐約最長的廊道，長達一整個街區，裡面所有的籃子、儀式用面具、珠飾品、戰爭用的木棍、織品、陶偶、人類和原始人的骨頭（大腿骨、蹠骨、脛骨、腓骨），全都收在移動式托盤上。

到了廊道的西側盡頭，她轉了個彎，爬上一段陡峭的鑄鐵梯，愈往悶熱的閣樓走就覺得溫度愈高。那裡不像完整的一樓，比較像雙倍伸展台。狹窄的走道兩邊是一排金屬門，有點像架高的墓穴，這裡就是博物館的大型儲藏空間。管線連進走道兩邊的小房間，每個房間都安上厚重的裝置，確保門可以從外面牢牢關緊。這是為了避免人吸進定期注入房間的毒氣——為了殺死侵蝕珍貴文物的害蟲。

位在支撐屋頂的鉚接鋼樑下，這個空間看起來不像博物館，倒像監獄。但再上幾層階梯，博物館唯一的一名女性助理策展人打開門，走進一個小房間，裡頭的上下推拉窗對著紅瓦屋頂和更過去的哥倫布大道。裡頭有幾個金屬櫃、一個書架，還有一張樓下淘汰不用的掀蓋書桌，夠她用個兩三年，她打算就做那麼久。然而，最後她卻在這個狹小的空間待了半世紀以上——一個高踞在毒氣室之上的房間，後來她說自己在這裡覺得安全又自在。

滿滿的策展工作等著她：為收藏品編目、寫傳單、策劃展覽。但那年秋天她也開始寫下她在薩摩亞的收穫。她漸漸看出她的研究涉及「一個特殊的心理問題」，她如此告訴同事，「即異文化青少女的心理。」玻里尼西亞專家或許對她的研究不會有太大興趣，因為她從未打算詳細描述某文化或民族，寫出一個可構成「民族誌」的文本。「民族誌」一詞漸漸取代早期人類家一般所謂的「民族學」。馬努阿群島的文化分析要等到之後再說。她說這本書是寫給理論家和心理學家看的。十二月時她聲稱手稿差不多已經完成，其主要目的是把「對民族學方法的鼓吹」融入「人性關懷」。

一九二七年初，米德把手稿送給鮑亞士看。之後不久鮑亞士就邀她吃午餐順便討論。她很擔心他的反應，畢竟她的作品偏離了文化傳播的主題。除了幫畢夏普博物館收集文物，她花很少時間做鮑亞士的學生在其他地方做的描述性民族誌。再說，談話過程中無可避免要跟法蘭茲老爹談到「性」，這個主題就像玻里尼西亞的紋身一樣貫穿她的手稿。

兩人坐下來時，一如往常威嚴又慈祥的鮑亞士清了清喉嚨。他用不太流利的英語粗啞地說，他只有一個意見。她沒有好好區別浪漫愛和肉體情慾的差別，但他猜想修訂過的版本會加以改正。既然要說的都說了，現在他們可以用餐了。聽到頭髮灰白的恩師坦率地談論

「性」，米德覺得好玩又有點尷尬。「出自法蘭茲老爹口中耶！」事後她告訴一名同事。她也很高興鮑亞士願意幫她寫序。

• • •

秋天時，《薩摩亞人的成年》（*Coming of Age in Samoa*）出現在威廉莫羅出版社（William Morrow）的目錄上。這家新出版社看出了這本書的一絲潛能。書名是妥協的結果。米德想要更學術一點的《薩摩亞的青少女》，但出版社想要更好記的書名。封面設計擺明是為了吸引讀者的目光。一個上空的女孩和一個年輕男子手牽手從樹叢裡跑出來，背景是一大輪熱帶的月亮和高聳的棕櫚樹。米德當然知道薩摩亞女人不常光著上身或穿著草裙到處跑，偷嚐禁果在薩摩亞大概也不比在巴納德宿舍裡普遍。但出版社的目的是想利用近來吹起的太平洋熱潮，同時凸顯性、青春期和原始社會的自由自在是本書的核心主題。

一九二六年，一部名為《莫阿納》（*Moana*）的默片在全美戲院上演。故事說的是薩摩亞的日常生活（只不過是在這片群島的英屬領地，而非美屬領地），穿插打獵、捕魚、採集水果和男女求愛的畫面。導演羅伯．佛萊厄提（Robert J. Flaherty）是紀錄片這種電影類型的開路先鋒，另一部類似的影片《北方的南努克》（*Nanook of the North*）以北極為背景。這些影片的目的是要揭露原始社會的真實生活，但通常會要當地人表演儀式或穿上過時的衣服。佛萊厄提的作品呈現了遠距離的探險旅遊，並藉由無懈可擊的電影技巧和匆匆一瞥的女性裸胸來表達（《南努克》和《莫阿納》中都有這個橋段）。

近來美國大眾對從內部觀點了解原始社會產生興趣，威廉・莫羅出版社也希望能搭上這股熱潮。此外，他知道用米德在薩摩亞的經驗刺激讀者對美國社會的思考，會是一大賣點。副標「為西方文明所做的原始民族青年的心理研究」清楚點出了此主題。他還要米德增加篇章，寫出她的研究對美國人的深層意義。不過，發給媒體的新書宣傳冊又放了另一個上空的女人。

《薩摩亞人的成年》要探討的是特定的社會，即米德在塔烏島上熟識的三個村落，但她在前言勾勒出更大的目標。嬰兒來到人世時如同一張白紙，尚未有文化，她寫道。他們對行為的準則、美醜的標準、如何當一個合乎規矩的人一無所知。在生命的過程中，我們從周圍的人身上學會這些事。我們稱這個過程為「教育」，在很多社會裡，教育的形式是一個指定的地點、幾排課桌椅和灰撲撲的黑板。

但實際上，教育隨時都在發生，從跟父母或照顧者的親密互動到小孩之間打打鬧鬧的遊戲都包括在內。在社會生活中，嬰兒不是直接就長大成人，而是學著如何長大成人。研究薩摩亞人的目的在於，觀察世界另一邊的民族在截然不同的環境、氣候和文化中用何種方法把小孩扶養長大。

米德接著說，生日對薩摩亞人意義不大，一來是因為生產過程並無神祕之處。生產在這裡是公開的過程，至少並不隱密，畢竟在開放式的公共住宅裡很難隱密。打從一開始，小孩就會被教導一套行為規範，包括避開陽光、不亂碰編織絲線、離正在曝曬的椰殼遠一點、不要靠近火、跟長輩說話要坐下來，以及不能碰阿瓦（ava）儀式使用的木碗。照顧弟妹的工作主要由兄姊負責，尤其是姊姊。女生年紀大到能扛重物和做其他勞動時，就能擺脫照顧小孩的責任，不用再伺候動不動就哇哇哭、鬧脾氣、撒嬌或撒尿的小暴君。假如能拖延一下婚事，青春期女孩就能暫時活在一種理想世界裡，介於照顧弟妹的繁重工作和嫁作人妻的嚴格社會角色之間。

此外，薩摩亞女性同時也會發現屬於自己的社會力量。米德指出，有別於其他一些玻里尼西亞社群，薩摩亞女性很少會被認為有害社會。如果她剛好月經來，當然會毀了阿瓦儀式，平常也不該去碰釣具或獨木舟，以免污染這些東西，而且也得迴避酋長聚集的地方。但這些規定落實的程度因人而異。事實上，米德發現很難判斷薩摩亞人是否認為能力和野心跟天生的性別有關。「在女性也有機會表現的社會領域中，她們展現的能力跟男性不相上下。」你不需要靠想像力去想像一個女性也能完成一般男性從事工作的世界。只要在薩摩亞村落裡待些時間，就會發現村裡的女生都很習慣看到母親和姑姨擔任公開發言人的角色，或在大型集會中表達自己的意見。

至於性，薩摩亞女生懂得不比紐約的女生少，說不定還更多。「我們的文明中，那種跟一夫一妻、獨佔、嫉妒和忠貞不渝緊緊綁在一起的浪漫愛，在薩摩亞並不存在，」米德明確指出。這裡有的一夫一妻制是「脆弱不堪的」，對男人尤其如此。與人調情不必然會危及婚姻制度。婚姻比較是為了在財富、社會地位、彼此的才能和天分上相得益彰而做出的配對，而非彼此獨佔、小心守護的性堡壘。米德指出，薩摩亞人跟美國人剛好相反，對自己的行為完全坦承，對自己的情感和動機卻隱而不宣。美國女孩或許會說：「對，我愛他，但你永遠不知道有多愛。」薩摩亞女孩或許會說：「對，我當然跟他住在一起，但你永遠不知道我愛他還是恨他。」

但成年究竟是何種感覺？薩摩亞的小孩很早就熟知西方認為的叛逆青春期的人生階段。他們知道人體的許多功能。小孩可能會去樹叢裡搜索，試著逮到正躲起來親熱的戀人。手淫很普遍，男生甚至會集體手淫。同性戀情沒什麼大不了，只是一般期待一到適婚年齡就會自然消失。這些都不被認為是錯誤的事，只不過如果時機不對或太過沉迷就有失恰當。到頭來，青春期並非壓力或危機籠罩的時期，反而是一個自由自在、充滿可能的階段。「一個女孩同時有很多戀人，時間愈久愈好，然後嫁在自己的村子裡，住在親戚附近，生很多小孩，這是大家一致認同也令人滿意的目標。」

米德也特別強調，薩摩亞社群裡並非每個人都有一樣的體驗。也有令人煩惱不安、名聲不佳，或被鄰居視為壞胚子的女孩。但從她所謂的「本土理論」(native theory，即當地人理解自己社會的方式）來看，薩摩亞跟美國人的差異明顯可見。她說美國人似乎以理想的性經驗為核心來建立親密關係，認為發生性行為之前，應該先有繁複的追求過程，並且是受到公開表達的浪漫愛情所驅動。此外，美國人認為性行為只能在一個成年男性和一個成年女性之間發生，而且兩人已經通過國家核准的正式儀式，也就是婚禮。薩摩亞人看事情的方式很不一樣。塔烏島上的本土理論沒有這樣的核心模型，與人際關係相關的其他事務也以不同的方式來組織。年齡相符、社會地位、性愛技巧、肉體歡愉都是普遍的觀念，也在日常生活中受到肯定，就像對配偶守貞和夢幻蜜月在美國人心目中的地位一樣。

名為〈對照薩摩亞社會的差異來看我國的教育問題〉的這章更是火力全開。相較於美國社會，在薩摩亞很難辨別哪些人是青少年，米德寫道。你絕對無法從他們的叛逆、憂慮、易怒，或渴望掙脫多半由父母訂下的討厭束縛的樣子認出他們。沒有所謂的青少年文化和普遍的少年犯罪現象，至少沒有大家公認的蛻變重生、長大成人的階段。她認為原因在於美國人為小孩變成大人畫出了藍圖。美國青少年體驗到的自由，就是反抗父母重視的價值、行為、信念和習慣。成為大人這件事，取決於勇敢地反抗這個清教徒式、個人主義、循規蹈矩的世界制訂出的規則。一個強迫小孩一次做出許多非A即B之選擇的社會，例如抽菸或不抽菸、走入婚姻或當個放蕩的女人、遊手好閒或朝九晚五，無怪乎會對小孩造成社會壓力。「壓力存在於我們的文明中，」米德寫道，「而非我們的孩子生理上經歷了什麼轉變。」

解決方法當然不是把美國人變成薩摩亞人，而是開始把自身的邏輯和常識視為打造社會的許多方式的其中一種，每一種方式都有它的結果，都會反映在真實生活中。

> 無論我們是否羨慕其他民族的解決方法，我們對自身方法所持的態度，勢必會因為參考其他民族面對同樣問題的方法而大幅拓展和深化。發現自己的方法並非人類之必然，亦非上天注定，而是漫長而動盪的歷史變遷的結果，我們很有可能回頭檢視自己的制度，對照其他文明的歷史而如釋重負，然後持平客觀地加以衡量，不害怕發現其中的缺陷。

《薩摩亞人的成年》裡充滿了魯莽、誇大、鬆散的論述，偶而還有華麗的辭藻，跟當時所有的人類學著作如出一轍。米德對於從少量樣本（南太平洋島上三個小村落裡的五十名女孩）中提出重大結論，並無太多良心不安。薩摩亞人有時候也對她的方法感到不解。「跟你聊天的那些菲圖塔村來的人都是笨蛋，」有個塔烏島的酋長寫道。「所以我才要告訴你，如果你想把我說的話寫在報紙上或你的文章裡，並在全世界發表，然後再寄回來給菲圖塔和馬努阿的所有人看，那麼我會非常高興，尤其如果他們讀的話。」但人類學歷史中充滿了做這種事的男性人類學家：即重複一遍男性酋長或巫師跟他們說的傳說故事，或是依靠男性中間人的特別協助，鮑亞士在西北岸就是如此。

米德嘗試了不一樣的東西。薩摩亞是她想拿來映照自己社會的一面鏡子。她的基本論點不是她找到了一個性愛自由的世外桃源，裡頭的一切都完美無缺。她知道薩摩亞社會也有說謊的丈夫、不愉快的關係，而且島上的婚姻都不長久，即使是當時的人也都知道她不是去尋找人間天堂。正如費城某報所說，米德「努力要證明，備受撻伐的『輕佻女郎』並非現代的現象，有史以來就存在於所有文明當中。」她的基本論點是，美國人認為青春期即邁向成年且必定充滿焦慮的特殊過渡期，但她訪問的薩摩亞人卻有不同的認知。要了解青春期女孩的生活、恐懼、煩惱和愛戀，米德認為最好的方法就是實際跟他們對話。青春期危機的真正專家，就是被認為正陷入這種危機的青少女。

她的書帶著大學者和名人的背書上市，從克拉倫斯・丹諾（Clarence Darrow）到馬凌諾斯基都有，各大報章雜誌很快出現書評。馬凌諾斯基認為它是「描述性人類學的頂尖之作」。少數負評來自鮑亞士圈子裡的幾個人。克魯伯的讚美暗藏譏諷。「有些人批評你沒有交出足夠的資料以供檢驗，但我不以為然，」他寫信告訴米德。「反正我有信心你的診斷是正確的，即使你提供的事實很少或沒有完整刊出。」沙皮爾還念念不忘舊情，他跟潘乃德說他覺得整本書「不知所云，有點廉價」，與作者不相稱，甚至丟人現眼。他還強調他的書是借來的，不是花錢買的。

出版才幾個月，《薩摩亞人的成年》就賣出三千多冊，以學術著作的標準來說算大賣，甚至未來銷售會更好。然而，書上市時，米德沒什麼時間反思這一切。當時她跟自然史博物館請假，回南太平洋展開另一次田野考察，所以人不在紐約。她同時也告訴同事不該再稱她為「夫人」，應該稱她為「小姐」或「博士」。

• • •

《薩摩亞人的成年》送到書店時，米德家鄉的報紙報導：「費城女孩計畫踏上食人族之旅」。她已經跟瑞歐・福群計畫了好一陣子，兩人自從在契特拉號上相識就定期保持聯絡。福群在紐西蘭大學讀碩士，關注的焦點是美拉尼西亞，尤其是新幾內亞沿岸的群島。

美拉尼西亞離薩摩亞約有三千哩遠。如果兩人同行，米德能回去圖圖伊拉或塔烏島的可能就微乎其微，但她希望能追蹤調查先前的研究。但當時她對福群說：「你知道我第一個考慮的是你的事業。」她跟克萊斯曼的事在《薩摩亞人的成年》出版前幾個月就已解決。兩人在墨西哥離了婚，這是取消紐約州視為合法的婚姻的一個快速、謹慎又不貴的方法。

瑞歐・福群比米德小一歲，畢業於威靈頓的大學。他在劍橋大學花一年的時間拿到人類學文憑，但還不是博士學位。他在那裡認識馬凌諾斯基，並跟其他美拉尼西亞的頂尖研究者一起上課。他的老師芮克里夫－布朗（Radcliffe-Brown）是後來名為「社會人類學」這個新興領域的大將。社會人類學試圖了解世界各地既定的社會習俗，包括不同的親屬體系，或是儀式如何強化共同的價值。鮑亞士跟他的學生多半用「文化」來形容他們的研究主題，但英國人類學家則喜歡從體系和功能的角度去思考。有些社會把照顧小孩的責任歸於父親的兄弟，而非父親。也有社會強調交表婚，即藉由確保家族不同分支的男女後代互相結合，將特定的氏族關係永久延續下去。有些社會的宗教制度會將一名天賦異稟者送到另一個世界操縱看不見的力量，就如薩滿的靈魂出竅儀式；其他社會則有專門召喚超自然力量的人，例如祭司或巫師。這些制度都產生了不同但可預測的社會關係，研究者要做的事就是界定和描述這樣的關係。根據劍橋、牛津和倫敦經濟學院人類學家的看法，一個社會使用家庭、權力和秩序等基本概念的方式，形塑了該社會中的關係網絡樣態。

然而，實際上，英美研究者用同樣的方法研究許多同樣的題材，隔著大西洋交換想法，懷著雄心壯志要確立一門才發展幾十年的學科是「被認可的科學」。福群是這個領域中的新人，有些田野經驗但沒有研究學位。儘管如此，米德在他身上找到過去從未在男性身上找到的知識合夥關係，既能分享她的熱情，又能從他所受的劍橋訓練以不同角度切入複雜的社會問題。兩人一同決定把新幾內亞以北的阿得米拉提群島（Admiralty Islands）當作新的田野場域。福群可以在那裡繼續研究美拉尼西亞社會，米德可以研究另一個文化中的青少年。兩人組成的澳美團隊將會把英美學術圈發展出的人類學方法付諸實現。

米德準備要展開第一次與人同行的考察之旅，她跟福群約好在南洋會合。但她又再次把潘乃德拋下。在前往西岸途中她寫信給潘，說他們的關係永遠會獨立於她跟男人可能有的關係。愛情可以在完全分開的輪子上運轉。然而，她說潘乃德是核心，一座「高牆圍起的美麗宮殿」，是「無法拔除的根，同性渴望在那裡無所遁形。」下一個月，一九二八年十月，她跟福群在紐西蘭奧克蘭的戶政事務所重聚並結為夫妻。她發電報告訴潘乃德這個消息。對米德來說，那就像夷平一切的暴風雨過後（回到紐約、接下博物館的新工作、跟克萊斯曼歹戲拖棚的婚姻、對下一階段事業的憂慮），突然歸於平靜。離開紐約後六個禮拜，在一個無月的夜晚，她跟富群終於抵達馬努斯島上的大村落貝爾村（Pere）。

她寫給潘乃德的信上說：貝爾是「一個完美的鄉下小威尼斯。」馬努斯的海上人家在紅樹林沼澤圍繞的平靜潟湖裡蓋高腳屋。男人留長髮，把頭髮梳成髻盤在頭上；女人剃掉頭髮，用死去親戚的骨頭裝飾脖子和手臂。小孩在高踞在淺海中的屋子裡消磨時間，這些「自由自在的小水鼠」出生後不久就學會游泳，甚至還不會走路就能游很遠。要從一家到另外一家，你必須從自己家爬下來，冒著從搖搖晃晃的梯子上栽進水裡的危險，然後再坐船出去。為了社交必定得承受某程度的危險，這些都是米德的第一手經驗。幾年前她因為撞上計程車而受傷的腳踝仍未痊癒，這次又再度骨折。她坐了十二小時的獨木舟前往省會洛倫高（Lorengau），結果卻被告知原住民接骨師比受過訓練的醫師更能替她治療。後來幾個星期，她都拄著自製枴杖在岸邊蹣跚來去。她還是沒學會游泳。

米德和福群研究了當地的語言，並畫出住在貝爾村的不同人家及他們複雜的親屬網絡。他們各自投入自己的寫作。福群修潤了之前在南邊的多布島（Dobu）上完成的田野研究，米德則著手收集資料，希望能展開數十名村落兒童的新研究。她試了一種發放紙筆給小孩的新方法，很多小孩都是第一次看到紙筆，米德要他們想畫什麼就畫什麼。交出的畫愈堆愈高，總共約三萬五千張，紙張在炎熱潮濕的熱帶地區捲了起來。

沒想到馬努斯甚至比薩摩亞更符合她的研究興趣，但這跟它地處偏遠無關。當她專注地觀察一群小孩，看著他們打打鬧鬧、自信地跳進瀉湖裡、用自己發明的圖畫和符號記錄自己看到的世界，米德漸漸逼近一個困擾教育工作者和社會改革者多年的問題：哪些行為特質是我們與生俱來？哪些是我們剛好遇到的生命處境的產物？

•••

打從米德跟鮑亞士一群人結識以來，智力是否為天生遺傳而來，就一直是社會科學領域關注的根本問題。在哥大時，她的碩士論文探討了智力測驗是否誤將文化知識當作智力的問題。調查過紐澤西哈默頓（她母親從未完成的博士論文的田野場域）的義大利和美國學童之後，她發現智力成績似乎反映了受試者的英文能力。她認為，熟知十四行詩的韻律或魯本斯是何許人（當時不算少見的智力測驗題目），跟一個人解決問題的能力或思考能力關係不大，即使是字謎或邏輯測驗都仰賴答題者對題目的清楚理解。自以為在建立人類普遍心智基準的心理學家，其實是在做某種人類學調查——用語言能力和語言流暢度伴隨而來的專門知識去測量一個人的能力。這樣當然不是在測量一個人的智力。她以一貫的自信寫信給智力測驗的設計者，指出她研究過歐第斯（Otis）團體智力測驗過後發現，這個設計本身明顯有問題。由於米德只是個碩士生，回信時對方對她的建議置之不理，雙方的通信也就到此為止。

鮑亞士長期以來也對聰明來自遺傳的宏大主張表示懷疑。米德和福群動身前往美拉尼西亞之際，鮑亞士剛好出版新書《人類學與現代生活》。「人類學這門科學的主要目標」之一，他在書中指出，「就是確認哪些行為特質是與生俱來——如果有的話——因此屬於人類共有，哪些是所處文化的產物。」「如果有的話」是一個重要的補充。鮑亞士知道科學界有很大一部分正在往反方向推進，企圖證明無論是個人或社群的行為，幾乎都是可遺傳的。我們的行為傾向，無論合乎道德或貪贓枉法、基於理性思考或直覺感受，據說都存在於人類體內的最深處。我們的子女來到世上時，早就帶著我們不自覺傳承給他們的性格特質。

一九〇五年，英國生物學家威廉．貝特森（William Bateson）新創了「遺傳學」（genetics）這個字，指的是父母如何將自己最強烈的特質傳給子女。幾年後，其他研究者造了「基因」（gene）這個詞，表示遺傳資訊以規律可預測的方式傳過一代又一代。無論你的虹膜是藍色或咖啡色、耳垂是下垂或貼頭、會不會捲舌頭等等，這些變化似乎都符合孟德爾提出的遺傳定律。此定律由十九世紀的植物學家格雷戈爾·約翰·孟德爾（Gregor Johann Mendel）率先提出。沒有什麼理由需要懷疑其他諸如智力或領導能力等特質，也依照同樣的路徑由父母傳給小孩。

當然沒有人看過「基因」，但話說回來，也沒有人看過原子或名為重力之物。先提出一個理論來解釋可觀察到的事實，直到出現推翻該理論的證據為止，這就是科學研究的方法。對任何一個熟悉科學最新發展的人來說，傳宗接代很大程度是命中注定。如果你需要一個明確的實例，只要看艾瑪·沃弗頓（Emma Wolverton）的故事就知道；美國大眾較熟悉的名字是戴博拉·卡里卡克（Deborah Kallikak）。

沃弗頓是紐澤西弱智兒童教育及照顧之家的成員。一八九七年她來到這裡時才八歲，有雙美麗的大眼睛，性情溫和討喜。但成年之後她似乎就停滯不前，走路一顫一顫，雖然會吹短號，也能在木工坊製作家具，但思考能力和完成複雜任務的能力基本上仍像小孩一樣。根據學校的研究主任亨利·戈達德（Henry Goddard）的看法，她是輕度智障（他發明的科學標籤）。戈達德愈深入了解她的案例，愈懷疑她的狀況可能源於她的家族譜系。

重建她的家譜時，戈達爾發現沃弗頓是美國獨立戰爭軍官的後代。這名軍官有兩個家庭，一個是合法的配偶，一個是跟酒吧女侍的婚外情，後者據說有智力缺陷。後來戈達爾偶然發現一個驚人的事實。軍官的婚生子女是新英格蘭顯赫家庭的傑出成員，非婚生子女則多半發展遲緩、貧窮、品行不良，例如酗酒、犯法、屬於社會底層，或像艾瑪．沃弗頓一樣輕度低能。

這是戈達爾所能想像最接近自然實驗的案例。他立刻意識到沃弗頓和她的祖先是智力從何而來的測試案例，就像某種醫學實驗。所有相關參數都維持不變，除了一個「干擾因子」（treatment），也就是軍官的婚外情。他把這個故事寫成《卡里卡克家族》（*The Kallikak Family*）一書，並在一九一二年出版。戈達爾從鮑亞士任教過的克拉克大學取得博士學位，他的書含有史坦利．霍爾一直灌輸學生的科學原則具備的所有特徵：仔細的觀察、實驗研究設計、精準分析實際的資料。卡里卡克這個姓是戈達德杜撰的，結合了希臘字根的「好」與「壞」二字，代表普通的子孫和有缺陷的子孫在一個人的後代中並置排列。根據他的邏輯，要不是因為那個任性的酒吧女侍，紐澤西州就能省下拘禁、監控和收留許多次等人類的花費。艾瑪——或她在書裡的名字戴博拉——的命運在她出生之前就已注定。「長相姣好，看起來也很聰明，很多方面很吸引人，老師都抱著希望，甚至堅決認為這樣的女孩日後發展無礙，」他寫道。「我們的研究說服我們，這樣的希望只是妄想。」

書店有一整層的暢銷書都運用類似的寫作手法：《祖克斯家族》（一八七七），寫的是墮落的紐約上州人；《伊須馬爾部落》（一八八八）寫的是阿帕拉契山的流浪小偷；《南姆家族》（一九一二）探討了一個妓女和騙子家族。「非優生學」（dysgenics）或「劣生學」（cacogenics）這些新字（意思如表面所指）被用來指稱這個研究領域，相對於優良血統的研究或是優生學。但《卡里卡克家族》與眾不同。它訴說了一個悲天憫人的悲傷故事，故事中的年輕女孩命運未卜。書中呈現的資料也很符合智力相關的新近科學推測。戈達德動筆前幾年，法國心理學家阿爾弗雷德．比奈（Alfred Binet）開發出一種能算出「智商」（IQ）的智力測驗。如今，戈達德證明了這個數字如何將其隱微的邏輯代代相傳。其他研究者探索了被歸於低能、白痴和瘋子之人的生命故事，以及國家或許能教育他們，或將他們與一般大眾隔絕的不同政策。所有人都使用了某種版本的比奈智商測驗，就像人體測量學家用頭顱指數來辨別種族。假如一個概念能被測量，也就能被觀察，如果能被觀察，那它必定存在，能由一個人傳給另一個人，就像頭髮的捲度或眉毛的斜度一樣可預測。

戈達爾的作品再刷和再版多次。書中附上艾瑪／戴博拉眼神發亮的開心照片和她的其他家族成員的照片，全都額頭偏低、臉頰下垂。（後來才揭露那些照片都動過手腳，刻意讓照片中人看起來特別粗野。）這本書似乎提供了明證，說明若用人性化方式對待艾瑪／戴博拉這類人會有何種好處，這個人性化的方式就是將他們趕進機構、訓練他們學會實用技能，最重要的是避免他們把劣生特質傳給下一代。

戈達爾的這本書出現得正是時候。當時，政府決策和人口調查或許比美國開國以來的任何時候都更緊密相連。一九一〇年，華盛頓卡內基研究所的慈善家成立一個特別的機構，推動人口、能力和血統的新研究。新機構設於紐約州冷泉港，開始著手收集大量遺傳研究資料，從動物的一般特徵（例如雞的毛色）到教育工作者或犯罪學特別感興趣的特徵（例如過人的體能和智能障礙）都包括在內。長程目標是設計能改善家庭和提升種族的公共教育計畫。由於資金充足，又有一群親身參與調查的研究員，他們運用最先進的統計方法證明政府推動的科學研究有助於減少將缺陷傳給下一代、提升高等種族的比例，進而打造一個更健康、更有生產力的美國社會。

畢竟自然不會說謊。如同冷泉港實驗室主任，同時也是哈佛畢業的動物學家查爾斯・達文波特（Charles B. Davenport）在其中一份報告中所說：「立法限制婚配的立意一來是為了保障配偶的權利，避免其因無知無助而受害；二來是為了禁止這一類可能生下身心障礙子女的人合法結婚，剝奪小孩健康出生的權利。」達文波特認為，充滿潛能和從正常軌道來到這世界，而不被上一代的缺陷束縛，某方面來說是基本人權。立法機關也同意這種看法。二十世紀的前二十年，一波旨在避免低能父母生下低能後代的強制絕育法席捲全美。印第安納州在一九〇七年通過；加州和康乃狄克州是一九〇九年；內華達州、愛荷華州、紐澤西州和紐約州是一九一一和一二年；堪薩斯州、密西根州、北達科他州和奧勒岡州是一九一三年。

美國甚至全世界的科學和政治菁英也跟戈達德和達文波特的想法一致。當全球優生學社群聚在一起分享資料和政策構想時，擔任東道主的就是鮑亞士的前雇主：美國自然史博物館。有兩場盛大的優生學國際研討會在博物館舉辦，由亞歷山大．格拉漢姆．貝爾上台致詞，並由美國國務院寄出邀請函。為了一九二一年的第二屆國際優生學研討會，博物館還整修了兩層樓，展出跨種族通婚的不良後果、外來移民的可怕衝擊、強制節育的正面效果，以及老師、學生和獨立研究者的業餘研究，整體構成一個龐大的科學展，目的是要剷除犯罪、瘋狂、貧窮和國力下滑的根源。優生紀錄局（Eugenics Record Office）的圖表清楚呈現二十六種遺傳天才類型和十種「社會不適者」，據說後者佔人口的百分之十，從酒鬼到「cacaesthenic」（即有感官缺陷的人，例如盲人和聾人）都包括在內。

一九二七年，米德和福群動身前往新幾內亞。前一年，優生學的實際應用對美國司法造成有史以來最重大的衝擊。在創下先例的「巴克訴貝爾案」（*Buck v. Bell*）中，美國最高法院判決強制絕育並未違法美國憲法，因此維吉尼亞當局為州立機構收治的智能障礙女性嘉莉．巴克（Carrie Buck）絕育，避免她將智力缺陷傳給下一代並無失當。「與其日後將其為非作歹的墮落後代處死，或眼睜睜看著他們因為弱智而餓死，社會若能避免這些明顯不適合在社會生存的人繼續繁衍，對全世界都會更好，」法官小奧利佛．溫德爾．霍姆斯（Oliver Wendell Holmes）在多數意見書中寫道。「支持強制節育的原則之適用範圍足以執行輸卵管結紮。弱智延續三代已經足夠。」

後來發現，即使以當代標準來看，嘉莉．巴克可能都算不上弱智或有學習障礙。她十七歲懷孕（維吉尼亞當局一開始要她絕育的原因）可能是遭到強暴和家暴的結果，而非所謂的弱智者一貫的「性放縱」。儘管如此，巴克判決導致每州的絕育率大幅飆升。截至一九三〇年代初，美國四十八州有二十八州立法核准當局為其認定的低能、白痴、弱智或精神失常者實施「優生絕育」，或為某些種類的罪犯去勢或進行輸卵管結紮作為懲罰。到了一九四一年，當時的法律術語所說的「去性化」案件超過三萬八千件，近三分之二是女性。這個數字到一九六〇年代多了將近一倍，之後還繼續實施了很多年。

• • •

優生學家絕非科學界的邊緣份子。他們是一個集團，擁有豐富的資源，有一整套統計數字和測驗結果為他們撐腰，對法律、教育和流行文化的影響無遠弗屆。一九二六年成立的美國優生學會成了將優生記錄局和其他機構的研究成果傳達給社會大眾的主要管道。學會深入教堂、女性俱樂部、學校和大型展覽，宣導優生保健的觀念，還舉辦「健康家庭」比賽，找來一群歷史學家、醫生和牙醫師評鑑母親、父親和小孩的優生程度。「當家畜評審在檢驗霍爾斯坦牛、娟珊牛、白面牛時，」學會的一名主管說，「我們正在檢驗瓊斯家、史密斯家和強森家。」

科學和歷史似乎都得出相同的結論。就像威廉・李普利跟麥迪遜・格蘭特等種族理論家挖出了文明的歷史紀錄，證明不加約束的移民將導致文明瓦解，優生學家也發現身心缺陷若不加以修正，將會為美國社會招來厄運。他們的主張之所以如此吸引人，不是因為太過反動（格蘭特、戈達德和達文波特應該都會為這個標籤感到震驚），而是先進過了頭。畢竟，他們的著作不只提供診斷，也為改革者發現的社會弊病提供療法。血統優良的盎格魯撒克遜人是組成美國的基本人口，如今卻因為生育制度規劃不善、國家為移民敞開大門而受到污染。家庭計畫的鼓吹者、醫生、移民反對者及其他許多人很快發現，他們有了共同的目標：淨化美國社會，阻止優越種族繼續減少，以及避免瑪格麗特．桑格（Margaret Sanger）所說的「非優生生育」。桑格是美國生育控制聯盟（American Birth Control League，後來的計畫生育聯盟〔Planned Parenthood〕）的創辦人。當時最普遍的節育器具之一是子宮頸帽，研發人是英國的家庭計畫提倡者瑪麗．史托普（Marie Stopes），上市時取名為Pro-Race，背後的構想是人民就算無法控制性衝動，至少也可以避免不當的生育。即使是在最親密的時刻，美國夫妻都在負起打造優良下一代的責任。

巴克判決後一年，鮑亞士開始砲轟美國人剷除障礙人士的狂熱舉動。他在《人類學與現代生活》中指出，「種類」不過是抽象概念，無論我們指的是人種，或是諸如身心健全者或異常者的社會分類。他認為，社會科學的目標應該不是到處尋找人類的最小單位，或是所有人類都應該落入的牢不可破的分類。相反的，我們應該先記住兩件事：第一，所有人都是個體，擁有自身的天賦和缺陷；第二，我們都是社會的動物，拚了命要牢牢抓住我們從小到大耳濡目染的現實。「我們不能把個體當作孤立的存在，」他寫道，用他典型的口語夾雜迂迴學術風格的筆法。「必須把他放回自身的社會情境中研究，而真正重要的問題是，有沒有可能歸納出一個普遍性理論，藉此發現社群的概括資料和個別生命的形式及表述之間的功能關係。換句話說，是否存在一套主宰社會生命的普遍有效法則。」

從鮑威爾以來，人類學的一個目標就是收集足夠的資料，確立人類社會從原始到文明之自然演化過程的普遍性。進入學術圈之後，鮑亞士一直致力於打破這種觀念。然而，在卡里卡克事件和巴克案之後，這種觀念比過去更加深植人心。許多生物學家、社會科學家和公共政策倡導者，似乎都拚命要找出決定個體生活樣貌的普遍法則，例如非優生生育的後果，艾瑪．沃弗頓或嘉莉．巴克就是活生生的例子。鮑亞士說，因為如此，「幾乎每個人類學問題都觸及我們最私密的生活。」我們以為自己在研究遙遠他方的人，其實是在對這裡的人做出判斷，包括我們和我們的鄰居，以及我們對正常、標準和顯而易見道理的看法。

「我們根據過去的經驗將不同形式的事物分類，」他寫道。每個社會都訓練自己看到分類。你愛的人、你恨的人、你不希望女兒嫁的人，這些都沒有普遍一致的好惡規則，而是文化熔爐燒製出來的概念。動用假科學去正當化盲從的行為，可以說是深植於某種文化的獨特特質，那就是進步的西方文化。北歐人流散到各地並征服大半世界之後，可想而知按照自己的樣子重新打造了世界，在裡頭放滿他們想像的人種和次等人種、弱智和天才、原始人和文明人。接著，他們聲稱自己的聰明才智是天生如此，證據歷歷，如同天神打造的英靈神殿（譯注：北歐神話中的天堂）一樣無法撼動。

鮑亞士說，從這裡開始「生物優生學就該跟研究人類社會的學問分道揚鑣。」要證明罪犯有時集中在某些家族裡並不難，但因此論定犯罪或異常的主要特徵是某些家族的產物，就未免跳得太遠，更何況是像戈達德藉由卡里卡克家族提出的論點，一口咬定這些特質都由父母傳給子女。畢竟，不同社會對於犯罪行為的定義並不同。舉例來說，犯罪學家往往很少注意有錢的罪犯或社會地位高的惡棍，例如逃稅者、不法商人和貪官污吏。他們的「犯罪天生理論」似乎都以低下階層為基礎，如扒手、醉漢、流鶯。這點本身就證明了「犯罪」的定義一開始就深受文化影響。

鮑亞士總結，優生學家唯一證明的是，「人的腦袋多麼容易相信周圍文化孕育出的概念具有絕對的價值。」要是英國人當年逮到了喬治．華盛頓，他們現今的優生學家可能會提出一個「缺陷來自遺傳」的理論，證明他骨子裡就是個頑劣份子。人類發展或許有普遍的模式可尋，但那肯定不會告訴你哪些家庭可能一直生出低於標準的子女。

•
•
•

戈達德和達文波特這類研究者想像自己是醫師和心理學家的綜合體，結合人體機能和人類社會的研究。他們把探索家譜視為一種理解人類腦袋運作的方式。人類學也藉由類似的方式發展成一門學科。鮑亞士進入哥大時，人類學家和心理學家隸屬於同一個科系。他的學生沙皮爾、潘乃德和米德等人，除了研究親屬體系或原住民語言之外，也常去聽心理學教授的課。在美國大學裡，心理學是比人類學更古老的學術領域，但兩者都致力於發掘人類發展的根本模式，心理學針對的是個人，人類學針對的則是整個民族。

從在克拉克大學任教開始，鮑亞士就跟心理學家共事。校長史坦利．霍爾是哈佛哲學家威廉．詹姆斯（Williams James）的學生，詹氏的《心理學原理》（一八九〇）為一門實驗科學立下根基，其目的是要將情感、理性和意志的研究系統化。霍爾本身也是把佛洛伊德和榮格等歐洲精神分析師介紹到美國的主要人物。在霍爾舉辦的某次學術研討會中，有張團體照上出現了年輕的鮑亞士。他站在當時一流的心理研究者中間，臉上帶著歪一邊的自滿笑容，跟他站在同一排的還有詹姆斯、佛洛伊德和榮格。

但鮑亞士通常跟沒有以明確資料為根據的理論家保持距離。他持續跟當代最傑出的知識份子保持通信，但佛洛伊德和榮格顯然不在其中。儘管如此，心理分析熱潮方興未艾，想錯過也難。當初是佛洛伊德自己明確指出，他的研究領域或許有助於人類學家所做的研究。《圖騰與禁忌》在一九一八年譯成英文，他在書中提議透過精神官能症和強迫症的觀點去詮釋原始社會。畢竟，禁忌難道不是一種具強迫性的渴望嗎？極力避免被想像出來的污染源弄髒的執著嗎？其他心理學家也採用了類似的方法，例如瑞士的尚．皮亞傑（Jean Piaget）和法國的呂西安．列維．布留爾（Lucien Lévy-Bruhl）。人類學家試圖理解世界各地的奇特民族，例如遙遠村落纏著腰布、信仰雷神的人，而心理學家試著診斷街上的異常個體。這些思想家認為，這兩件事或許是同一件事的不同樣貌。

佛洛伊德不是實驗主義者。鮑亞士的學生克魯伯評論《圖騰和禁忌》時就說，佛洛伊德把假設堆成金字塔，卻沒有實際測試過他的假設。米德跟福群踏上南洋之旅之前也一直在讀這本書。米德覺得書本身令人振奮，但有一點卻令她困擾。佛洛伊德提議可將兒童、精神病患者和原始人視為同一種類的變體。他們不是尚未成熟的個體，就是因為生物、歷史或環境的原因而發展遲緩的個體（意指在發展之路上速度較慢）。個體和整個文化都有可能停滯不前，彷彿在等待一列誤點的火車將他們帶到下一個車站。差別在於小孩最終會長大，精神病患和原始民族則需要其他的介入方法，例如分析師的沙發或文明教育者的協助，引領他們往前走。

米德希望能在馬努斯島上研究這個問題，也對其中一個金主（紐約的社會科學研究會）如此誇口。島上居民跟森林鬼怪、惡魔和祖靈分享同一片大地，鄰居的詛咒化成的惡靈在他們頭上盤旋，可能導致出海捕魚不順，或掀起驚濤駭浪撲向潟湖。海上人家活在許許多多的社會禁忌裡，甚至比薩摩亞還多，尤其是跟性、婚姻和財產有關的禁忌。誰要是打破規則就會厄運連連。

很多規則都跟兒童過渡到結婚年齡的快速過程有關。過了那一刻，少年就會陷入憂慮沮喪，羞恥感和嫉妒心都會變得很強烈。「他們變得好辯，好鬥，不配合，無法參與團體活動或跟中央權威建立任何關係，」米德一九二九年春天在田野現場寫道。「甚至任由豬沒生小豬就死去，因為沒人想養公豬，公豬會到處去跟鄰居養的豬交配。」貝爾村成人之間複雜的行為規範，就是一份用來對付充滿隱形厄運的世界的指南。但遵從這些規範正是導致大人如此憂慮多疑、處處防備的原因。

然而，長時間跟貝爾村的兒童互動，觀察他們畫的圖，跟撲倒在她腿上的小孩說話，米德發現村裡的小朋友天真活潑，對於父母和長輩在意的複雜規矩和信仰渾然不知。他們對圍繞大人世界的神靈不是一無所知，就是不以為意。「對他們來說，黑暗世界不像大人認為的如此擁擠；大人不但知道許許多多鬼怪的名字，連他們的長相和體型都知道，」米德寫道。小孩的舉止反而比較像正常的大人，而大人卻像佛洛伊德認知中的小孩或精神病患。這些原始民族並不像小孩，因為他們的小孩根本不像原始人類。

假如小孩認知世界的方式並未經過幻想的階段，就很難主張整個社會都經歷過這樣的階段。米德發現，人類心智的潛力無窮。需要一整個社會來過濾篩選可能性，認定哪些好、哪些壞。兒童只不過是簡單版的人類，尚未被所屬社會的分類原則、偏執和規範所規訓。在紐約被貼上瘋子標籤的人，例如相信魚獲量差是死者冤魂復返造成的結果，在馬努斯島這片潟湖的高腳屋上卻可以過著正常健全的生活。米德還發現她也在薩摩亞觀察到的一個更加深刻的事實：即使是大人，談論行為規範也多過實際遵守規範。「這個文化的主要特點，就是是否實際執行有極大的彈性，」她在一九二九年初如此寫下。

人類學文獻多半把原始社會的人視為文明人的幼年版和天真版。他們都是某種兒童，相信的神和惡魔則是單純的心智幻想出的產物，終究會被現代教育抹除，就像學齡兒童不再相信世上有聖誕老公公一樣。但是米德很少找到這種論點的佐證。「我會認為，解答應該存在於一個事實中：所有人類文化都是經由嚴格的篩選過程建構出來的，」她在給社會科學研究會的報告中說。

唯有藉由強調人類才能的某些面向，同時貶低其他面向，一個文化才得以成形……這些被輕視的潛能在尚未被文化規訓的兒童身上最清楚展現，還有依靠天生才能更甚文化的個體、詩人、藝術家，以及我們稱之為精神病患的特立獨行者……此種人類心智潛能活躍於我們的社會，就像某種更為情感、奔放不羈的思想活躍於其他社會一樣。沒有哪一種在發展層面上較為幼稚，而是兩種都會在童年時期出現，也都成熟而不完美，而且很快就會被特定文化的分類所影響和改變。

馬努斯人只是藉由強調某種思考方式來定義成年，亦即對鬼怪想像的著迷，而米德所屬的文化剛好把這種想像跟童年相互連結。馬努斯的小孩必須經由從童年到適婚年齡這段複雜且往往痛苦的轉變過程，告別無憂無慮的童年，才能學會這種行為模式。

米德在田野筆記中寫下：「所有社會關係都需要經過一小段的獨木舟之旅。」對住在水中高腳屋的馬努斯人來說，確確實實就是如此。但沒有比這個比喻更適合用來說明即將在米德的作品中反覆出現的普遍原則。真正了解另一個地方和那裡的人，需要你從自家大門跳出來，用力划船抵達別人家的小屋。人類學是一種科學，但她相信也是一種翻譯。你必須使用自己社會不夠完美的語言，努力去理解另一個社會。

如同鮑亞士數十年前所做的聲盲研究，米德漸漸發現我們只能用自己手邊的知識工具來詮釋陌生的行為方式，亦即對我們自己所在之時空脈絡有意義的心智架構。世間文化都是「對人類天性所做的各種實驗」，她後來寫道。了解這些實驗的方式，不是像戈達德對卡里卡克家所做的那樣，想像自己是個披著白袍的科學家，而是駕著你的獨木舟划向世界，把自己丟進陌生的環境中，試著理解習俗對當地人的意義，即使是那些看似瘋癲或愚鈍、把狗牙當作貨幣、把父親的白骨掛在手臂上的人。如果要根據你自己的科學觀點去把一個人絕育，就像可憐的嘉莉．巴克的遭遇，你自然會希望這個判斷百分之百正確。

•••

米德和福群一九二九年九月回到紐約時得知了一個出乎意外的好消息：米德的銀行帳戶裡多了五千美金。《薩摩亞人的成年》暢銷熱賣，威廉莫羅出版社為接下來的馬努斯紀行付給她五百美金的預付金。書在隔年出版，書名為《新幾內亞人的成長》，題獻給瑞歐．福群。這本新書確立了她身為敢於直言甚至驚世駭俗的公共科學家的地位，因為她公開坦率地討論性，以及拒絕承認西方文明不證自明的優越地位。她似乎一夜之間成了從世界最偏遠角落來理解自家發生什麼事的頂尖專家。

她寫得又快又好，據她本人說一天可寫兩千五百字，很快就能把她對教育、教養、青春期和其他議題的看法寫成短文寄給雜誌。支持她和被她激怒的讀者的信件大量湧入。「你的書是我讀過僅次於聖經最有趣的書，」一名書迷寫道。「那是我長久以來買過的唯一一本超過一美金的書，」另一名書迷說。女生探險書的作者奉她為楷模：一個走遍世界的勇敢探險家、第一個抵達天涯海角的「白人女性」——當然是誇大，但米德並未多加制止。她請了經紀人替她安排演講，跟聽眾分享世界另一端的消息。然而，《星期六晚報》卻拒絕了她批評美國教育缺失的一篇諷刺性文章。米德認為，是周圍的大千世界決定了我們從童年到成年曲折的成長路徑，而不是什麼普同的內在人性。編輯回覆她：「我們無法承受對我們一貫主張的事物如此全面的打擊。」

克萊斯曼後來再婚，搬去奧勒岡並展開考古學家的新生涯。米德人在南洋時，沙皮爾認識了新對象，後來再娶並再度成為人父，耶魯大學有個主任的位置在向他招手。福群仍在攻讀博士學位，研究主題是多布島（Dobu）上的另一個美拉尼西亞族群，但聲名大噪的是米德。打從三十多年前鮑亞士為芝加哥世界博覽會籌備展覽以來，沒有人比米德所做的事更能讓大眾認識「人類學」三個字，而她才三十歲不到。日後福群會抱怨，因為受到一位天才的駕馭，他持續進行的多布島研究將成為「我獨自完成的最後一本書」。米德對兩個人的家的回憶是「安穩但也頗為火爆」。之後情況會更加惡化。

CHAPTER 9 平民大眾和社會菁英

米德和福群從馬努斯島歸來之後，在美國幾乎每個教人類學或管理自然史博物館的人都是兩位學術大老的門生：一是哈佛大學的菲德烈克．普特曼，另一個就是哥倫比亞大學的法蘭茲．鮑亞士。普特曼在哈佛建立了全美數一數二的收藏，即畢巴底考古與民族博物館。他帶動了美國原住民的田野研究，訓練新的研究團隊使用嚴謹的田野調查方法和保存方式，跟當年他在芝加哥博覽會對鮑亞士的要求一樣。但一九一五年他過世之後，也象徵一整個世代的結束，鮑威爾、歐提斯．梅森，以及其他跟鮑亞士打過論戰的學者都屬於這個世代。

哈佛和哥倫比亞持續爭搶研究生和研究經費，但純粹以數字來看，勝出的是鮑亞士。他一直是個積極的幕後推動者，熱心幫助研究生助理在幾個主要大學找工作。如今，他的學生還有學生的學生散佈在全國各地的人類學系、博物館和研究中心。他們漸漸根據他的理想建立起一個完整的學科，成為體質人類學家、寫民族誌的文化人類學家、語言學家和考古學家，合作解決共同的問題。

鮑亞士規劃的課程也孕育出跟系主任很相似的學生：叛逆反骨，堅持己見，亟欲使人類學成為一門公共科學。這些人認為自己注定要勇敢走出實驗室或博物館展廳，實際投入論戰。在一個限制移民、種族隔離和優生學明顯取得勝利的時代，接受哥大的新人文學科的訓練，似乎比單純得到研究補助或學院職位的賭注更高。每年，鮑亞士的學生都會用近似新興宗教的熱忱招募新進的人類學家，就如同當年潘乃德鼓勵米德加入人類學行列一樣。

格拉迪斯・賴哈德（Gladys Reichard）接下了巴納德學院的一些入門課，幫滿懷熱誠的大學生上課。梅爾維爾・赫斯科維茨（Melville Herskovits）離開自由學院，來到巴納德開體質人類學課，教學生做測量和核對資料。潘乃德持續以低階教授和鮑亞士的得力助手的身份監督他們的工作。一旦接觸過鮑亞士的核心概念，就很難不感受它的重量：顛覆世界的洞察力、共同目標的意義感，以及挑戰社會既定的正確行為的新方法，後者對一些年輕女性來說尤其難以抗拒。「我開始銘記賴哈德博士、潘乃德博士，以及王中之王鮑亞士博士的話，」某大學生回憶道。「我們也都叫他老爹。」

這名學生之所以特別，是因為她已經三十四歲，雖然她自稱二十四歲左右。她承認自己嗓門大太，進不了上流社會，有「衝動好鬥」的傾向，走起路搖搖晃晃，據她說因為教她走路的是一頭母豬。在巴納德的班級合照中，她在畫面中央附近，但一半被樹枝擋住，她形容自己像「被一片乳白海洋沖刷上來的黑色石頭」——學校唯一的非裔學生。不久前她才從佛羅里達搬來，工作一個換過一個，當過吉伯特與蘇利文巡迴劇團的服裝師、美甲師，也上過夜校。她最接近人類學的一次經驗，是在華府鮑威爾參加過的宇宙俱樂部當過短期的服務生，跟其他黑人傭人在「因預算考量而有節制的家父長溫情」氣氛下一起工作，俱樂部的正史如此形容。在一屋子剛從國外考察回來的人當中，她最引人矚目的一點是她母親的朋友為她取的名字：柔拉（Zora）。沒人知道這名字的出處，但有人懷疑那是從土耳其香菸的牌子偷來的。

• • •

柔拉．尼爾．賀絲頓（Zora Neale Hurston）出生於阿拉巴馬州，時間大概是在一八九一年一月（她對細節含糊其辭），但從小在佛羅里達州奧蘭多以北的伊頓維爾鎮（Eatonville）長大。那一帶遍佈天藍色湖泊，陸地有如鋪展在內海上的蜘蛛網。樹上垂掛著鐵蘭。鶚和兀鷹在水波之上盤旋，乍看會以為是山丘斜坡。那裡的滲穴可能大口一張就吞掉一頭母牛，或整片湖一下就被多孔石灰岩形成的天然排水管吸乾。只要颳起熱帶風暴或有馬車經過，帶有砂礫的灰白色表土就會把星期天穿的漂亮衣服弄髒或滲入窗框。佛羅里達彷彿建立在一個大火燒毀的古文明上，如今正在付出代價。

伊頓維爾鎮的特別在於，它是全美第一個非裔美國人城市，即賀絲頓所謂的「純黑人城市」。同一條路直直走過去就是白人居多的梅特蘭城（Maitland），房子較華麗，雖然保持禮貌的距離，但並未禁止入內。賀絲頓是伊頓維爾的名門之後，如果可以這樣說種族隔離時代的黑人女性的話。她離奴隸制度不過兩代，祖父母和外祖父母是喬治亞州和阿拉巴馬州的黑奴。父親約翰·賀絲頓是浸信會牧師兼鎮長，幫忙管理伊頓維爾的非正式鎮公所，即另一個名叫喬·克拉克的地方名人經營的商店的門廊。左鄰右舍會在吱嘎作響的地板上說笑、休息、吵吵鬧鬧，男男女女一起交換消息，唇槍舌戰——所謂的指指點點，說三道四。

她母親露西靠著投入教育、書本和野心在生活上取得平衡。她告訴八個兒女，撲向太陽至少保證你能離開地面。但賀絲頓才剛進入青春期，母親就離世，此後一切改觀。她父親很快再婚，娶了一個更年輕的女人，賀絲頓被送去北邊的傑克遜維爾（Jacksonville）、位於沿岸松林的學校。跟家庭生活和父親切斷，這是她早期生活的一次重大打擊。

在地理上往佛羅里達的北邊移動，意味著在文化上往南移動。她說她是在傑克遜維爾才第一次意識到自己是個「黑人小女生」。現實似乎刻意要說服她認清這個事實。告示牌把人像諾亞方舟上的動物分成黑與白，好比在黃頭鷺跟黃胸椋鳥身上做不同記號。當你說話逼近粗魯無禮的邊界時，就能看到白人臉上的快速反應。賀絲頓被不同親戚推來推去，一下到納什維爾，一下到傑克遜維爾，之後又北上巴爾的摩，直到她年紀大到能獨立自主為止。

父親開車在曼非斯撞上火車意外過世之後，她沒去參加喪禮，反而開始規劃自己的未來。她成了後來名為「大遷徙」(Great Migration)的一員，即非裔美國人從南方湧向北方找工作，逃離地方政府的蠻橫管束，結果政府單位時常攔下北上的火車逮人，或只因為跨越州界就將人拘禁。最後她來到華盛頓，部分原因是夢想能到全美首屈一指的黑人學院霍華德大學(Howard University)就讀。

然而，傑克遜維爾和華盛頓之間的差別並沒有賀絲頓想像的那麼大。威爾遜總統很快宣布自由和自決是處理國際事物的根本原則，但在國內，他帶領的政府卻是第一個堅持聯邦勞動力仍要遵守「吉姆．克勞法」種族隔離政策的機構。於是，黑人官員被開除或重新分配到黑人單位，國家廣場兩旁的一些聯邦建築裡出現了「有色人種」廁所。非裔美國人占華盛頓人口的四分之一以上，美國國會——由委派的委員會而非民選議會或市長來管理城市——利用其權勢確保種族隔離制度在餐廳、飯店、墓園和其他公共場合都能根據法律和慣例有效執行。在華盛頓，黑人白人能固定互動的空間只有不分種族的市區電車，而誰占了上風一目了然。一九〇八年，阿拉巴馬州的眾議員詹姆斯．湯瑪斯．赫夫林(James Thomas Cotton Tom，綽號「棉花湯姆」)在電車上射殺了一名黑人，只因對方出言不遜，他卻沒有因此入獄，當賀絲頓抵達華盛頓時，他仍在國會山莊裡審核法案。幾年後，籌辦林肯紀念堂揭幕典禮的委員會要求參加典禮的非裔美國人坐在遠離舞台的隔離區。過不久，三K黨把全國總部搬到華盛頓，因為這裡比過去更加支持三K黨的目標。

一九一九年夏天，正當賀絲頓準備進大學就讀時，多達兩千名武裝白人突襲黑人社區尋找據說想偷白人女性雨傘的兩個黑人，其中以身穿制服的軍人和水手居多。經過三個晚上的暴力衝突，有六人死亡，多人受傷，數百人（黑人居多）被抓進市立監獄，聯邦軍隊也上街巡邏。但那年秋天，學校恢復上課之後，賀絲頓發現霍華德大學很多方面都有如沙漠中的綠洲。圍繞著一大片草皮和柳葉櫟的紅磚建築裡，課堂內充滿了著有《黑人的靈魂》杜波依斯（W. E. B. Du Bois，也是一位社會學家）所謂的「前十分之一的人才」（審定注：the talented tenth 出自杜波依斯於一九〇三年發表的文章，主張必須透過高等教育來培養美國黑人中天資最卓越的前十分之一，做為領導人才。），也就是日後將用自身生命證明黑人潛能的男男女女。賀絲頓第一次覺得自己置身於事物的中心，不再是灰頭土臉的生活邊緣。她很快跟霍華德的大教授們打成一片，例如英語系主任羅倫佐・道・透納（Lorenzo Dow Turner），以及第一個拿到羅德獎學金的非裔學者——哲學家阿蘭・洛克（Alain Locke）。「我覺得梯子就在我腳下，」她回憶道。

在霍華德她開始寫故事、散文和詩，一開始投到校內刊物，後來投到《機會》雜誌。很快就會有雜誌引介新一批有才華的黑人作家，《機會》就是其中之一。然而，她在學校算不上特別優秀的學生，有時上課，有時缺課，學位之路斷斷續續，學費愈積愈多，很快就面臨破產的窘境。賀絲頓的文學作品已經得到一些矚目，只要找對人引她入門，她心想自己或許能成為作家。就像當年的米德，賀絲頓覺得紐約彷彿在召喚她。霍華德大學的畢業紀念冊上如此介紹她：「柔拉最大的野心是在格林威治村闖出一片天，或許在那裡寫詩和故事，過著放蕩不羈的波西米亞生活。」她選了甜美可愛但不失精準的一句話當作她的座右銘：「我有顆容得下所有喜悅的心。」一九二五年一月的第一週，她收拾了行囊，帶著一點五美金動身北上。

• • •

賀絲頓輕易就打進了作家、出版人和有錢的白人慈善家的世界，其中很多是女性。這些人形成了紐約新進黑人藝術家的主要支持網，後來賀絲頓稱他們為「黑人人道主義者」（Negrotarian）。那年夏天，她二度贏得《機會》雜誌辦的文學獎。在頒獎晚宴上，她認識了巴納德學院的創校金主安妮・納森・麥耶爾（Annie Nathan Meyer）。麥耶爾邀請她下學年來巴納德學院就讀，還提供她獎學金。賀絲頓也在晚宴上認識了冠軍得主朗斯頓・修斯（Langston Hughes）。他來自中西部，比她小十歲，但詩作已經獲得肯定。修斯很快成了她在文學之路上的旅伴，帶她進入她在霍華德第一次遇到的世界，那個世界裡有各式各樣的想法和試驗，還有源源不絕躍然紙上的文字。巴納德學院在對她招手，同時又有希望成為一名真正的作家，一切對她來說都像天上掉下來的禮物，尤其她成績平平，也還沒拿到霍華德的大學文憑。那年秋天她決定報名巴納德學院。

有了麥耶爾和院長維吉尼亞．吉爾達斯列夫（Virginia Gildersleeve，當年鮑亞士公開反對一次大戰時，在百老匯大道對面提供他庇護的人）的支持，賀絲頓幾乎立刻成了校園風雲人物，女同學爭相跟她約吃午餐。賀絲頓知道自己是磨刀石，可以磨利一個人的進步思維和感知力，幾乎每次有白人金主對她的成就感興趣時，她就得重複這個角色。「我成了巴納德的黑聖牛，」後來她寫道。她把她的特有風格發揮得淋漓盡致：一個靦腆的風雲人物，一個奉承討好的廣播電台，同時也是個粗聲粗氣且聰明過人的自我懷疑者。她對不久之後抵達曼哈頓的詩人柯特．庫倫（Countee Cullen）如此形容自己：「鬥雞眼，兩條腿不是一對。」

她的一雙腿愈來愈常把她帶往新的方向，遠離晨邊高地的靜謐方院。一九二五年底，教過她的阿蘭．洛克教授選了她的一篇故事，以及修斯和其他年輕作家的作品登在他編的《新黑人》（*The New Negro*）選集上。在白人至上、公開剝削黑人、創作大膽和極度焦慮的年代，這本書有如點燃哈林文藝復興的一把火；在一個早就為人民定義什麼是黑人並以此為建國根基的國家，展開一個重新定義黑人的大規模實驗。

賀絲頓積極投入哈林復興運動，不只常在哈林區活動，生活方式也深受影響。她主要住在一三一街，但常搬家且沉浸在作家和藝術家圈子裡，這群人辦的小雜誌和週末派對形成了一個新文化運動，其中包括她主要的伙伴庫倫和修斯；演員和歌手保羅．羅伯遜（Oaul Robeson）；作家阿爾娜．邦當（Arna Bontemps）、桃樂絲．韋斯特（Dorothy West）和華萊士．圖爾曼（Wallace Thurman）；繼承龐大家產並用來贊助藝術家的阿列利亞・沃克（A'Lelia Walker）；白人作家及攝影師卡爾・范・維希藤（Carl Van Vechten），他拍的肖像膠卷成了一段風起雲湧的短暫歷史的紀念碑，當時「黑人」在美國文化史上比任何時候都要流行。修斯印象中的賀絲頓是當代人中「肯定最有趣的一個」，「充滿了令人捧腹的小道消息、詼諧的傳說、悲喜參半的故事……對各種虛偽做作嗤之以鼻，學術或其他方面都不例外。」

她似乎誰都認識。這種生活大概是米德和垃圾桶野貓成員幾年前夢寐以求的生活。賀絲頓是個真正的作家，也努力讓大家知道這點。在巴納德吃午餐時，她會以主人的身份招待朋友法尼・荷斯特（Fannie Hurst，她是暢銷小說家，有時也會資助她）。這在當時相當於一個大學新生輕鬆自若地跟J・K・羅琳一同走進餐廳。「那在我需要被看見時同時讓教職員和學生看見我，」她在信中跟荷斯特說。賀絲頓的作品已經登在頂尖的黑人期刊上，即使她的學期報告和考試都不太順利。中央公園以北的各大派對幾乎都有她的身影，抽著Pall Malls的捲煙，披戴著鮮豔的圍巾、劈劈啪啪的串珠，或任何她一踏進房間就會引來注目的東西。

儘管如此，從巴納德的課堂到哈林區的租房派對還是像脫一層皮，或穿上一層皮。兩個世界都有各自的規範。對洛克和杜波依斯這些老一輩的黑人知識份子來說，欣欣向榮的非裔美國文學不只是一種藝術，那可能是全面重新評價黑人潛能的開路先鋒，直接證明非裔美國人也能創作出不只直指自身處境還有人類普遍問題的偉大作品。「任何不用來做宣傳的藝術我都不屑一顧，」杜波依斯在一九二六年寫道。藝術之所以解放人心，不是因為黑人的聲音終於能被聽見，而是黑人作家如今被視為同樣有權利對人類普遍問題發表看法的知識份子。種族是通往藝術之路，而藝術是掙脫種族枷鎖之途。提升，進步，教養，高雅，這些是在白人文化體制面前證明自己，展現黑人時髦、大膽、有禮且現代的一面的關鍵。這些都是洛克《新黑人》選集作品中想呈現的新特質。

但賀絲頓對此表示懷疑。她不認為黑人經驗一定要以有藝術價值的方式表達，而是應該也能夠如實地呈現，例如用飽滿的母音和她低沉渾厚的聲音，裡頭充滿了胡鬧、玩笑、激動亢奮的祈禱、窮人吃的食物，透過蘊含他們特有才華的文化和字彙來傳達。修斯和其他年輕作家有些意見跟她一致，但他們有時覺得她的個人風格咄咄逼人，甚至令人不快，有矯枉過正的傾向。「對她的很多白人朋友來說，她無疑是個完美的『黑妞』，」修斯後來說，「他們指的是正面的意思，也就是天真，可愛，幽默，像個小孩，而且色彩鮮明的黑人。」為某些族群說話，不表示你說話永遠得像他們一樣。

來到紐約才幾個月，賀絲頓就一躍成為哈林文藝復興最有份量的內部批評者。在伊頓維爾長大的經驗，讓她對自己超有自信，在那裡你可能同時是黑人又掌控一切。但她覺得，哈林區表面看似進步，卻跟伊頓維爾不一樣。剛來到這座城市的人只要從一三五街的地鐵爬出去，就會發現一個所有工作都由有色人種擔任的世界，從警察、屠夫到老師都是。但哈林區的藝術家似乎一心想大聲疾呼這種現象並不尋常。「『大家都認為，黑人就應該寫種族問題，但從以前到現在，我都對這個主題厭煩透頂，』後來她寫道。「我的興趣在於是什麼讓男人或女人做這樣或那樣的事，無論他的膚色是黑是白。在我看來，我遇到的人對同樣的事的反應都差不多。差異只在於用語不同……而不是源自遺傳差異。」那是她漸漸在巴納德形成的一種心智架構，使她能用更花俏的方式表達她從小對自己的看法：她生來就是「一個會質疑自己族群有著狹隘信念的小孩。」

賀絲頓主修英文，但有個導師建議她擴展領域，於是她就去修了賴哈德的課。根據賀絲頓的說法，賴哈德向鮑亞士提起她的一份報告，引起鮑亞士的注意。但更有可能的是，置身在鮑亞士周圍的一小群田野工作者和講師當中，賀絲頓不可抗拒地被那股學術熱潮吸引。若說她剛到紐約時一心想當作家，在巴納德才短短幾個月，她就開始把自己視為社會科學家，一個初露頭角的帕森斯或潘乃德。她很可能聽說過有另一個大有可為的學生到薩摩亞做田野調查。主導這一切人是鮑亞士，一個威嚴而慈祥、父親一般的人物，是她在佛羅里達缺少的角色。「柔拉當然是我的女兒，」賀絲頓記得鮑亞士曾在系上聚會時說，但可能多少有她自己的潤飾。「是我一時失足的結晶。」

進巴納德第一年的春天，賀絲頓就覺得自己成了這個圈子的一份子。她在給親友的信中習慣叫鮑亞士「國王」而非「法蘭茲老爹」。「我受了人體測量學的訓練……鮑亞士希望我快點開始，」她寫信給麥耶爾夫人說。她去聽了梅爾維爾．赫斯科維茨的人體測量學課程，這在當時仍是人類學的必修課。過不久她就離開了哈林區的公寓，手拿卡尺站在街角詢問路人願不願意接受測量。赫斯科維茨甚至教她藉由記錄內側三頭肌的深淺來評估膚色，這個要求可想而知讓很多路人掉頭就走。儘管如此，幾乎沒有人能「在萊諾克斯大道攔下哈林區的一般居民，用外型奇特的人類學工具測量對方的頭而不會引來破口大罵，」修斯回憶道。「柔拉是例外。她看到誰的頭形有趣就會去攔人，幫人測量。」

賀絲頓還沒拿到學位，鮑亞士就安排她回佛羅里達做田野調查。她的任務是有系統地收集她在哈林區用來娛樂朋友的故事：民間故事、笑話、俏皮話和半真半假的故事。得到這份工作外加鮑亞士為她爭取用來支付旅費的獎學金，都讓她驕傲不已。一九二七年二月，她動身前往南方，這次是以貨真價實的見習人類學家的身份；她後來描述自己是「帶有目的地到處打探」。第一次有人花錢請她做一件得來全不費功夫的事，收集像木屑一樣源源不絕落在喬．克拉克的店前門廊上的故事，一切都教人難以置信。她準備前往一個對她來說熟悉無比卻又陌生奇異的地方。

• • •

在巴納德和哈林區時，大家藉由賀絲頓的故事和尖酸評論得知了伊頓維爾這個地方，但不少人在那之前就對她描述的佛羅里達那一帶有些印象。因為任何一個關心時事的人都讀過有關隔壁城鎮的報導，那裡離她的家鄉不到二十哩遠，名叫奧科伊（Ocoee）。

一九二〇年十一月二日是美國大選日，名叫摩思・諾曼（Mose Norman）的當地人來到奧科伊的投票所投票。那一年的總統候選人是兩名俄亥俄州人，一個是參議員沃淪・哈定，一個是州長詹姆斯・考克斯。這是女性全面獲得投票權的第一次總統大選。大規模的選民登記運動（譯注：具有投票資格者要前往登記才能獲得投票權）不只要鼓勵女性去投票，也要增加非裔美國人的參與率。在佛州，諾曼這樣的人很容易被打發走。整個州的白人選務人員齊力挑戰黑人選民的登記資格，這是一種常見的壓制選民的方式。諾曼雖然表示抗議，卻還是被白人群眾趕走。

後來黑人暴動的消息傳了開。白人援軍從隔壁城鎮趕來。諾曼躲進一個名叫朱利・佩里的人家裡，那裡很快遭到蜂擁而來的暴民圍攻。雙方交火，之後白人攻擊者沿街掠奪民宅，放火燒教堂。佩里被人從車裡拖出來，吊在公路的電線桿上。諾曼雖然逃過一劫，但其他脫離黑人隊伍的人被追趕到荊棘林裡射殺。

活下來的黑人家庭不是被打、房子被燒掉，就是被迫離開。死亡人數難以確定，因為很少人特地去指認屍體或安排喪禮，但人數可能多達數十人。「白人小孩站在路上嘲笑落荒而逃的黑人，」一名目擊者寫道。「那些小孩認為有些黑人被活埋是一大笑話。」只見五百名左右的倖存者沿著公路跋涉，離開城鎮，就像逃離一場突如其來的戰爭的難民。《紐約時報》把它當作頭條新聞報導。

奧科伊成為美國歷史上最血腥、最殘酷的黑人屠殺事件。它引爆了新一波的屠殺狂潮，而報紙卻一律冠上「黑人暴動」的錯誤標籤，其中包括：白人在不遠的奧蘭多和冬季花園城展開暴力巡邏；一九二一年白人襲擊奧克拉荷馬州土爾沙市的黑人社區；一九二三年在佛羅里達州羅斯伍德發生的種族清洗事件；四年後阿肯色州小岩城的黑人商店被砸。再加上私刑和無數暴力和羞辱事件，這段時間可說是美國廢奴以來有組織的反黑人最高漲的一段時期。

賀絲頓花了十年的時間寫下奧科伊的故事，這篇未曾發表的文章直到她死後才重新出土。但一九二七年返回南方時，那仍是她認識的世界。當時她孤身一人，對如何收集民族誌資料只有模糊的計畫，或許早上寫作，下午從事人類學研究，跟她告訴安妮·納森·麥耶爾的一樣。南下後，她在信件中報平安也報告她的進度。自她離去北上後，佛羅里達並沒有變得更親切。她發現貧窮的白人有「世界上最嚴厲和最不可愛的臉」，看人的眼神「兇狠不耐」，即使她沿途沒惹什麼麻煩。「花現在開得很美，白垃圾也完全沒煩我，」她在一封信上寫道，使用佛州對鄉下白人的俗稱。

她離開的這段期間，佛州湧進將近五十萬新移民。大西洋和墨西哥灣沿岸充斥著北方來的移民，主要是白人。他們坐著從芝加哥往東，以及從波士頓、紐約和費城往南的火車抵達

——當時有首流行的小提琴曲子就叫〈橙花特快車〉。儘管如此，蠻橫的種族隔離政策在黑人跟白人的公共生活畫出一條鮮明的界線。二十世紀中之前，美國沒有種族混合的學校。人頭稅和所謂的「白人初選」（當時的政黨如同可以排除黑人選民的私人俱樂部，在投票日之前就先選出南方州的民主黨員）剝奪了黑人的投票權。連佛州的海灘都嚴格實施種族隔離。

到了一九二〇年代，佛州有別於其他南方州，黑白人口幾乎不相上下。因為如此，白人社群更容易覺得自己的地位受到威脅，過去政治和社會的強勢一方重新把自己塑造成受害者。人們常喜歡用暴力來修正心理的不平衡。一八九〇到一九三〇年間，佛州人均的公開私刑數超過美國的任何一州，受害者幾乎全是非裔美國人，是密西西比州和喬治亞州的兩倍，阿拉巴馬州的三倍。但在一九三〇年代中之前，佛州卻無人因為私刑而被判刑。類似奧科伊大屠殺的群眾暴力未受到法律制裁，似乎助長了三K黨這類恐怖組織的氣焰，他們吸收到的成員也快速增加。

除了日漸發展的沿岸城鎮和名勝，佛羅里達有如黑暗之心。一大片濃密森林，空曠的灌木草原，人口稀少，白人警長和鎮長把自己的轄區當作封地在管。當地的主要產業是砍伐原始林，將取之不盡的松木提煉出松節油，及挖掘天然磷肥用作化學加工和人工肥料，還有照顧快速增加的柳橙果園。這些都需要大量的人力。佛州人很早就發現他們的監獄和牢房充滿了這樣的人力。

犯人會固定「出租」給當地開發者和企業老闆，這種勞役方式等同於新的奴隸制度。佛州在一九二三年廢除囚犯出租制（最後廢除的幾個州之一），但利用犯人為大企業工作的作法仍然存在。被鐵鍊鎖在一起的一群囚犯可能被送去鄉下鋪路，當作某種改過自新的機會。佃農若是沒付租金可能受到牢獄之災（根據佛州法律，沒付租金是受刑法處罰的罪行，而不是可以調解的民事糾紛），然後被迫到私人勞動營做工償債。佛州大企業少了這些廉價、穩定、失去人身自由的勞動力，很少能夠正常運作，而這些勞動力又以非裔美國人居多。「以前我們擁有自己的奴隸，」直到一九六〇年都仍有農人說，「現在我們用租的。」

佛羅里達內部這些血淋淋的現實，賀絲頓都曾經耳聞。事實上，那正是她要去的地方。她打算前往佛州北部和中部郡的黑人社群，有系統地收集民間傳說、諺語、故事和其他民族誌材料。她的經費來自一個致力於保存黑人文化的基金會，但她是在鮑亞士的建議和庇護下來到這裡。因為如此，當她為了這趟旅行借錢買二手車時，才會在聯絡人欄位填上他的名字。傑克遜維爾的一家貸款公司有天突然找上鮑亞士時，他大吃一驚。「你當然應該要先寫信告訴我這件事，這樣我或許就會知道你為什麼需要錢，」他寫信對她說，兩人的通信第一次出現了情緒，之後幾年會一再出現。但後來她告訴他，沒有車子她到不了最佳的田野場域，一切才真相大白。

一九二七年三月，她開車穿越鄉村小徑，往更南邊的皺摺大地前進，她的 Nash 雙門小轎車（她叫它拉風蘇西）在身後揚起一朵灰雲。她從傑克遜維爾沿著聖約翰河而上，來到泥濘上游的帕拉特卡（Palatka）；很多奧科伊難民落腳的桑福德（Sanford）；位於中央湖區邊界的馬爾伯里（Melberry）；勞動營工人在濃密的灌木叢裡揮汗工作的拉夫曼（Loughman），還有伊頓維爾——約翰·賀絲頓的女兒衣錦還鄉了。

這片土地似乎為了叮人、黏人、咬人或害人發癢而存在。陽光透過棕櫚樹的細長樹葉灑落下來。一叢叢高聳的柏樹在濕土中張開了觸角。鳳凰木在火焰衛矛中盛開，大群大群蚊蟲靜止不動停在無風的半空中。公共廁所只有白人能進去，大多數的飯店和餐廳也是。因此賀絲頓跟當時的所有黑人旅客一樣，一天將盡時直接前往鎮上的黑人區，只有那裡會供應她食宿。為了以防萬一，她手邊常備一把鍍鉻手槍。

她花了一段時間摸索如何成為職業人類學家。「不好意思，請問你知道什麼民間故事或歌謠嗎？」她記得自己用她所謂的「小心拿捏的抑揚頓挫的巴納德腔」問。她跟人在薩摩亞的米德一樣，甚至帶了一些印了校徽的信紙（上面印的是巴納德學院的校徽），用來發送她在田野得到的消息，雖然非常不搭。她從小在喬·克拉克的商店聽故事長大，但那畢竟是她熟悉的社群，旁邊圍繞著親朋好友。這次不同。你無法直接開著一輛噗噗冒煙的車進城，悄悄走向一群陌生人，當場要他們告訴你他們知道的所有事。理解人，對他們展現誠意，讓他們信任你，都需要時間。

她考慮要根據一名受害者的受訪內容，寫一本有關私刑的小說。這位受訪者奇蹟地逃過一劫，然後爬行四哩遠，找到一個照顧他到恢復健康的黑人家庭。她漸漸覺得自己「永遠離開了波西米亞，」她在給桃樂絲・韋斯特的信上說。她在田野工作中找到了她的天職。

她很快寄給鮑亞士一份打字稿，雖然只是初稿，但她希望有天那會成為對佛羅里達常民生活的翔實研究。她說若有機會收集更多資料，她或許能把研究延伸到所有的墨西哥灣沿岸州。她有更多用鉛筆寫的資料，希望能盡快完成打字。她所受的訓練教她人類學是一門搶救的技術，現在她知道這是什麼意思了。一般人跟她說的第一句話經常是，他們已經忘了那些「老東西」。聊更深入再加上一些鼓勵，他們可能會打開話匣子，但一切都在快速消失中。他們因為「密切跟白人文化接觸而抹掉了」自己的「黑人特質」，她告訴鮑亞士。為了確保自己將這些記錄下來，她用拼音寫筆記，用de代替the、dat代替that，霍華德以前的教授看到應該會大驚失色。

賀絲頓漸漸為自己的直覺找到了科學的解釋，那跟老一輩的黑人知識份子看待她這種人的方式有關，這個問題一直困擾著她。要是所有這些故事、活潑的舞步、門廊上的談笑、揮舞斧頭的勞動歌曲，跟構成薩摩亞人的規範、儀式和日常工作的刺青或瓜求圖的木雕放在一起看待，會發生什麼事呢？有個完整但無人肯定的生活方式，似乎潛伏在佛羅里達北部和中部的濃密松林和湖岸——鮑亞士或潘乃德在課堂上或許會稱之為「尚未編目」。對賀絲頓來說，被白人歸類為滑稽歡樂的黑人風格、而黑人「種族領袖」（她的稱呼）卻避而不談的生活方式，愈來愈像她聽鮑亞士的其他學生談過的東西：一種文化，有它自己的美感標準和道德秩序。

之後幾個月賀絲頓都留在佛州，夏天才動身回紐約，有段路她開著她的拉風蘇西跟第一次走訪南方的修斯同行。南下的研究之行讓她找到了丈夫，對方是芝加哥大學的醫學院學生，名叫賀伯・席恩（Herbert Sheen），兩人閃電結婚。但這趟他顯然沒跟他們同行。她告訴修斯，春天到來時她跟席恩準備要結束關係，因為「他試圖阻止我，而且多半很礙事，」但兩人幾年後才正式離婚。

這趟考察她能交出的成績不多。最後她寫了一篇應該是在阿拉巴馬州的莫比爾收集到的黑奴故事，登在《黑人歷史期刊》中。然而，這篇故事多半是抄襲過去的一篇文章，只是瞞過了當時的論文評論者。她去找鮑亞士商量該拿她收集的其他資料怎麼辦，但這次見面卻讓她潸然淚下。之前鮑亞士提醒她收集資料要更有系統，特別注意白人農場主人傳給非洲黑奴的俗語、神話和音樂形式，但她卻沒有聽從他的建議。他告訴她，她的田野筆記和訪問資料多半都是已經知道的東西。唯一能挽救她所投入的六個月的田野調查時光，就是再回去做更多研究。

在紐約待一小段時間之後，她再度南下。這次贊助她的金主是夏洛特・奧斯古德・梅森

（Charlotte Osgood Mason），她堅持要別人稱她「教母」。梅森住在公園大道上一棟有十二個房間的公寓，裡頭擺滿古董、骨瓷、非洲藝術品，還有哈林文藝復興的最新刊物，刊物以呈現扇形的方式，引人注目地擺在茶几上。她跟死去的名醫丈夫以研究靈界為志業，兩人經營多家探索心電感應、催眠、通靈和原始主義（相信回歸過去能治癒現代社會的弊病）的沙龍。

梅森跟那個時代的許多其他白人慈善家一樣，相信黑人知識份子具有一種特殊才能，能發掘人類最古老而真實的想法和行為模式。她很早就是阿蘭·洛克的支持者，並透過他成為哈林區許許多多作家和藝術家的贊助人，這些人回報她的是極度的忠誠，甚至順從。她同意雇用賀絲頓當正式員工，月薪兩百美金。賀絲頓因此得到前所未有的財務保障，但也有了新的責任義務。現在她在收集資料之餘，也能重拾因為投入田野工作而荒廢多時的文學創作。然而，此後她收集的資料都將歸梅森所有。

鮑亞士一直鼓勵賀絲頓動筆寫真正的民族誌，但時光飛逝，她的科學研究成果卻只有大量的筆記、新書構想，甚至一卷卷影片。因為梅森給了她一台相機，要她記錄她發現的常民生活，這是米德跟潘乃德在薩摩亞和美國西南部都沒做過的事。到處移動時，她很擔心自己收集的資料會毀於大火或洪水。一九二八和一九二九年，她回到伊頓維爾和梅特蘭，走訪了松節油營地和木材場，之後穿越阿拉巴馬州，在紐奧良度過一個秋冬，又在佛州度過一個寒冬，甚至還去了巴哈馬。她不像是在捕捉一種日漸凋零的文化，反倒像在親身體驗一種強烈生猛的存在方式。她在給修斯的回信上說：別告訴教母，但「黑人民間傳說我還在努力中。」

直到一九三〇年的春天她才又回到紐約，並向鮑亞士保證她正努力要從三年斷斷續續投入的田野工作中產出有價值的東西。她的行李塞滿了筆記、傳說、故事，還有超過百篇的人物速寫，包括磷酸鹽礦工、幫傭、工人、少男少女、巴哈馬的農場主人、商店老闆、前奴隸、鋸木廠工人、家庭主婦、鐵路工人、餐廳管理人、洗衣女工、傳教士、私酒商，以及一名塔斯基吉大學的畢業生，賀絲頓說他「有空就替人理髮，」也是「流浪漢和碼頭工」。但她的報告通常都令人失望。「我終於能喘口氣，」那年夏天她寫信告訴鮑亞士。「把資料整理成形實在很難。」

• • •

即使是鮑亞士，都常把遠在天邊的民族視為實驗室，把近在眼前的民族視為病徵，儘管他常公開抨擊種族科學家和優生學家。一九〇六年，他對亞特蘭大大學的聽眾保證，黑人的能力絕對不比所謂的白人差，差別只在於他們尚未完全實現自己的天賦。他說，畢竟早在歐洲殖民者抵達之前，非洲人就會煉鐵、打造精緻的青銅器、制訂複雜的法規，以及指揮作戰。但鮑亞士在被迫遷移到美洲的非洲人身上卻看不到太大的價值。「沒有證據可證明這個種族的放縱、懶惰、不求進取是他們的根本特質，」五年後他在《原始人的心靈》中指出。「一切都指出，這些特質是社會環境而非遺傳的結果。」但他從未質疑用這些特質來形容非裔美國人是否適當，由此可見鮑亞士本身以及時代的限制。

即使鮑亞士不認為黑人天生就低人一等，但只要談到黑人文化，還是離不開比白人矮一截的想像。他教過的一些學生甚至幾乎要老調重彈，重新搬出格蘭特對於種族和歷史的通俗看法。「從文化表現去評論種族能力當然不公平，」克魯伯在一九二三年出版的熱門教科書中《人類學》中總結。「……但黑人一直以來無法完全吸收距離頗近的地中海文明，甚至是它的主要精華，或發展出值得注意的次中心文化，這似乎是主張他們的文化可能較為低等的最有力論點之一。」對於來修他課的柏克萊白人學生，或美國大學（幾乎都是白人大學）無數使用他的教科書的其他學生來說，人類學課上到最後往往強化了他們本來就視為理所當然的種族階層。「低等文化」如今取代了格蘭特那一代鼓吹的「低等人種」。

無比諷刺的是，這種觀點剛好在哈林文藝復興運動如火如荼展開之際形成。然而，即使對黑人知識分子來說，一方面相信種族平等，一方面認為黑人的民俗傳統比較落後，是完全可能的。布克．華盛頓（Booker T. Washington）就曾鼓勵年輕黑人投身農業和工藝，這也是他主持的塔斯基吉學院（Tuskegee Institue，一八八一年成立）的主要科目。黑人受了幾百年的奴役，如今需要重新打造，同時安分地待在自己所屬的美國種族階層裡，直到逐步把自己提升到值得更上一層樓的那一天。相反的，杜波依斯主張沒有必要再等，黑人男女已經證明自己跟美國社會的任何成員一樣有才能、創造力和野心，即使他們置身的政治經濟體制一心要證明他們天生矮人一截。但無論對華盛頓或杜波依斯來說，黑人都該讓自己更完美。意思是說，黑人的身體和心靈必須跟不夠完美的現在分道揚鑣，必須捨棄過去的存在方式和做事方法，就像丟掉鐐銬和鞭子一樣。美國白人有文化，大多數人似乎都這麼認為，但美國黑人有的是障礙。

當黑人的真實生活進入白人的公眾意識時，往往是透過人類學的表親，也就是民俗學（folklore）。一八四〇年代左右，這個字最初由英國作家及古文物家威廉．湯姆斯（William Thoms）所創，自稱民俗學家的人從那時候就已存在，但更早的幾十年前就有人定義過民俗學者的工作。民俗學包含了特定社會中隨便一個人都應該會知道的諺語、俗語、傳說故事和童謠。這些故事和預言之所以重要，因為那被認為是形成一個民族的心靈和知識基礎的素材。誰都會說故事，但如果很多人似乎一再重複同樣的故事，那麼其中的情節、角色和核心訊息就可能揭露了該文化社群獨有的特質。假如注意聽，或許能從平民百姓的對話裡瞥見從中散發出的「民族性」（Volk）。

十九世紀上半，德意志的格林兄弟成為這個領域的先鋒。兩人走訪家鄉附近的鄉下地區，在黑森大公國收集和編寫沿途聽到的故事，並在一八一二年出版《兒童與家庭童話集》，不但在保存口述傳統上邁進一大步，也進一步定義何謂本土。在德國還不存在的時代（還要超過半世紀才會存在），身為德意志人，部分意味著一個聽過〈糖果屋〉和〈灰姑娘〉等格林童話的人。假如你還沒聽過，那麼格林兄弟的書都為你寫了下來。這本書不啻為一本入門書，用正確的方式帶你認識集體的「我們」——德意志人——的一部分。

民俗學家相信，人們說的故事道出了一個民族的故事。鮑威爾的史密森尼學會的研究員到北美大平原收集歌曲、傳說和儀式，鮑亞士和帕森斯到太平洋西北岸和西南方沙漠從事田野調查時也在做類似的工作。一九二〇年代中，潘乃德開始擔任這類研究的主要學術刊物的長期編輯，也就是屹立將近半世紀的《美國民俗學期刊》。「民間故事和神話的整體類型和分布狀況，勢必將形成我們的研究主題，」鮑亞士有次在期刊中寫道。「重建他們的歷史將充實這些資料，說不定能幫助我們發掘其中的心理過程。」

民俗學家尤其擅長利用收集的資料戳破歐美人的自我認知。歐美人以為自己的社會風俗都極為理性開明。潘乃德卻指出，民間傳說「比其他任何資料更清楚呈現，受過教育的現代社群具備的理性態度其實晚近才出現，而且並不穩定，卻往往被視為人類的天性。」但若提到的對象是非裔美國人時，白人的民間傳說描述起來永遠帶有一層簡化的色彩，黑人單純天真，有如小孩，特別擅長偷懶怠惰，藐視權威，最後卻又糊塗糊塗贏得勝利。從十九世紀末以來，一代又一代的白人小孩透過後來成為美國版格林童話的一系列故事被灌輸這樣的概念。任何一個聽過灰姑娘的人，大概也聽過一隻狡猾、到處溜達、十足美國味的兔子和他伙伴的冒險故事。

布雷爾兔、布雷爾狐狸的故事和擔任旁白的老好人雷姆叔叔，其實出自喬治亞州的白人記者喬爾・錢德勒・哈里斯（Joel Chandler Harris）之手。一八八〇年他出版了《雷姆叔叔說故事》（*Uncle Remus: His Songs and Sayings*），書中的內容來自他在喬治亞州的農場當印刷學徒時，從那裡的男女奴隸口中聽到故事。後來他當上《亞特蘭大憲法報》的記者，才將他記憶中主人和奴隸和睦共處的老南方寫下來。《雷姆叔叔》的中心人物不是黑人或動物，而是一個白人男孩，初版封面上用水彩仔細畫出帝王般坐在低頭俯身的雷姆叔叔面前的男孩。

故事據說是非裔美國人的故事。錢德勒的一些故事或許確實根源於非洲，但聽故事的人在封面上呈現地一目瞭然：一個白人凝視著所謂的黑人世界，那個世界的人單純簡單，調皮搗蛋，古靈精怪。每天晚上到了睡覺時間，無數白人小孩聽著爸媽努力模仿錢德勒詮釋的方言：「有一日，大家有的坐、有的蹲，做伙鬥嘴開講。」其中一個故事說，「布雷爾兔徛起來說，金婆巴咪媽咪甲他的曾祖父講，這附近有一座又大又肥的金礦，伊講若係就在布雷爾兔家附近伊嘛袂太驚訝。」（譯注：原文以南方黑人方言寫成，保留說話者的發音）他們藉此也輕鬆學到一課：黑人本質上跟他們不同。那就好像好萊塢的〈糖果屋〉故事必須加上幾個德文字一樣。

除了雷姆叔叔的故事，十九世紀還出現了其他所謂的黑人民間故事集，內容多半幽默和懷舊參半，伴隨日常雙關語、誇飾和對往日南方的懷念。相反的，當學者想要了解黑人社群時，往往會從非洲去尋找。這是把近在眼前被公認低於標準的文化，跟遙遠他方更豐富、更原汁原味的文化連在一起的方式。在霍華德教過賀絲頓的羅倫佐・道・透納（Lorenzo Dow Turner）教授，是當時率先紀錄喬治亞州和南卡羅萊納州沿岸說克里奧爾語的古拉人社群，與西非之間的語言連結的人之一。歷史學家卡特・伍德森（Carter G. Woodson，他掌管的基金會贊助了賀絲頓的第一次田野考察）則把新世界的歌曲及民間信仰跟撒哈拉以南民族的更老版本相互比對。他在《非洲歷史概論》（The African Background Outlined，一九三六）這本註解繁浩的跨海歷史著作中開頭即聲明：「筆者將黑人視為人類。」亦即擁有歷史、成就和影響力的人，跟歐洲人的豐功偉業一樣明顯可辨。從過去到現在，非洲人跟白人一樣，「自由發展時可往前進步，受到其他民族沒遇到的障礙時就會落後。」

鮑亞士的學生梅爾維爾・赫斯科維茨（Melville Herskovits）曾派賀絲頓到哈林區展開她的第一次人體測量。一九三〇年他在一篇開創性的文章中，提出「新世界的黑人」做為一項全新的研究領域，並且界定這個領域中最主要的研究問題。但他提倡的那些田野調查問題，看起來仍然像是某種法醫病理學，認為非洲的文化和歷史之所以值得研究，是因為它為當今非裔美國人一直以來問題叢生的原因提供了線索。「為什麼黑人默許奴隸制度，且一直以來似乎安於現狀？」他在權威期刊《美國人類學家》中寫道。「是因為他們的基本組成就是如此？還是因為在美國文明中，奴隸制度是他們唯一熟悉的文化事實？」

黑人大家族的團結向心力有何種重要意義？凡跟他們接觸過的人都會注意到這點……為什麼美國的黑人如此反對由機構來照顧自己的小孩？為什麼自己都瀕臨貧窮線的家庭會收留無家可歸的小孩，而不是把他交給陌生的社福機構？美國、海地、圭亞那、西印度群島的黑人學生如此熟悉的宗教歇斯底里現象，跟非洲的類似現象有何關係？還有，目前在西方社會的黑人，其民間故事有多少程度……受白人文化影響？除非收集到更多非洲的民俗資料，我們就無法充分地回答這些問題。

赫斯科維茨在一封給同事的信中說，是他以前的研究助理「柔拉・賀絲頓」促使他開始往這個方向思考。從她的說話方式、走路方式和歌唱風格，都可以看到一個「典型黑人」女性的身體舉止如何對應了其跨海的非洲原鄉原型。換句話說，回頭去看非洲，不但能了解黑人的宗教或音樂等等多有韌性（如何面對社會和經濟的巨大動盪還能維持不變），也能探究導致現今的非裔美國人如此桀驁難馴的根源。

大多支持進步的思想家都會同意這點。「黑人問題」是可以改變的文化問題，而非多半無法改變的生物學問題。另一個更激進的概念在當時就比較難以想像了，那就是非裔美國人自己創造了一體連貫的常民文化，其本身就值得研究，而非只是瘖啞的歷史發出的回音。在白人主導的人文科學領域中，思想開明的人類學家通常把薩摩亞人和阿得米拉提群島人（Admiralty Island，位於太平洋西南部）的行為當作有待理解的謎，而非需要治療的社會病徵。但他們卻很難想像可以把同樣的觀念與作法應用在美國南方甚至中央公園以北的田野研究上。

• • •

回到紐約後，賀絲頓回想當時自己「心沉到膝蓋以下，膝蓋留在某個荒涼的山谷中」。她努力理解自己收集的資料，讓它們不只是一堆亂七八糟的鄉野奇談。她覺得收集資料只是速記，但人類學不能只是速記。

她擔心自己辜負了鮑亞士和贊助人的期望。鮑亞士希望她的研究更有系統，反映出從非洲到美洲，故事在不同地方如何傳遞，或民間象徵如何隨著時間改變，並從中帶出一個更廣泛的理論。梅森想要的則是原汁原味的原始藝術，期望有天能成為民俗學家，把資料放在自己的著作裡，雖然一切還只是模糊的概念。

賀絲頓持續跟鮑亞士通信，定期向他報告學術論文和筆記的最新進度。她跟梅森的關係卻日漸惡化。股票市場崩盤後，梅森給錢不再那麼大方，最後完全取消。賀絲頓又開始四處尋找金主，包括申請古根漢獎學金（沒上）、提議為紐約有錢人提供雞肉為主的外燴服務（從未開始）、固定幫人寫滑稽歌舞劇（不夠負擔她的花費）。甚至她跟朗斯頓．修斯的關係也日漸變淡，儘管兩人之間激盪出可能是哈林文藝復興運動最有活力的合作關係。之所以變淡，是因為兩人原本要合力製作一齣改編自佛羅里達民間傳說的戲劇卻沒能成功。但如今擺脫了梅森，賀絲頓終於能一邊收集民族學資料，一邊寫小說。「我掙脫了公園大道巨龍，而且命還在！」她寫信給潘乃德。「我又找到了自己的路。」

住在佛羅里達期間，她根據親身經歷（焦慮不安的南方牧師之女）大概擬出了一個故事。她寫了又改，之後借了一點八三美金買郵票，把打字稿寄給費城的一名出版商：貝爾特朗．里平科（Bertram Lippincott）。過一陣子她收到電報，得知出版社錄取了她的小說，而且竟然就在她收到房東驅離通知的同一天。儘管如此，根據賀絲頓後來的描述，這個消息就像一場太陽雨下在悶熱的墨西哥灣沿岸，比發現自己長出第一根陰毛還教人興奮。這本小說《約拿的葫蘆藤》（*Jonah's Gourd Vine*）在一九三四年出版，被譽為一本傑出的「黑人小說」，不但受到好評，賀絲頓也因此嶄露頭角，跟修斯、衛斯特和其他黑人作家平起平坐。

里平科給她的預付版稅，比六年前第一次出書的另一個作家（米德）少了一半以上，不但不夠付租金，更何況是建立事業。賀絲頓不得不去找其他工作，支付沒有寫書合約時的支出。一九三五年一月，她開始讀哥大的博士班。之前強勢的梅森一直阻擋她走這條路，認為拿博士學位只是在浪費時間和精力。鮑亞士答應當她的指導教授。支助黑人藝術家和學者的慈善團體羅森沃德基金會（Julius Rosenwald Fund）提供她獎學金，贊助她對「黑人特殊文化天賦」的研究。她告訴鮑亞士：「我或許有天會想教書，所以想接受完整的訓練。」

那年後來，賀絲頓終於把她在紐約、紐奧良、伊頓維爾和之間的城鎮搬來搬去的一捆捆筆記、文字紀錄和故事硬是理出某種秩序。她說她的腦袋從「玉米餅和芥菜」，一下跳到「用軟布輕輕擦拭一段文字」。「謝謝你把原稿改得那麼好，」她寫信給潘乃德，後者評論了她的作品並給了她編輯建議。里平科在秋天出版這本《騾子和人》（*Mules and Men*）。賀絲頓的墨西哥畫家朋友米格爾．科瓦魯比亞斯（Miguel Covarrubias）幫書畫了插圖，圖中有人們抱在一起的剪影，也有激動地舉起雙手祈禱的人。經過賀絲頓的懇求，鮑亞士答應替她寫前言，就像當年幫米德的《薩摩亞人的成年》寫前言一樣。她說光開口問，「我都膽戰心驚」。鮑亞士稱讚她的書是第一次有人試圖了解「黑人真正的內心生活」。

過去，民俗學家以為他們正在理解一個社群的神祕本質，但賀絲頓認為，他們得到的往往是受訪者隨口說說的場面話或捏造的故事。說穿了不過就是在收集垃圾，卻偽裝成科學的樣子。《騾子與人》是第一次有人認真地帶讀者深入南方小鎮和勞動營，而且不是從旁觀察，而是像賀絲頓一樣參與其中。從一九二七年至今，她待在墨西哥沿岸的時間，已經超越鮑亞士、米德和潘乃德在各自的田野場域所待的時間。她急著要把地方文化組成的整片織錦架起來，呈現其中的故事、方言、罵人的話和俏皮話，把其中的共同精神轉化成可被理解和欣賞的作品。

她不是為了炫耀「文憑和雪佛蘭」而回到她所謂的「家鄉」。她是想了解她北上就學之前，那個曾經如此靠近她的生活方式再北上，那是自從她「一頭栽進這世界」就沉浸其中的文化。後來她說，民俗故事是「人類生活的濃縮果汁」，而她以一頁又一頁的文字，參與了這個濃縮的過程。她捨棄了文法的隔閡，直接用第一人稱描述認識人、跟人說話，差點被刀戰波及、車子揚起滾滾灰塵奔馳而去的過程。

米德做過一樣的事，只是她常用的是第二人稱，告訴讀者：當你第一次來到薩摩亞村落或馬努斯高腳屋時，你會看到什麼。出於同樣的理由，米德也用後來稱為「民族誌當下」（ethnographic present）的方式來寫作。薩摩亞人和阿得米拉提群島人在她觀察他們的那一刻，就在文法時態上凍結了——swims、eats、tells、knows。他們跟美國人之所以相關，正是因為他們可以被想像成一種不變的碼尺，拿來測量自己保守古板的社會。

然而，賀絲頓是用過去式來描寫伊頓維爾和拉夫曼的伐木工、松節油工、私酒商和舞廳裡的人——ran、hollered、fell、cut。她呈現在讀者面前的是一份創新的、經過詮釋的紀錄，說的是她目睹和聽說的事，而報導人都是存在於某個特定時空的人。她傳達她的科學的方式正是她落實科學的方式，就是透過對話，而她身為觀察理解的一方，同時也參與了整個對話過程。她是在創造資料，不只是收集資料，她也希望讀者了解這個事實。這麼做的同時，她也實實在在地呈現了鮑亞士的一項中心思想：所有文化都會改變，即使在人類學家忙著寫下有關它們的田野筆記的當下。

也可以把《驢子和人》看成是分成兩部分的選集，一是民間故事，一是民間信仰，或稱巫毒。她不只是重說一遍他人的故事，例如浪漫的愛情故事、種族的起源、動物的祕密生活，或浸信會和衛理公會之間無止盡的衝突，而是直接把你帶進汗臭沖天的房間，裡頭蒼蠅嗡嗡飛，大家圍成一圈坐在一起傳酒喝。故事就這麼浩浩蕩蕩展開，不按照時間順序或主題發展，而是按照如詩的意象。一個故事裡的一個字可能暗示著另一個不同主題的新故事，就像說書人接著上一個人的故事說下去。某人會說「噢，我認識另一個有女兒的男人」或是「我也知道一封信的故事」，另一個故事就此展開，你就這樣飄向下一個故事。

賀絲頓意識到，民間故事並非揭露了一個社會的神祕本質，而是呈現了常民百姓長久以來一次又一次在漫長的對話、爭吵和和解中的互動方式。故事是人說的，身處不同地方的人，卻能聚在一起。「很多人以為自己在創造新東西，其實只是把東西調了位置，」她寫道。傳說、故事和社會風俗的基本邏輯，不是為了要把它們凍結在時間裡，而是努力向讀者傳達一件事：將說故事當作一種共同行為來欣賞：欣賞裡頭的狡猾邏輯、欣賞從別人認知的世界取一小片然後默默把它變成自己世界的一部分，還有欣賞其中的爵士倫理（即使當時還沒有人想到要這麼叫它）。

出版《騾子與人》之後，她之前的教授赫斯科維茨如此寫道：「若說賀絲頓小姐可能是這個國家最懂黑人常民生活的人，我想也不為過。」但赫斯科維茨是透過自己的研究興趣來讀賀絲頓的書。《騾子與人》以及她愈來愈多的出版小說，重點都不只是談論黑人，或只是避免黑人文化在未來的課堂上遭人遺忘。事實上，賀絲頓把這當作一個宏大的計畫，目的是要證實一個民族具備的基本人性，即使一般人認為這個民族因為天生缺陷或長久以來被奴役而造成文化淪喪，因此不再具有人性。

賀絲頓並不自稱是在為全體黑人說話，或捕捉到了某種深層而根本的黑人特質。但她知道，在喬．克拉克門廊上的人，沒有一個認為自己說的是非正統英文，沒有一個人認為他們是偉大非洲的悲涼末日。在《騾子與人》中，她試圖用悲壯的散文和熱血澎湃的故事證明，在東南方的沼澤地帶確確實實有個她從小就知道的地方等著人來探索。那不是非洲的殘留，或是該被剷除的社會禍害，或是需要矯正的白人墮落版，而是一個多彩多姿、雜亂無章、洋溢著生命的地方。

CHAPTER 10 印第安國度

當賀絲頓動身前往墨西哥灣沿岸，而米德和福群計畫到馬努斯島以外的地方展開新計畫時，鮑亞士多少算是困在紐約，動彈不得。他已經是個赫赫有名的大人物，是眾人公認的人類學大老，也是種族、遺傳、文化、國際事務，甚至新聞記者、博物館館長和一般人民可能提出的任何議題的意見權威。伴隨身份地位而來的責任意味著，他再也無法從事當他還是個沒沒無名的年輕科學家時所做的田野工作。

每年從他的辦公桌送出的信件多達兩千五百封，在紐約和他的學生、同事和田野仲介人的所在地之間來回傳送，此外還有答應或拒絕編輯、記者、民間領袖和外國顯要的各種邀約的回信。有多名秘書幫忙他區分信件、打字、寄信、把信件歸檔，其中多半都是他的研究生。布魯克寶潔公司詢問鮑亞士願不願意進行「不同人種手部的實用及美學差異」的比較研究。布魯克林學院有個學生來信問，他的老師說「黑人遠比……白人低下……而且黑人的腦袋比一般白人小」，是否真是如此？隔天鮑亞士回信給他：「令師的話是一派胡言。」《紐約太陽報》的運動版編輯問：黑人拳擊手比較厲害，是因為他們比白人更快發育成熟嗎？鮑亞士的回信就事論事地說，沒有這方面的證據，或許還加上惱怒的嘆息。

在哥大的生活就是教課、指導學生、規劃研討會、開編輯會議、行政上的爭鬥，還有人與人的摩擦。跟其他系相比，人類學系規模算小，但這表示鮑亞士得花很多時間捍衛它的存在。「行政工作有個特點，即使是正派的好人也會被污染，」有次他這麼說。研究資金來源不穩定和學院內部鬥爭造成的雙重壓力，有時讓他做惡夢。他跟米德提過其中一個惡夢：有次他在牆壁上釘釘子，要把新的窗簾桿掛上去時才發現自己掛的是一袋扭來扭去、彼此互咬的老鼠。

若把鮑亞士的年齡和健康狀況考慮進去，更會覺得人類學系的步調快得不可思議。米德和賀絲頓出版他們的第一本書時，鮑亞士已經邁入七十大關。他的腸胃和心臟問題一再復發，工作龐雜也讓他疲憊不堪。「他看起來很虛弱，背脊比以前更駝，」潘乃德在一九三二年春天寫信給朋友。「你要是看到他，或許還是會感到吃驚。」學生一個個展開他們最重要的計畫時，鮑亞士的私生活卻染上了悲劇色彩。他的女兒葛楚一九二四年死於小兒麻痺；隔年兒子海里希開車撞上火車頭，不幸死亡。自從數十年前在芝加哥痛失女兒海德薇格之後，鮑亞士的兒女有一半以上已經先他離世。

接著，連學生口中的「法蘭茲媽媽」，亦即瑪麗・鮑亞士也撒手人寰。她一直是個完美的女主人，在格蘭特伍德的家中宴客時，總忙著把一盤盤燕麥餅遞給營養不良的大學生。一九二九年十二月聖誕節前一個細雨濛濛的日子，她到曼哈頓購物，回程剛要過一條繁忙的大道時，一輛汽車朝著她迎面而來，她來不及閃避。鮑亞士當時正在芝加哥開學術會議，在沙皮爾陪同下緊急趕回家，回到家時瑪麗的棺木已經停放在客廳。那天，他坐在客廳的鋼琴前彈了一整晚的貝多芬。這些年來，當家中人口愈來愈多、愈來愈完整，鮑亞士就是這麼常與家人分享貝多芬的。

人類學系近來搬到了更寬敞的地方，跟其他自然科學系一起共用薛曼宏館四樓。學生來上課時就會從〈約伯記〉那句激勵人心的話走過：**向世界說話，世界必指教你**。這就是他們大多數人所做的事。一堂課可能會在系上的專用研究室裡研究編織籃、箭袋或人骨，但關於科學卻是在其他地方發生。真正要研究的對象（祖尼人、薩摩亞人、新幾內亞人、墨西哥灣沿岸的原住民）必須要離開課堂，搭火車或汽船才會抵達。

然而，最近人類學系的走廊有了改變。田野紛紛來到了田野工作者的面前。在地的報導人陸續來到紐約當一學期的訪問學者，幫學生上語言課、檢視過去的字彙表或原住民的民間故事。當年為了芝加哥世界博覽會，鮑亞士在密西根湖沿岸搭建了一個西北海岸原住民村落。從那次之後，人類學家跟他們的研究對象就沒有再如此緊密相繫過。但鮑亞士已經有過將學術研究和田野工作之間的距離縮短的第一手經驗。有段回憶在他腦中盤旋多年，在在提醒著他，建立一門人類科學所要付出的慘重代價。對他來說，那段過去就像石頭壓住他的胸口。

• • •

一八九八年二月，離米德或賀絲頓來到紐約二十多年前，年輕的鮑亞士跟一群人聚集在美國自然史博物館的院子裡。他們一個接一個檢起石頭，表情肅穆地放在裹屍布上。當第九大道的高架火車在附近匡啷匡啷駛過時，鮑亞士提高聲音向齊蘇克表達敬意。齊蘇克是來自格陵蘭的伊努特人，死於肺結核。他的七歲兒子米尼克站上前，在錐形石塚北邊的地面上畫了個符號，代表永別。

某次，鮑亞士從卑詩省結束夏季考察回來之後，發現有六名格陵蘭人住在博物館裡，齊蘇克和米尼克就是其中兩個。鮑亞士曾經央求北極探險家及海軍少將羅伯特·皮里徵求一名伊努特人隨他返美，幫助他們為博物館日漸增加的收藏品編目，沒想到皮里卻帶回不只一名伊努特人。這些人加入館內其他來來去去的原住民，他們都是專業的報導人。兩年前鮑亞士剛加入博物館時，已經有一些伊努特人住在館內。有一個後來在康尼島的表演節目找到工作。也有人像齊蘇克一樣生了病，由博物館負責照顧，最後病逝於市區的貝勒夫醫院。

然而，除了米尼克，大家都知道整場喪禮都是騙局。根本沒有屍體可以埋葬。貝勒夫醫院的醫學院學生支解了齊蘇克的遺體。他的大腦被切除、稱重並泡在甲醛裡；全身皮膚被剝下；骨頭由博物館警衛拿去陽光下曝曬。他的骨頭重組之後貼上「愛斯基摩人」的標籤，放在人類學收藏品中。他的大腦的詳細分析後來刊於《美國人類學家》，結論是「對愛斯基摩人腦袋的進一步研究」將「相當令人期待」。

幾年後，少年米尼克想取回父親的遺骸，一樁醜聞遂在紐約新聞界爆發。博物館的詭異行徑和一名孤兒（當時已成為說英語的基督教徒）的可憐境遇成為轟動社會的頭條新聞。鮑亞士一再為自己扮演的角色辯護。他說那場喪禮純粹是為了安慰痛失父親的小男孩。後來米尼克在一九一八年大流感中喪命，批評聲浪才消退。整件事對任何人的前途都沒有造成太大影響。這些伊努特人跟克魯伯（當時仍是鮑亞士的研究生）密切合作，但克魯伯認為自己沒有足夠的力量能改變他們的處境。後來由捷克人體測量學家阿列斯．賀德利卡（Aleš Hrdlička）負責齊蘇克的遺體處置和大腦研究，之後他成為美國體質人類學權威。那場假喪禮的回憶，以及齊蘇克和米尼克的命運在鮑亞士心中盤旋多年，但大眾的憤怒只是一時的，類似當年他對伍斯特學童進行人體測量時引起的爭議。跟皮里少將一起回美國的六名伊努特人當中，有四個人的遺體（齊蘇克、努塔克、阿塔加拿，以及阿非亞克）直到一九九三年才送回格陵蘭埋葬。

鮑亞士的想法往往比他的實際作為前衛。民族學可以被視為是一種獵殺行動，是年輕、幾乎全是男性、追求冒險的研究員的天下，他們最主要的目標就是獲取他們所謂的資料。個別的報導人的價值，主要在於他們所提供的自身文化和社會的相關資訊。這些人就是證據的泉源，之後再由受過良好訓練、求知欲強烈，而且幾乎都是歐洲血統的科學家將這些證據加以分析和分類。鮑亞士的研究成敗，取決於能否讓這些活生生的人超越他們自己，變成一種典範，例如巴芬島的席格納和貝蒂、太平洋西北岸的喬治・杭特，以及無數跟他分享故事、家族傳說、宗教祕密，並在自己的社會跟一個過度自信又愛打聽的外國人之間擔任中間人的男男女女。

這些收集資料的外國人可能為當地報導人帶來不便、尷尬，甚至危險。齊蘇克的喪禮過後一年，鮑亞士收到他的西北海岸中間人杭特的來信，信中提到另一件隨時會爆發的醜聞。瓜求圖的族長荷馬薩卡聽人說鮑亞士濫用了他收集的「食人族舞蹈」，即族人加入瓜求圖的祕密社團的重要儀式。鮑亞士曾穿著內衣褲模擬儀式，好讓史密森尼學會的攝影師拍照。

有人告訴他，你曾在一次演講中說自己走遍世界，看到一切都在進步，除了瓜求圖族，因為他們吃死者的肉。我被叫去一場盛宴，族長說了這件事之後，所有人都告訴我，他們不希望你或我再看到任何一種舞蹈……現在我只剩下你了。我只希望自己能保住性命。

杭特主要靠著替博物館和民族學家收集資料和手工藝品維持生計。他在當地社群的地位取決於跟鄰人打好關係，如今卻岌岌可危。鮑亞士很快回信否認自己針對食人習俗說過那樣的話。就算真有食人的行為，也是瓜求圖社群嚴加守護的祕密。但他說他確實讓一般大眾和學術界的讀者看到了舞蹈。他請杭特設宴款待所有族長，代他表達他對瓜求圖的高度敬意，費用由鮑亞士負擔。宴席照計畫舉辦，四月杭特來信說他們展現的善意奏效，撫平了族人受傷的心。杭特說他唯一的遺憾是，他的一個小女兒最近過世，因此延誤了大科學家交代他的工作。

從瓜求圖村落和其他人類學田野場域，到康尼島甚至更遠的地方，剝削利用的情節一再上演，只是換了形式。有些類型的人可想而知會被抓去展示：肥胖或引人好奇的殘缺、毛髮旺盛、特別高或特別矮，還有美國白人仍舊認為是原始人類遺族的那種人。博物館和馬戲團同樣難以區分工藝品和人的差別。芝加哥博覽會期間，鮑亞士讓杭特和其他原住民男女在展場搭建的瓜求圖屋舍裡為群眾表演。幾年後，也就是一八九七年，兩萬多人來到布魯克林的碼頭看希望號靠岸，也就是皮里上將的帆船，上面載著齊蘇克、米尼克和其他格陵蘭人。之後不久，美國自然史博物館短暫接待過歐塔・邦加（Ota Benga），一名剛果來的矮人，他後來在布朗克斯動物園跟猩猩一起展示，供人參觀。

這些在當時都不稀奇。「博物館來了個百分之百的南方雅納野人（Yana），」克魯伯一九一一年秋天曾興奮地發電報給沙皮爾。當時已是加州大學教授的克魯伯轉達了以下消息：有天有個土著身形憔悴、幾近全裸地出現在屠宰場附近的動物圍欄裡。大學裡的人類學家很快將他帶來學校，確認他是加州原住民部落雅希族（Yahi）的最後一人。克魯伯幫他取了一個雅希語（Yahi）名「以西」（Ishi），意思是「人」，並接下照顧他的責任。克魯伯嚴格限制以西的行動，並安排他在舊金山的大學博物館裡經改建過的展覽廳裡長住下來。以西一九一六年逝世時仍住在博物館裡，他的大腦被切除做進一步研究，跟齊蘇克一樣，最後捐給史密森尼學會並存放在那裡大半世紀。

雅希族其實並未滅絕。人口銳減是現代歷史的產物，而非陰霾籠罩的過去延續下來的結果。雅希人先後被墨西哥人和白人移民從土地上驅離，他們是在十九世紀中葉飽嚐被驅逐、綁架、挨餓或屠殺折磨的十二萬名加州印第安人中的一部分。活下來的人到處漂泊，從非印第安人的家裡竊取罐頭或其他生活用品，或像以西那樣到屠宰場撿肉屑。他們不是史前人類的後代，而是從殘酷現代逃走的難民。以西走進克魯伯的生命時，說的母語已經摻雜許多西班牙語，而那只是雅希人兩世紀以來被征服、順應變化、流離失所留下的許多明顯可見的變化之一。以西對克魯伯的北美語言學和文化研究幫助很大，是他開創學術生涯的關鍵；沙皮爾某程度來說也是，他跟以西密切合作研究雅納語（雅希人的語言）的文法。沙皮爾也用照片記錄傳統的手工藝，在這些展出的照片中，以西彷彿直接從石器時代走進舊金山的內河碼頭。加州的另一名人類學家湯瑪斯・瓦特曼（Thomas Waterman）日後回憶：「我看著沙皮爾把他逼得太緊卻什麼都沒做，是我害死了他。」他把以西當作他最好的朋友。

要求報導人做辛苦活卻只給他們微薄的酬勞，甚至不給酬勞，是當時很多人類學家的標準作法。潘乃德在美國西南部的報導人伊娜希塔．史威那在信上說：「親愛的朋友，我希望你夏天來這裡，能再見到你我會很開心……我叫我婆婆記住她知道的所有故事。」人在曼哈頓的梅爾維爾．赫斯科維茨提起他找來做人體測量學研究的「黑鬼」時語調輕鬆，這些測量數據使他得以成為非洲和非裔美國人研究的先驅之一。米德的研究也仰賴跟當地人的深厚關係，但一旦她離開南太平洋，雙方的關係很快變淡。「還有一件事：你現在人在哪裡？」法莫圖在米德離開兩年後寫信問她，他是米德在薩摩亞的重要伙伴。「我們都沒收到你的信。你為什麼沒寫信給我們？我希望能收到你的來信。我們都很愛你，也沒忘記你。」

這些人的命運從悲慘（錢沒付清、信沒回、人類學家一旦返家就把他們以為的友誼拋到腦後）到可怕都有。米德成為博物館的助理策展人後，每天走路上班都會經過一整片埋葬人骨的墓園。真人的骨頭淪落為博物館收藏，擺放在抽屜和玻璃展示櫃裡，只因為他們的家人和鄰居無力阻止這樣的事發生。

美國自然史博物館跟華盛頓的史密森尼學會一樣，從創立以來就積極收集文物，以科學之名有系統地展開盜墓和祕密剝屍的計畫，打著種族科學的旗幟推動文物收藏工作。博物館收藏了一千多副人類頭骨，包括至少三百五十名伊努特人、二百五十名美國西南部印第安人、六百名波利維亞和祕魯原住民，還有三百五十名墨西哥原住民。收藏重點永遠擺在非歐洲人和異民族，按照清楚的種族分類擺放，最好能展現人類之間應有的區別。有份收藏報告記載了「兩名矮人、三名澳洲人、兩名日本人和一名紐西蘭人」的頭顱，但顯然沒有盎格魯撒克遜人或條頓人。

原住民不但是人類學研究的對象，也是人類學存在的理由。打從人類學家翻山越嶺、飄洋過海去研究原住民以來，沿途就跟著一支尚未被命名和埋葬的沉默隊伍。這些人的語言、財產和身體提供的證據，塑造了一門完整的人類科學。原住民如何被對待當然是田野工作最大的失誤，但在當時，這個道德問題很少困擾田野工作者，直到如今我們才藉後見之明得以看見，就如同鮑亞士和他的學生在那個時代看出了科學種族偏見的愚蠢。

當時的田野工作者擔憂的不是依靠在地報導人提供消息的倫理問題（不找薩摩亞人說話要怎麼研究薩摩亞人？），反而是「能不能相信他們說的是實話」這樣的概念性問題。「很多〔召喚神靈或行巫毒之術的〕人一開始會告訴你沒這種事，並嘲笑把錢花在『尋根』上面的無知者，」賀絲頓從佛州寫信跟鮑亞士說。「他們很怕被那些更進步的黑人當作無知又迷信的笨蛋，也怕被笑，所以就隱藏自己。」

同樣的憂慮曾經困擾過在西北海岸的鮑亞士、在印第安村落的潘乃德，還有在太平洋小島上的米德和福群。你怎麼知道人們告訴你的不是他們自己的想法、幻想，甚至根本是謊言？如果只能靠少數人為你解釋，你真能聲稱自己了解一個民族的文化嗎？解決這些問題的過程中，人類學家尤其欠一個族群莫大的人情。這個原住民社群有大半世紀都隸屬於密蘇里河上的一個聯邦保留區，那就是奧馬哈族（Omaha）。

• • •

奧馬哈族跟北美大平原的許多部落一樣，相較之下是這個地區較新的移民。十七世紀的某個時期，他們逐漸遷離東部林地，沿著俄亥俄河及沃巴什河而下，原因可能是跟易洛魁人（Iroquois）發生衝突。後來，他們跟鄰近的民族分開又聚合，其中很多人也說源自蘇語家族的語言。十八世紀初，法國製圖員和捕獸人在密蘇里河上游發現他們，該時他們已經發展出半游牧的馬文化，這後來也成為許多北美大平原民族獨特的生活方式和經濟活動。

由於是最東邊的平原部落之一，地理位置使得奧馬哈族往往是前往西部拓展的商人和探險家第一個遇到的原住民族。這也表示，他們經常是最早目睹自己部落的獵場逐漸縮小的平原部落。每年，他們的土地上都會出現牛群和馬車壓出的新軌跡。儘管跟美國政府簽了一籮筐理論上可避免土地被開發剝奪的協定，奧馬哈族仍早在一八五〇年代就被趕到保留區。從此以後，美國白人聽到「奧馬哈」三個字更可能聯想到內布拉斯加州的首府（一八六七年加入聯邦後，奧馬哈族的保留區多半都納入該州），而不是同名的原住民社群。

保留區制度吸引了醫生、教師、傳教士，以及後來迫不及待要為鮑威爾的美國民族學局貢獻心力的業餘研究者。詹姆斯・歐文・多希（James Owen Dorsey）就是其中之一。他是來自巴爾的摩的聖公會牧師，一八七〇年代早期就跟奧馬哈族和龐卡族一起生活工作。他尤其對奧馬哈族的複雜親屬結構感興趣。奧馬哈族跟許多北美原住民族一樣，分成兩大家系或民族學家所謂的「半偶族」（moiety）。社會習俗禁止同一個半偶族的成員通婚，並規定哪些關係在系族內或跨系族間可行。正如歐洲王室爭論哪些堂表親結為夫妻適當，哪些萬萬不可，奧馬哈族也有釐清無限複雜的親屬關係的驚人能力，並根據這樣的體制決定可行和不可行的婚姻關係。

多希對原住民深深著迷，但並未受過正式訓練，跟更早的路易斯・亨利・摩根一樣。他認為印第安人可能是失蹤的以色列支族之一，他們的母語裡甚至可能保留了希伯來文的元素。然而，真正跟他們生活之後他改變了想法。透過不厭其煩地收集字彙表、宗教儀式的見證，以及移民和戰爭的口述歷史，他交出了你想像得到有史以來最敏銳、詳細且具有歷史觀照的研究之一。後來鮑威爾的民族學局答應出版這本書，他喜出望外。書在一八八五年上市，書名簡單扼要，就叫《奧馬哈社會學》。

在一門仍在發展的學科裡，多希的研究達到了經典的地位，成為美國人類學學生都該看過的書。因為如此，早期的民族學者都把奧馬哈族奉為一支偉大的民族（馬凌諾斯基的初步蘭人日後也是），時常拿他們來當作某種理論主張的證據。鮑亞士曾以奧馬哈親屬關係作為演講主題；潘乃德在課堂上提到他們；連米德和福群從馬努斯回來後也試著研究過奧馬哈族，結果卻發現內布拉斯加州保留區的黃土路和貧困生活一點都不吸引人。「如果這就是美國的田野工作，難怪每個人都認為是苦行，而不是特權，」米德寫信給潘乃德說。「那裡什麼都沒有。那樣的東西不是文化，甚至連文化的遺跡都談不上。」

沙皮爾也記得自己學生時代鑽研過多希寫的《奧馬哈社會學》。那很像在哥大圖書館門外搭上一輛特快火車，只見舞者賣力跳舞直到精疲力盡；大群水牛在一名長矛騎兵前全速奔馳；家族樹盤根錯節得不可思議；民間故事轉來轉去回到原點，結束在一開始的地方，或在你以為結束的時候開始；只要知道正確的字或儀式的正確順序，魔法就隨手可得。

然而，沙皮爾很難不注意到多希一個惱人的風格。他會先極其自信且權威地描述奧馬哈族的某些面向，之後又再全部推翻。例如，他在一個重要段落用極長篇幅描述了奧馬哈族和其他蘇語族人跳的水牛舞。這種舞是水牛會成員進行的神聖儀式，一般認為成員們對北美野牛有神奇感應力。部落有時會用這種舞來祈雨，尤其是當玉米田遇旱乾枯的時候。

但多希接下來的評語（往往放在括號裡）卻是：「（但雙烏鴉予以否認）。」雙烏鴉是一名奧馬哈族長，也是多希的主要報導人之一，在《奧馬哈社會學》中不停唱反調，戳破民族誌學家想像的泡泡。當你好不容易確定該如何翻譯諸如「曬乾的水牛頭骨」或「曬乾的老鷹皮」，或是雷族是獨立的部族抑或獅子氏族的一支，還是同一半偶族的一部分時，雙烏鴉就會在句子結尾時冒出來，駁斥以上說法。

「否定」一字的不同變體在多希的書裡出現二十次，「懷疑」有六次，此外雙烏鴉和其他報導人還用了許多字詞，表達對試圖明確定義事物的作法感到懷疑。沙皮爾還記得當年讀到這裡時大感震驚。他說，看過田野報告和其他人類學田野研究的經典會發現，「用來歸納人類學理論的實際證據，其中因為證據的真實性而帶出的尷尬懷疑，」似乎「被某種紳士之間的默契擋在門外」。但多希卻完全不同。他描述了他收集到的事實，同時也把否定和矛盾意見放進去。即使仍是學生，沙皮爾也看得出多希風格的不凡之處：呈現旁觀者直言無諱的自我懷疑，因為他知道透徹理解他人的文化有多麼困難。

沙皮爾後來說：「現在我們知道多希走在時代的前面。」社會科學不像物理學或數學。就算雙烏鴉這樣的人一口否認八加八等於十六，也不會改變事實。但只要你想了解人類社群的任何一件事，都難免會被雙烏鴉這類人所說的各種話困住。除非真正跟人討論，我們無從了解這段舞或那個種植儀式、這個打獵圖騰或那個治療咒語。這麼一來，你就馬上要面對各種相關的反對意見。沙皮爾接著說，人類社群無非就是在追求「意見的一致」。即使如此也仍然會遇到問題。就算你確定大多數人都對跳水牛舞的時間、哪個半偶族包括哪些氏族有共識，雙烏鴉這樣的人仍然可能冒出來否認這一切。

人類學自詡為一門科學，致力於找出正確答案，但光是拿到多數人的認可就收工回家卻還不夠。沙皮爾認為，這就是為什麼把人先當做人，而非只是資料生產者來看待是如此的重要——他或許希望年輕時的自己跟以西合作時能有這樣的體悟。若你夠留心報導人所說的話，或許就會理解「雙烏鴉予以否認」這樣的話真正的意涵。可能雙烏鴉曾經目睹在暴風雨中進行的水牛舞，剛好跟它紓解乾旱的原來功能相抵觸。或者，他可能跟另一名酋長長期不合，所以故意把對手說得無能又無知。也有可能他只是誤解了問題，或是你誤解了他的答案。

愈是深入這些事，或許你愈會發現，雙烏鴉「自有一套對錯是非，半是事實，半是個人經驗，」沙皮爾寫道。一旦你開始跟人談論他們認為的相關事實，你以為自己正在收集的資料就難免會產生改變。這在實踐上代表的意義，米德和賀絲頓已經在田野中發現，而沙皮爾一如往常賦予它一個漂亮的理論詮釋。

因此，與其從所謂的文化客觀立場去解釋個體差異，面對某些類型的分析時，我們必須從反方向切入。我們應該當作自己對文化一無所知，只是想要盡可能地分析特定一群習慣共同生活的人，在日常互動中實際的想法和作為。

沙皮爾其實是在重新確立過去的一套理念。將近半世紀前，鮑亞士曾在跟鮑威爾和梅森的論戰中主張過類似的信念。文化不是漂浮在當地人的頭上，等著人去捕捉。或者就像沙皮爾在另一篇文章中說的，文化並非「超有機的」(superorganic)存在。因此，你必須放棄有天能為某個社群的真實樣貌提出一個終極解釋的目標。你應該做的反而是承認自己身為一個外來者，最能貼切解釋某個社會現實的方式，就是呈現「專家」(即真正活在那個現實裡的人)當時對自身文化的看法。對沙皮爾來說，文化主要是理論層級的抽象概念，是內部人和外來者(雙烏鴉和戴遮陽帽的人類學家)用來描繪一個群體做事、思考、說話和感受的近似值(approximation)。

根據沙皮爾的說法，任何習慣一起生活的特定一群人都可以形成這樣的整體，無論他們穿的是鹿皮還是晚禮服。一家工廠可能是一個文化；一條中產階級街道可能也是；一所衛理公會教堂和一個小舞壁(wattle-and-daub，竹編、稻草或荊條夾泥牆的建築工法)村落都有自己的儀式、迷信、共同認知，以及總是會有的內在矛盾(即對於「正確行為」的不同看法)。理解任何一個民族的社群生活，不是在發展一個偉大理論或只是為期一個夏天的田野工作。真正需要做的，就是帶著敬意一再跟真實人物對話，盡你最大的努力去了解他們的世界。

・・・

沙皮爾是寫給同行的人類學家看的。一般人應該會很驚訝有人會爭論奧馬哈文化由何構成。美國白人多半從未見過印第安人，卻很有把握自己知道什麼是印第安人：一種未開化的人類，分成名稱各異的部族，擁有多多少少共同的「傳說」和「知識」，據說是很久以前從新英格蘭到太平洋的社群。身為美國人，某部分就是相信「你基本上已理解印第安人這個族群」。

從開國初期，商人和民間領袖的兄弟會組織就在祕密儀式中使用印第安戰斧、頭飾和原住民用語，很像前面故事所述的摩根所做的事，他也試圖復興易洛魁聯盟卻失敗，例如用 sachem 指分會領袖，用 wampum 指俱樂部會費。北美印第安戰爭創造了第一手報導文學，例如驛馬車旅程的危險、騎馬打仗的野蠻，以及綠林大盜的心狠手辣，從奇里卡瓦阿帕契族（Chiricahua Apache）的印第安酋長柯奇斯，到奧格拉拉拉科塔族（Oglala Lakota）的紅雲酋長都包括在內。

但一八九〇年左右，大規模武裝衝突告一段落之後，白人在想像自己的未來時，美國原住民卻在他們心裡佔據了核心地位。正當格蘭特和同事警告大眾盎格魯撒克遜族日漸衰微的同時，印第安人卻愈來愈常被當作中產階級價值的典範：禁欲、賣力工作、目標明確——男生是勇敢和冒險，女生是擅長手工藝和看顧爐火，這樣的價值可挽救中產階級免於墮落。印第安人如今不再被視為抵抗美國往西拓展的野蠻人，反而被描寫成睿智高貴的自然管理者，是一種消失的文明，而這個文明具備的美德就像古希臘一樣，或許可作為現代的借鏡。美國白人能夠如何把一個消失的陌生世界想像成存在於現代，而且屬於他們所有呢？原住民在芝加哥世界博覽會大道樂園上表演戰舞和手工藝；在博物館展覽和「蠻荒西部」的巡迴表演上；在攝影師兼業餘民族學家愛德華・柯蒂斯（Edward S Curtis）的作品裡，他的巨著《北美印第安人》充滿了迷人的肖像照，第一冊於一九〇七年出版。

鼓勵大眾把印第安人視為楷模的人當中，最著名的就是克拉克大學的史坦利・霍爾（Stanley Hall）。他相信幫助白人小孩度過青春期的險灘時，印第安人扮演著某種特殊的角色。他在那本極具影響力的《青春期》（一九〇四）中提出，人類個體的成長再現了人類從原始到文明的過程。這就是米德在薩摩亞研究裡攻擊的既有理論之一。但霍爾的研究還有其他元素。他認為個體發展跟種族發展密不可分。人類從嬰兒到成年經歷的生理轉變，就像皮膚較黑的原始人跟皮膚較白的文明人之間的差距。舉例來說，小孩愛摳傷口的結痂就類似原始人會抓身上的蝨子。同理，大人會挺身對抗狂嗥的動物，小孩則會像原始人類一樣尋找最近的藏身處。「多數原始人在大多方面都是小孩，不過因為他們已經發育成熟，更正確地說應該是大人樣貌的青少年，」霍爾寫道。「若沒有因為接觸文明的進步浪潮而遭污染……他們是最正直、單純、信賴他人、深情、能跟自己人和平共處、好奇、無憂無慮、虔誠無比又健全的人，幾乎所有身體機能都超越我們。」

每一發展階段的自然衝動都必須任其盡情發洩。我們必須給自己社會的「原始人」（即少男少女）像原始人類一樣自由自在的空間，不然就會妨礙他們的自然發展。要讓男生在森林裡自由地玩樂吶喊，鼓勵女生培養初萌芽的母性本能。男生女生都應該有機會追求這些目標，不受城市生活約束。「又快又準的拋擲能力曾經是存活的關鍵，不會的人就會被淘汰，」霍爾說。「因此可見棒球帶有人類發展的影子，因為它代表很長一段時間的存活必備能力。」

霍爾相信，摩根提出的原始、野蠻和文明三階段說多少是對的。他最後的結論是，摩根的架構適用於個人，也適用於一整個民族，尤其是美國白人。由於白人小孩可能是英國人、法國人、德國人、荷蘭人等不同族群的後代，從蒙昧到開化的過程中有可能陷入「民族習俗、傳統和信仰……變化不定」的危險中。玩皮球、蓋棚屋、豎立圖騰柱，這些都不僅是健全成長的要素，也能幫助一個活力充沛、野心勃勃的種族跟自己不那麼輝煌的族群起源和平共處。

換句話說，強健的身體跟強健的種族其實是同一件事的不同面向。霍爾這一類的理論家認為，美國印第安人提供了一條能同時達成兩者的途徑。美國人要管好自家的「原始人」（他們的小孩），除了教導他們曾在自家土地上蓬勃發展的原始文化，沒有其他更好的方式。於是，有個運動很快把這個概念當作基本準則。同樣都在一九一〇年成立的美國童子軍和營火少女會都採用了虛假的印第安儀式，並將之融入正式體制中。白人小孩在夏令營中學習串珠、皮革加工、補夢網和上帝之眼等「印第安手工藝」。夏令營取的名稱也令人想起原住民社群，例如新罕布夏州的阿爾岡昆營（Algonquin）和特庫姆塞營（Tecumseh）、佛蒙特州的易洛魁營、緬因州的卡塔丁營（Katahdin）和棚屋營（Wigwam），以及麻州的萬帕諾亞營（Wampanoag）。

熱愛夏令營的人聲稱，科學證明了印第安生活對青少年和兒童的好處。「瑪格麗特．米德和法蘭茲．鮑亞士的所有學生……幫助我們了解管教青少年，以及面對不斷改變的道德標準時遭遇的難題，」波特．薩金特在一九三五年出版的《夏令營手冊》這本給父母的傑出指南上說。「雖然〔原始民族〕對穿、住、農業一無所知，他們卻有複雜的習俗、傳統和儀式，也不缺乏美德。」參加過夏令營的小孩上大學或出社會之後，也不會忘記想像中的印第安人。一九二〇年代，全國各地有愈來愈多體育隊為自己取勇士、印第安人、戰士和酋長這類名稱，從種族隔離大學到只收白人的專業俱樂部都有。年輕白人會披戴鹿皮和羽毛以激勵團隊的鬥志。「伊利尼維克酋長」標誌一九二六年第一次在伊利諾大學出現。「比爾橘大酋長」吉祥物一九三一年第一次站上雪城大學的球場。波士頓勇士隊在一九三二年第一次開球，五年後改為華盛頓紅人隊——美國首都同時有了一支橄欖球隊和一個種族色彩濃厚的圖騰。征服西部不過幾十年，美國白人就努力把自己打扮得像祖先當年奮力消滅的族群，卻絲毫不覺得奇怪。

•••

這種狀況對鮑亞士圈子裡的一個人來說特別困擾，無論是對她自己或正在起步的事業都是。

在紐約晨邊高地（Morning Heights）遇到她的人，看到的是一個愁容滿面又流露期待，很難歸類的人，有張圓臉和一頭深色長髮，眼角低垂。「我站在中間，」她曾經寫道，「兩邊的人我都認識。」她來自北美大平原，在那裡有很多個名字，例如 Anpétu Wašté Win（晴天女人）。在曼哈頓，大家叫她艾拉・卡拉・德洛莉亞（Ella Cara Deloria）。

在一個訪客、報導人和收藏家來來去去的大學系所中，她是少數能同時自稱是客觀觀察者和被研究者的人之一。就像賀絲頓逐漸理解研究一個你從出生就認識的文化代表何種意義，德洛莉亞也在盡最大的力量保存一個即將要消失殆盡的文化。她比周圍的任何人都要理解，探索某個社群的真實樣貌有多難，尤其這個社群似乎逐年隱沒在歷史之中。

德洛莉亞出生於一八八九年一月三十一日，即鮑亞士在克拉克大學成立自己的人類學研究室的那一年。要是他那時候或是幫芝加哥博覽會收集文物期間就認識她，可能會認為她就是難以將原住民族分類的最佳例子，無論是歸為特定的「美國」種族或某種歷久不衰的文化。她出生在南達科他州東南部的楊克頓印第安保留區（Yankton Indian Reservation），但從小在立巖地區（Standing Rock）長大，即美國數一數二大的印第安保留區，以及亨帕帕拉科塔、席哈薩帕拉科塔、楊托奈達科他部落（隸屬於蘇族）的家鄉。

她母親身上留著歐洲人的血，父親菲利普・德洛莉亞則是達科他族的後代，雖是複雜部落階層的世襲酋長，但後來成為地方上重要的聖公會牧師。「他知道族人要是無法適應歐洲文明帶來的處境，身為一個民族的命運就已經注定，」她回憶道。他堅持女兒要會說英語跟達科他語（三種方言都要），連教義問答都要兩種語言都會。

她以為世界很大。「有些國家的生活方式很奇特，」她曾在學校報告中寫，「本身也很奇特。」她夢想有天能去荷蘭，但爸媽卻把她送去蘇瀑（Sioux Falls）的聖公會寄宿學校。在學校裡，她古代史拿A＋，數學拿C，但英語、西塞羅和耶穌生平都拿B，後者對一名牧師女兒來說大概不是太有趣。

畢業後，她進入歐柏林學院（Oberlin）就讀，這對平原印第安人來說是個難得但也非從未聽過的機會。一個世代前，名叫法蘭西斯・拉・弗萊謝（Francis La Flesche）的奧馬哈人跟美國民族學局的成員密切合作，後來拿到喬治華盛頓大學的學位，並沿襲詹姆斯・歐文・多希的傳統，出版了自己的奧馬哈研究。除了他，也有其他人走上類似的道路。弗萊謝是奧馬哈酋長之子，德洛莉亞跟他一樣，既是保留區內重要人士的女兒，又是受洗過的基督徒，安全地生活在地方菁英的保護中，機會很容易就來到她面前。她跟米德一樣（一個志向遠大的聖公會教徒，困在中西部傳統保守的大學城裡），很快就決定要去紐約。

教育學院是哥倫比亞大學訓練中小學老師的機構。歷史可追溯到一八八〇年代，第一任校長是專橫跋扈的尼可拉斯・莫瑞・巴特勒（Nicholas Murray Butler），後來成為鮑亞士在大學裡的死對頭。學校的宗旨是為都市的窮人小孩訓練一批老師。德洛莉亞在一九一二年入學，繼續未完的學業。她是學校打算用來落實偏鄉教育的學生，畢業後將回到印第安保留區和社區學校服務原住民。學院致力於培養文明的原住民（當時的說法），未來他們將成為部落之光，鼓勵族人擺脫貧窮和異教信仰。

到紐約之後，德洛莉亞跟北美大平原雖然有地理上的隔閡，歷史上卻沒有。西部邊界移除仍是最近的記憶。她父親曾經居中為保留區執政當局和坐牛酋長（Sitting Bull）調解，後者是蘇族的傳奇酋長，曾經預言喬治．阿姆斯壯．卡斯特（George Armstrong Custer）會在小大角（Little Bighorn）落敗。她兩歲生日前，白人警察在她從小長大的保留區裡殺了坐牛酋長。同樣在一八九〇年的十二月，美國騎兵隊試圖在南達科他的傷膝溪逼拉科塔蘇族人繳械，最後造成兩百多名男女族人和小孩喪命，是十九世紀美國當局對印第安平民的最後一次大屠殺。德洛莉亞生處的時代，正好來到新階段，美國人對印第安人的看法不只受到最近的血腥佔領所影響，另一方面也因重新改造的記憶而開始轉變的年代：廉價小說裡呈現的印第安人、雪茄店擺置的印第安雕像、水牛比爾的蠻荒西部秀（搬演美國歷史直到一九一三年破產為止，那時德洛莉亞大三）。

在教育學院求學時，德洛莉亞收到一個意外的邀請。鮑亞士教授想見她。她很快從百老匯大道走一小段路到哥大校本部。鮑亞士聽說教育學院收了一名蘇族女生，他想知道幾個正在進行的計畫她能不能幫上忙。他考了她達科他語的文法，確認她真的懂蘇語，之後便雇用她來達科他語課堂上幫忙，一週三次，還持續到大四。後來她還記得鮑亞士幫她申請了津貼，那是她收過的第一張真正的薪水支票。

畢業之後，德洛莉亞離開紐約，如同校方預期的回到蘇瀑的母校教書。後來她轉去堪薩斯州勞倫斯的哈斯克爾學院（Haskell Institute）任教。哈斯克爾是聯邦經營的印第安寄宿學校之一，是國家體系下的一個進步機構，藉由對男女學生進行義務再教育，進而達到族群同化的目的，但往往在嚴苛的環境下進行。學生要穿制服和受軍事訓練，常在海華沙館（學校的主要建築）的石牆外排成整齊的隊伍。

後來德洛莉亞負責女學生的體育課。課程有時會變成美國夏令營想像的印第安人和仍住在堪薩斯大草原上的真實印第安人的完美合體。在其中一堂課上，學童換上印第安人的裝束（由內布拉斯加州克林頓村的林恩古董行提供）搬演歷史劇「印第安人的進步」，詮釋居無定所的古老生活，轉變成安定、受教育、信仰基督教的美國公民生活。德洛莉亞的劇本如此寫：

親愛的同志，同行者之中是誰畫出
我們的部族行經歲月的路途：
看到教會、學校和國家贈與的禮物
齊力幫助我們迎接嶄新的一天。

對哥大畢業生來說，這樣的工作或許有點大材小用，但到哈斯克爾任教還是為她帶來好運。一九二七年春天，鮑亞士前往西岸期間幾乎是湊巧在勞倫斯遇到她。他想起十多年前她曾協助過他，若是她時間允許，也迫切想再次雇用她。「我一直很欣賞她，記得她聰明過人，」鮑亞士告訴埃爾西．克魯斯．帕森斯（Elsie Clews Parsons）。「但我跟她徹底失去聯絡。」年底，她決定辭了教職，重拾之前紐約的工作。一九二八年二月她抵達紐約時，米德正要完成她的《薩摩亞的成年》，賀絲頓則第一次展開南方收集考察之旅。

鮑亞士有不少事要請德洛莉亞幫忙。他要她查看十九世紀語言學家和旅行家對平原原住民的研究。美國民族學局的年度報告和自然史博物館的許多出版品中，都充滿了對原住民字彙、儀式和信仰系統的詳細描述。但其中很少得到印第安人的證實，並協助釐清新刊物中的矛盾之處。鮑亞士很快就意識到德洛莉亞帶來的難得機會。他教她檢驗詹姆斯．沃克（James R. Walker）的早期研究。沃克是保留區的醫生，也是承襲多希等人之研究的最後一批業餘收集者。

沃克在南北戰爭期間加入北方聯邦軍隊，後來在西北大學拿到醫學系學位。一八九六年，他接下位於南達科他草原的松嶺印第安保留區的醫生職位，那是全美第二大的印第安保留區。此後十八年，沃克在當地治療肺結核患者，改善衛生狀況，學習跟當地治療師合作，為七千多個居民治病，其中以奧格拉拉拉科塔人居多。一九〇二年，他跟當時走訪松嶺保留區的克拉克．維斯勒（Clark Wissler，鮑亞士在美國自然史博物館的同事）偶然相遇，從此走上業餘人類學家之路。他就像跟奧馬哈人一起生活的多希一樣，被找去當報導人，負責收集奧格拉拉人的語言和宗教的相關資訊，偶而也替蘇族男女和小孩測量，作為博物館的人體測量資料。一九一七年，博物館出版沃克的《提頓達科他族之奧格拉拉支族的太陽舞和其他儀式》，書中徹底研究了許多平原部落的一個主要儀式。沃克特別感謝一連串當地的報導人，包括小傷、美國馬、重傷、短牛、無肉、響盾、提翁和劍，他們都參與了他在書中描述的儀式。但這些都需要一個熟悉當地風俗的人核對再核對，以及更新資料。

有了鮑亞士的資助，德洛莉亞動身前往印第安保留區。當賀絲頓在墨西哥灣沿岸蒐集民間故事時，德洛莉亞回到大平原度過夏天，找人交談、寫作和彙整資料。她在學期間又回到紐約，努力整理資料，交叉比對和確認資料。一九二九年，她把筆記寫成一篇論文，投到當時由潘乃德擔任編輯的《美國民俗學期刊》。那年秋天，文章一刊出隨即讓人懷疑起沃克提出的許多論點。

根據德洛莉亞的說法，最起碼可以肯定的是：釐清蘇族儀式的確切形式是有困難的，尤其是奧格拉拉科塔版本的太陽舞。在一些部落中，年輕男性會藉由忍受酷刑來追求靈境，例如用獸皮繩穿過胸前和背上的皮膚，把自己吊在海灘松上。但要像沃克那樣斬釘截鐵地說儀式進行的方式、時間和由誰執行，幾乎是不可能的。她懷疑沃克像大多數的外來者一樣，難以確認當地人告訴他的事。他只能仰賴少數幾名報導人，而這些人就算是酋長或社群內的重要人物，也可能觀點狹隘或帶有偏見。

在鮑亞士的要求下，德洛莉亞一再重新檢驗沃克的研究。每次檢驗，她對這部為美國白人理解蘇族人立下根基的作品就愈加懷疑。她盡最大努力做出的判斷是：沃克似乎捏造了一些事，至少她遇到的人都未曾聽過沃克所說的「事實」。他的一些故事似乎是對聖經主題的詮釋，明顯可見受了基督教傳教士的影響。其他可能是沃克收集資料時仍然相信或奉行的事，但如今已經消失得無影無蹤。德洛莉亞說，即使他的描述在當時確有其事，蘇族社群也已經改變。她強調蘇族是活生生的民族，不是凍結在琥珀裡、無真實血肉的文化。

鮑亞士大為惱火。他在給她的信上堅稱，沃克不可能憑空捏造故事，他的想法背後一定有某些根據。他記錄的細節必定還有留有痕跡，存在於蘇族保留區的某處，只要德洛莉亞更賣力找就能找到。她的回信說，在這裡一切應對都要小心，你不能突然就跑到一個地方，要人把他們知道的故事告訴你，但沃克顯然就是如此。這麼一來你得到的東西，可能跟他一樣毫無代表性又稍縱即逝。這世界充滿了像奧馬哈族的雙烏鴉那樣的人，否認這個又主張那個。要投入時間和了解當地民情，才能弄清楚一個社群裡的許多人真正相信或認為的事，或者某個聲稱自己代表社群發言的人其實是胡說八道。

「我無法告訴你，每次去找報導人，帶著牛肉或其他食物去有多麼重要，」某年夏天德洛莉亞寫信告訴鮑亞士。「要是沒帶，我馬上知道自己成了外人，打不進達科他族的世界。」

你必須明確知道怎麼製作禮物(而且是製作合適的禮物)、怎麼得體地跟人吃飯、怎麼用正確的親屬稱謂叫他們,例如叔叔,兄弟、姊妹、堂表兄弟姊妹,以及蘇語裡各種稱謂的變體。唯有如此,下次你才可以再登門造訪,抱著能聽到故事或古老儀式的希望。「但是,像白人一樣抓著人猛問,對我這個印第安人來說,就是馬上在我和族人之間豎起一道圍牆。」彷彿為了要證明她的論點似的,她寄回去一包麝鼠尾巴,據說裡頭的筋線彈性極佳,用來固定服飾上的豪豬細毛再適合不過。她在信中囑咐潘乃德,只要用牙齒把尾巴尖端啵一聲咬破,把肌腱拉出來即可。

• • •

德洛莉亞在系裡無人不知,即使她現在更常待在西部,而不是曼哈頓。她仰賴鮑亞士提供她田野工作上的指引,也常向潘乃德(鮑亞士的得力助手)尋求編輯上的幫助和建議。她在一九三〇、三一年的冬天認識了米德,當時米德和福群剛結束奧馬哈研究歸來。她跟賀絲頓做過由哥大其他系所贊助的共同計畫,但兩人可能從未見過面。

由於德洛莉亞沒上過研究所課程,她所受的訓練僅限於她在鮑亞士或潘乃德的辦公室或系所走廊匆匆討教得到的收穫。然而,從鮑亞士的教學風格來看,那些收穫大概也不比一般學生平常所學少多少。若她剛好人在紐約或許就會去旁聽課程,或是記下整理資料時該遵循的鮑氏準則提醒自己。「除非先撇除偏見，不然就會一無所獲，」她曾寫下。「文化是複數，人類是單數。鮑亞士。」

不在立巖區時，她到處借住：曼哈頓和紐澤西的小公寓、愛荷華州的短期租屋、南達科他州朋友的家，偶而也會睡車上。有一次她說，她真正算財產的東西只有六樣，其中不包括打字機，儘管那對收集字句的人來說是不可或缺的工具。德洛莉亞就像哥大人類系的許多其他女性一樣，說穿了就是個流浪社會科學家，沒有學術地位也沒人資助他們做研究，除了鮑亞士或潘乃德指派給她的論件計酬的工作。但帳單還是得付。為了貼補收入，她會編寫和指導在全國各地表演的原住民歌舞秀，就像當年在哈斯克爾學院一樣。有些是給遊客看的收費表演，有些是給夏令營的白人小孩看的表演——他們扮成印第安人，努力跟真正的印第安人學習。但之後有個新計畫出現，她的生活才變得比較穩定。

二十多年來，鮑亞士一直在全面地整理美國原住民語言。這項工作從他第一次商請民族學局贊助一系列原住民語手冊時就已經展開。第一冊在一九一一年問世，亦即他的思想真正成熟、他以公共科學家的身份崛起的那一年。第二冊在一九二二年出版，主打沙皮爾研究的俄勒岡州西南部的塔克爾瑪語，以及其他學者研究的太平洋西北地區的庫斯語和西伯利亞的楚科奇語等等。這些研究證明了北美原住民和歐亞大陸之間的語言連結，為早期移民橫越白令海峽來到美洲的理論提供支持。第三冊在一九三三年準備出版時，民族學局對手冊（看不到盡頭的一系列出版計畫）已經失去興趣。於是鮑亞士轉由紐約的一家小出版社發行，繼續對外界公開未完的作品，包括格拉迪斯．賴哈德（Gladys Reichard）對愛達荷州科達倫（Coeur d'Alene of Idaho）的研究，以及露絲．班澤爾（Ruth Bunzel）對祖尼人（Zuñi）的研究，祖尼人是二十世紀初鮑亞士圈子裡的重要研究成果。

鮑亞士的這個龐大計畫多半由美國原住民語研究委員會資助，其資金來源是紐約的卡內基基金會。從一九二七年成立開始，委員會的預算就很有限，總額約八萬美金，一次撥幾千元補助資料收集者，支付火車、住宿等費用。這些補助對象就像一整個人類學的祕密歷史，裡頭有兼職助理、田野仲介人、業餘語言學家，以及從未有專業頭銜或大學職位的狂熱份子。德洛莉亞就是其中之一。鮑亞士答應會替她找到一些資金，贊助她進行田野研究及在蘇族收集資料時的生活花費。她最後拿到的錢往往不多，而且常延遲或承辦人把支票寄錯地方。這筆錢有時對她來說就是租房子或睡車上的差別。

整個計畫龐雜無比。鮑亞士集結了美國甚至世界各地的田野工作者和學者，這些人都趕著要在一個語言的殘餘碎片化為塵土之前，盡快找到母語人士、彙整字彙表、釐清複雜的文法結構。很多時候，這些人類學家整體來說就像格林兄弟，將故事和說故事的方法記錄下來，不再只靠代代口語相傳這種傳統方式。從很多方面來看，他們等於是在從頭創造沒有寫成文字或透過大量不同方言流傳的各種語言的標準形式。打開任何一冊《美國印第安語手冊》都可能是場神奇交會：遇到你從未聽過的一種語言形式，有它自身的邏輯、規則、美感，以及理解這世界的完美方式——就像是解開民族密碼的一種途徑，而且是過去被視為陌生奇特，甚至野蠻未開化的民族。

德洛莉亞在這個涵蓋範圍極大的團體裡顯得與眾不同。「在與美國原住民一起進行的所有研究工作裡，」潘乃德後來寫道，「鮑亞士教授再未找到另一個跟她一樣程度的女性。」德洛莉亞的母語是達科他語和它的其他方言，除了鮑亞士或潘乃德的非正式指導外，她所受的語言學教育不多。但潘乃德說，她的直覺和在現場對田野方法的掌握，或許勝過很多受過專業訓練的博士生。多年來鮑亞士寫過很多推薦信，但在給德洛莉亞的推薦信中，他直接明白地說：「她對該領域的掌握無與倫比。」

米德認為自己在美國原住民社群（奧馬哈族）的時間，只是在實踐她所謂的「遲到的民族學」。在她看來，有趣的事物早就凋零，葬送在貧窮和白人的入侵下。但德洛莉亞知道這並非事實。若是如此，今天的她不就是個提著手提箱的鬼魂嗎？即使是米德這樣老經驗的田野工作者，也可能犯了德洛莉亞所謂的「安樂椅人類學」的毛病。更好的作法是不再尋找古老文明那將滅的灰燼，而是去認識周圍活生生的人、他們此時此刻置身的文化——不是在歷史中定格的人，而是像德洛莉亞這樣在歷史中摸索前進的人。假如你能發掘豐富多樣的現在，就不需要懷念過去，只不過現在可能會以令你驚訝、沮喪甚或失望的面目出現。

德洛莉亞相信，這就是理解一種語言如此重要的原因。語言也不斷在改變，就像樹木的年輪或城市中央的考古遺跡。其重要性不是在於記錄了一個消失的歷史片段，而是保存了改變的過程，是過去和現在不斷激盪匯集而成的結晶。美國原住民語言看重機智、雙關語、並置、故意的錯誤、高明的笑話和文字遊戲，跟其他語言並無兩樣。重點是要聽進去，不把至今仍星羅棋布在北美大平原上的活生生語言視為可憎的遺跡，而是視為仍在快速變遷的現在存在著的真實事物。要貼切地描寫印第安人，就必須停止使用過去式。

在一次又一次的田野之旅中，德洛莉亞努力要將一切記錄下來，無論在立巖或其他地方。她的目標是要從大量的筆記和訪談中，整理出她的達科他家族和鄰居實際說話的方式，同時避免像更早的沃克和其他保留區當局那樣，將它描寫得死氣沉沉。鮑亞士和德洛莉亞通信和討論手稿時，對話內容多半很專業。你要如何解釋某種語言中的大量指示詞，那些不同型態的this、that和those？達科他人怎麼會如此擅長表達時間、地點，以及只用一個字表達說話者的觀點？如何區分容易控制的身體部位（如眼睛、腳，和達科他人認為的靈魂）的所有格，跟一般認為較難控制的身體部位（如拇指或下巴）的所有格？兩人一句一句、一個音位一個音位拼湊出一整個意義的宇宙。他們寫下分別適用於男性的用語和女性的用語；蘇語的普遍特徵；表達同意、反對或漠然的各種方式；複雜結構中的深層意義。例如，可以簡潔地說「我姊給了我石頭，不是麵包」，也可以說「她這樣做很糟糕，我們的關係就這樣毀了。」

複雜的社會關係可以收摺成單一的文法形式。

描述一種語言，就是深入一個社群，探索他們如何掌控經驗、把經驗拆解成一個個可理解可溝通的單位的獨特方式。在這樣的過程中，德洛莉亞同時橫跨了兩個領域。「她（在達科他社群度過）的童年、在部落裡的尊貴地位和高超的語言能力，使她得以近距離用其他人難以觸及的方式描寫這個重要族群，」潘乃德在一份研究報告中寫道。但德洛莉亞同時也感受到這種研究語言的工作不易維生。一九三八年年底，她用老舊的飯店信紙寫信給鮑亞士：「我今天很傷心，因為我的計畫目前為止都落空了，我成了無業游民。」從她開始協助法蘭茲老爹做田野工作已經過了十年。她參與的語言計畫拖了好多年。「我找不到政府的工作，因為到處都說我教育程度太高！」

隔年夏天，鮑亞士向她宣布一個他認為或許能讓她振奮起來的消息。「有件會讓你開心的事，美國國家科學院要出版我們的研究，」他告訴她。國內自然科學的權威機構很快就會送來校樣，他說他需要她幫忙校對。最後的成書簡簡單單地名為《達科他語文法》，終於在一九四一年從印刷廠送來。這本書跟其他語言考察成果一樣，是一本艱澀難懂的學術作品，不是給怯於挑戰的人看的。但正如數學家眼中，複雜的方程式是優美而巧妙的，描述性文法也可以被視為一群人共同創作出的藝術作品。那是了解一個曾經延伸整個北部平原的文明的一條途徑，據德洛莉亞所知，這個文明至今仍在保留區或以外的地方改造自我。鮑亞士在書中前言說，德洛莉亞對該語言掌控自如，她對細微差異和不同表達方式的敏銳感受力、她龐大的字彙，最重要的是她對語言的「情感內涵」的天賦，對這個研究來說不可或缺。

比起尋找失蹤父親屍骨的米尼克，或死後成為博物館收藏的以西，對文化儀式的不同見解只能被置於括號附註的雙烏鴉，德洛莉亞留下的成果更能證明鮑亞士的基本理論：那些遺骨被公開展示、文化被改造成流行原始主義的民族，畢竟也是不折不扣的人類。這一切也讓我們窺見更深一層的美國——因為執著於種族優越論和線性演化的文化觀而自我蒙蔽的美國。如果你想知道蘇族酋長在小大角之役後說了什麼，或想了解當母親看到兒子的遺體從傷膝河被帶回來時的痛苦哀號；換句話說，如果你想發掘一般在學校課堂或夏令營傳授的歷史的另外一面，鮑亞士和德洛莉亞正為你指出方向。

一切的起點在封面上就昭然若揭。過去鮑亞士也曾替學生的處女作寫過序，最有名的是米德的《薩摩亞的成年》和賀絲頓的《驢子與人》，但他為德洛莉亞做的事更少見。「好多人問起我們的文法書，」書出版的那年她寫信給他。「我以跟你一起名列作者為榮。」這是他第一次跟別人並列作者。事實上，終其一生這樣的例子少之又少。

CHAPTER 11 活生生的理論

一九三〇年代，在寫作、編輯、籌募資金和提供建議等等工作中，鮑亞士決定改變自己的教學方式。瑪麗還在世時他偶爾在自家舉辦的研究生助理和訪問學者之間的聚會，如今改成固定的討論會。每個禮拜二晚上，他自己會擔任主持人，邀請學生和同事一同來討論他們最新的發現。鮑亞士一家人住的山牆屋位於一座古老森林裡，近年逐漸變成郊區，透過新啟用的喬治華盛頓大橋連到曼哈頓，每個禮拜潘乃德都會跟幾名博士生擠上車開往紐澤西。

他們能報告的東西不少。潘乃德在系所會議和論文指導之餘，修改了之前對祖尼人所做的田野研究並擔任《美國民俗學期刊》(*Journal of American Folklore*)的編輯。最近一期登出賀絲頓長達百頁的研究，該文主題是紐奧良和墨西哥灣沿岸的常民信仰。米德和福群正忙著把奧馬哈研究寫成文章。克魯伯有次休假時從柏克萊來訪，他在柏克萊任教期間成了美國研究加州地區部落的權威。

德高望重的馬凌諾斯基從倫敦來訪時，偶爾會露露面，或許是等著鮑亞士空出位子就能遮補上。「他跟孔雀一樣虛榮，跟酒館閒談一樣廉價，」潘乃德曾跟米德八卦。他會抱著堅定的決心去參加系上派對，沙皮爾曾說他是個「好鬥的浪漫主義者」。有一次據說他在賀絲頓的襪子裡塞錢，明顯要邀她發生關係。至於米德，每次馬凌諾斯基走進房間，她都能感覺到一陣輕蔑的暗流。他曾在信中稱讚她的薩摩亞研究，但她相信沙皮爾讓這位太平洋區域研究的大學者對她很感冒。

沙皮爾很擅長撥弄舊傷口。「她是個討人厭的賤女人，到頭來變成一個扁平化的反社會預言，」讀過《薩摩亞的成年》之後他寫信給潘乃德。「象徵當代美國文化中幾乎所有我最討厭的東西。」他很快發表了一篇幾乎不加掩飾的文章，抨擊那些「自由女性」，說她們不了解「嫉妒乃人類普遍情感」。「性裡的愛被擠掉了，然後愛用不自然的形式加以報復，」他在《美國精神病學期刊》中寫道。「把同性戀當作『自然狀態』的迷信騙不了誰，除了那些需要為自己的問題尋找合理藉口的人。」

米德也不甘示弱。她在討論該主題的文章中說，根據她的經驗，嫉妒其實最常出現在能力不足的老男人身上。

輕蔑和背叛、祕密求歡、沸騰的敵意、堅固的友誼和激烈的競爭，跟達科他動詞和紐澤西面具一樣常出現在格蘭特伍德的晚間討論會上。但無論是在討論性、成敗或社群生活的其他面向，鮑亞士都教育學生要抗拒提出宏大架構或結論的誘惑。他從很早就很清楚他所謂的

「人類學最困難的問題」：人類文化存在普遍的法則嗎？如果有，我們可以如何找到它們？福群先前的指導教授芮克里夫－布朗（A. R. Radcliffe-Brown）有次逼問鮑亞士，能不能從他數十年來的考察、收集和出版工作中歸納出至少一件事。鮑亞士只敢說出一句話：「人不會用他們沒有的東西。」

這句話簡單而深刻地總結了他的思想。把自己社會的想法、觀念、架構和心智分類方式輸入一個很不一樣的社會，當然可能會告訴你一些重要的事。例如，塔烏島的出生率和死亡率、軟顎如何下降形成達科他的鼻音、伊頓維爾的故事從事實轉為幻想的那一刻——這些都是外來者能計算或辨別的事。但你不應該把自己的凝視誤以為是毫無疑問的事實。展開分析的起點，就是用「對真正使用它們的人」有意義的知識工具來做分析。假如你遇到一個不懂你所謂的「堂表兄弟姐妹」或「不倫戀」或「偏頭痛」的社會，堅持他們一定要有這些東西那不是太奇怪了。

鮑亞士認為，人類學應該是一門對話的科學。應該是一個人和另一個人看待事物的不同方式之間的對話，對話最終會通往特定的歷史和獨特的經驗，通往某個社群（眼前這一個），以及它如何理解自己在這個世上所在位置的寶貴方式。身為一名人類學家，就是不斷在琢磨思索自身的經驗。這就是故意把自己丟到偏遠異地的重點所在。你必須先收集資料再去除雜質，提煉出精髓。人類學家要提防從自身文化架構對人類本質驟下判斷的危險。鮑亞士看過種族理論家和優生學家傲然宣稱自己已經解開人類奧祕，這是多麼糟糕的一件事。

然而，以前的一些學生對於鮑亞士不肯加入概念（generalization）的競賽感到不滿。羅伊、克魯伯和沙皮爾各自以不同的方式寄望理論能推著科學前進，或至少把理論當作終極目標。「顯然鮑亞士博士的潛意識很久以前就認定，科學大教堂只屬於未來……那唯一的基石、尚未完成的牆壁，甚至偶而出現的獨立門戶都只能為上帝服務，」沙皮爾在評論鮑亞士《人類學與現代生活》時不耐煩地說。他認為那樣很可惜。如果不把收集來的故事、傳說、親屬表和原住民字彙用來印證一個貫穿一切的結論，這些累積的資料就沒有多大用處。他說人類學已然成為一門大眾科學，因此有被弄得「廉價無趣，類似瑪格麗特．米德《薩摩亞的成年》」的風險。

追求人類通則是驅策摩根和鮑威爾的動力。他們支持所有文化都沿著相同路徑前進。這就是史坦利．霍爾之類的心理學家的中心假設，而霍爾的目標就是探索人類心智的最深處。鮑亞士展開禮拜二討論會時，追求通則也佔據當時社會學的核心。社會學逐漸發展成人類學的姊妹學科；前者致力於了解一般認為較複雜的西方先進社會，後者專門研究其他地方所謂較為「簡單純樸」的社會。

在美國，社會學研究最近因為《中城研究》（*Middletown*，一九二九）而大受鼓舞。其研究對象據說是個典型的美國無名小鎮（實際上是印第安那州的蒙夕鎮〔Muncie〕）。「很多人可能很樂意客觀公正地探討形成未開化民族之習俗的奇特行為模式。但對他們來說，要用同樣的坦白公正去探討我們也身處其中的生活型態，無疑讓人覺得反感，」作者羅伯和海倫．林德（Robert and Helen Lynd）寫道。「但是，沒有什麼研究方式會比運用『原始民族研究』同樣程度的客觀和洞察力來研究自己社會，更有啟發性。」

林德夫婦利用統計表和精彩的敘述，檢視了中城居民的工作、家庭生活、教育和休閒活動的本質。這本書不只是小鎮生活的民族誌，也提出了普遍的理論。他們認為，文化習慣似乎趕不上物質條件的改變。舉例來說，比起出外工作的女性，中城居民更快接納室內廁所。林德夫婦忽略了田野地的很多重要事實。即使中城有不少黑人居民，「黑人」二字在書中卻只出現三頁。但他們證明了一件事：統計數字、細心的訪問和歷史研究，可以結合成沙皮爾等人期盼人類學能提出的創新普遍理論。

連米德都感覺到那股把人類學變成一門更有野心、更包羅萬象的科學，是多麼地有吸引力。她沒有能跟人誇耀的理論進展，也沒有具體發現能被眾人視為卓越的貢獻。一九三二年十二月初她跟潘乃德吐苦水：「我發現自己做出傑出研究成果、獲得成功這件事愈來愈悲觀。」她正在讀杜斯妥也夫斯基的作品，對自己的事業感到灰心。擔任助理策展人的薪水不到兩千四百美金。潘乃德至少有份學術工作，前一年還升上哥大的助理教授，薪水約三千六百美金，雖然還是比男性訪問學者少很多（她不能進哥大教職員餐廳用餐，因為餐廳只限男教授使用）。米德擔心自己注定只能是個通俗作家，或是她抱怨過的「『女性科學家』那種糟糕的動物」。「我不認為在博物館擔任薪水最差的職位、從來沒有其他的工作機會、在自己領域的期刊上被抨擊或明褒暗貶，是對一個人工作成就的精彩肯定」她寫道。你必須要有學術聲望，提出的觀點才能歷久不衰，而目前為止她都不具備這些條件。

最糟的是，她所做的一切可能不過就是學會如何把常規拋到腦後。人類學或許充滿刺激，但也非常危險，甚至很可能一點都不值得。光看鮑亞士近來一名學生荷麗葉塔・施美樂（Henrietta Schmerler）的遭遇就知道。一九三一年的夏天，施美樂前往亞利桑那州，夢想能成為阿帕契的米德，在那裡展開美國西南方的青春期儀式的詳細研究（編注：可參考「芭樂人類學」網站，林浩立所寫〈是田野險惡，還是人心：談人類學研究生Henrietta Schmerler（1908-1931）的死亡與污名〉）。「這片土地美極了，」七月她寫信給鮑亞士。「即使有時我灰心無比，第一次田野之旅想必都會如此，但我非常喜歡我的工作。」同一個月她就遇害了，在她去跳舞的路上被一名阿帕契年輕人殺害。你很難直接走進別人家的後院，就要求對方說出心裡的祕密，甚至當你放下戒心時更難。田野工作者需要把自己扭曲成勇敢和脆弱各半的人。

那年聖誕節，米德在世上最偏遠的地方與自己的野心搏鬥。她跟福群回到了新幾內亞，這次在本島一個潮濕的河港落腳。過不久她就會陷入痛苦，並從中淬鍊出她認為身為作家和思想家最大的成就，一個能跟社會科學最深刻的洞察平起平坐的突破性理論。但這也引她走向瘋狂邊緣。

•
•
•

米德和福群迫不及待要重返田野。福群終於轉到哥大讀研究所，並交出以多布島的社會組織為題的研究論文。米德寫了兩本暢銷書和其他嚴肅的民族誌，但她認為都沒有處理到人類學理論的主要問題。一九三一年春天，兩人返回美拉尼西亞，計畫對塞皮克河（Sepik River）沿岸的居民進行長時間的研究。

塞皮克河是新幾內亞最長的河，混濁的河水從中央高地往東流向俾斯麥海。這個德國名字是一八八〇年代第一批繪製塞皮克河上流地區的德國探險家留下來的。一次大戰之後，這座島的東半部交由澳洲人管理，西半部則繼續由殖民地領主荷蘭人統治。因為這段帝國統治歷史，新幾內亞人對人類學研究扮演特別重要的角色，尤其是對英國、澳洲和紐西蘭作家來說。就像美國人研究北美原住民，這些國家也多半根據最親近的「野蠻人」建立其人類學理論。

米德和福群想找一個愈偏遠愈好的地方，尚未受到傳教士和商人的腐化和影響的地方。沒過多久，他們就「像小貓一樣溫順」，米德如此描述。兩人在河流以北的高地安頓下來，跟他們稱為「阿拉佩什」（Arapesh）的族群一起生活，這群人很少有跟外地人接觸的經驗。（這個名稱其實是米德根據當地字彙的「人類」二字所創）。她會在涼爽的黎明醒來，在床上賴到蚊帳外響起哀怨的鳥叫聲為止。早餐是一杯茶，之後一天的工作就開始了：長達數小時的對話、語言課、把筆記打成稿子、跑去看儀式或剛出生的嬰兒，直到日落收工為止。她寫信告訴潘乃德，要不是沒帶提燈，他們會工作持續到深夜。

福群有時會跟男人去打獵，米德留下來跟女人和小孩一起整理蕃薯園。「我比過去更加相信，人類學家生涯的前十甚至前十五年，唯一合理的所在就是田野——至少大多數時間，」米德寫道。「除了能增加知識量和及時補充知識，這也是建立判斷和為理論打下穩固根基的最好途徑。」她非常想念潘乃德，還在他們的小屋裡掛了一張她的照片。當地小孩以為潘乃德想必是個大人物，牆上才會掛一張那麼大的照片。

她愈是了解阿拉佩什，就愈加相信他們「解決了性的問題」。據她所知，當地人不太有通姦的概念。當她問起婚外性行為時，大家似乎一臉困惑，不太懂她的意思或她為什麼對這個問題感興趣。她跟當地社群的每個人幾乎都談過話，知道很多妻子離開丈夫或男人試著跟已婚婦女交往的例子。但他們對這些事的態度似乎完全走務實路線。「沒錯，那女人的丈夫很氣她拋下他，去找她哥哥，因為他為了她給了她哥哥很多戒指和很多頭豬，」她告訴潘乃德。「這個哥哥只好挺身捍衛自己的權利，過去他說不定會跟他打一架。」但沒有人用宗教、道德規範或人權的理論來解釋或譴責婚外情。

在高地待了八個月後，米德和福群決定到塞皮克河下游的另一個田野地試試看。他們從阿拉佩什的土地遷往名為「蒙杜古馬」(Mundugumor)的低地族群所屬的領域。米德後來回憶，那個地方和那裡的人都令她反感，當地連性行為似乎都伴隨著咬人和抓人。當地人會在別人家的蕃薯園交媾，只為了破壞蔬菜。蒙杜古馬人以食人部落出名，時常捕捉鄰近地區的沼澤居民。「對啊，我吃過人肉，」有個小孩告訴她，「是卡倫加瑪人，只有一點點。因為很少，我根本吃不出味道。」

阿拉佩什人似乎活在自由開放的世界裡，蒙杜古馬人卻剛好相反，生活在高壓之下，被各種複雜的禁忌包圍，小孩學會的第一件事就是「不行！」。但即使跟食人族住在一起，生活仍然可能很無聊。米德在當地很少發現人類學家會感興趣的儀式、藝術或神話。再加上蚊子大軍像吸血鬼，暴露在外的身體部位都無法倖免。米德到哪裡都抓著一根掃帚趕蚊子，但用處不大。天天吃玉米餅和鱷魚蛋，這樣的日子過了三個月後，米德和福群覺得該看的都看了，於是開始計畫往上游移動。

這時候出現了一位救星。格雷戈里・貝特森(Gregory Bateson)是福群的舊識，對這一帶很熟，本身也是人類學家，偶而在雪梨大學授課，同時也是劍橋的教授。當時他在沿岸從事自己的研究，並主動說要幫他們找個當地人協助他們展開新研究。三人說好在內陸深處的港口鎮安本蒂一起過聖誕，蜿蜒曲折的塞皮克河在那裡拐了個髮夾彎。米德和福群坐上政府的小艇，一艘運送郵件和物資的小汽船，後面拖著行李和田野筆記。

前往安本蒂途中，他們繞去貝特森的田野地接他。第一次看到米德，貝特森說「你累了吧」，並拿椅子給她坐。米德記得那一刻是她第一次對他動心。她跟福群在外研究的那一年，兩人的關係時好時壞，但現在還算平和。因此這種新感受種下了兩人之間的情愫。

聖誕節過後，米德坐下來寫信跟潘乃德報告近況。「我有好多事要告訴你，」她寫道。「當然是關於格雷戈里．貝特森的事。」

• • •

潘乃德跟米德一樣，都久仰貝特森的大名。他那一代的人類學家沒人比他有更顯赫的家學淵源。他父親威廉．貝特森是劍橋大學的生物學家，「遺傳學」（genetics）一詞即由他所創。他母親碧翠絲來自知識分子家族，家庭成員包括傑出探險家和巴爾幹半島旅行作家艾蒂絲．杜爾翰（Edith Durham，家人稱她蒂姨）。格雷戈里的名門出身從名字就看得出來。他的名字來自格雷戈爾．孟德爾（Gregor Mendel），即開創遺傳特徵研究的奧地利神職人員。老貝特森把孟德爾的開創性研究介紹給廣大的科學界。仍在查特豪斯公學（英國菁英訓練所）就讀時，格雷戈爾．貝特森就展現了對植物學和收集昆蟲的熱愛。學校放假時，他跟父親會帶著背包和捕蝶網到法國的阿爾卑斯山遊蕩，尋找新的標本。兩個哥哥後來不幸過世，一個死於一戰戰場，一個在倫敦的皮卡迪利圓環（Piccadilly Circus）戲劇性自殺，於是他便成了龐大家產的唯一傳人。

他比米德和福群小一點，故意不修邊幅，一頭亂髮，衣服破舊，即使不在田野時也如此。他體型高大，雖然笨重但不笨拙。第一次見面時他滔滔不絕。米德和福群抵達他的田野地不久，他就拿出一本米德的《新幾內亞人的成長》，挑戰她有關月經的某個觀點。她的心完全被擄獲。

米德告訴潘乃德，貝特森有種強烈的「柔弱美」，相對於他的體型更加動人。身高超過一百九的他，跟人說話得屈身彎腰，整個過程就像把米德團團包住。她說福群完全不覺得地位受到威脅，希望一切都能順利，「三人相處不會有火藥味」。畢竟大家都是大人，而且如果她跟福群需要「一切如何坦率而理性地面對」的範例，只要看看下游的阿拉佩什人就足夠。她和福群才剛跟一個似乎以不過份投入愛戀糾葛為基礎而建立的社會生活了好幾個月。「我確實認為自己從此學會不必要讓性把事情搞砸，」米德寫道。

假期間，三名人類學家在阿本蒂跑了一攤又一攤外籍人士派對。一群群駐外人員在琴酒和威士忌的助陣下時而輕浮時而好鬥，酸言酸語飛來飛去，後來變成拳頭，再來是道歉和片刻的寧靜。聖誕節隔天的晚上，福群酒醉大鬧。結婚以來，米德從未看過他這樣。她自己也喝了四杯威士忌並倒頭就睡。隔天福群喝得更多，一直口齒不清。米德和貝特森認為往上游走或許對大家都好。

三人坐上小艇，喀拉喀拉前往上游某個他們想探查田野地點的村落，總共花了六小時才抵達。高溫熱得教人難以忍受，唯有緩慢前進的船掀起一點微風。福群酒醉陷入昏睡，他帶來的隨身收音機跟引擎發出的噪音較勁。每次醒來看見米德和貝特森在談話或合抽香菸，福群就會勃然大怒。

才剛抵達，他們就聽說鄰近部落要來攻打村子的消息，晚上焦慮難安。一把上了子彈的威百利左輪手槍是他們唯一的防身武器，但米德和福群也擔心精神恍惚的福群會禁不住誘惑。幸好最後並沒有爆發暴力事件，三人很快轉往下游走。後來米德和福群都認為回阿本蒂的途中是一切的起點：她跟福群的婚姻逐漸鬆綁，與貝特森的新關係於焉展開。

「我非常愛你，」回到阿本蒂之後，他們其中一人在陽台上說。「我知道，」另一個人回答。

這樣的發展當然把事情變得更加複雜。但沒人知道未來會怎麼樣，在它到來之前，還有工作得完成。一月初，福群和貝特森已經言歸於好，貝特森也準備好帶他們到下一個田野地。這次的族群是德昌布利人（Tchambuli），住在跟塞皮克河相連的湖泊周圍。德昌布利人居住在低窪的沼澤地，一個個泥炭島漂浮其中，高大的青草在湖周漂流，一夕之間改變湖的輪廓。泥炭水像光滑的搪瓷閃閃發亮，鑲著鮮豔的睡蓮，偶而會有藍蒼鷺把腳泡在漆黑的水裡。

德昌布利人總共不超過五百人，靠著種植芋頭和駕獨木舟到湖中捕魚維生。他們搭建弦月型屋頂的儀式屋舍，在那裡戴上木刻面具、火雞羽毛和貝殼做成的頭飾舉行繁複的儀式。他們似乎過著悠閒而富足的生活，這對跟蒙杜古馬人生活幾個月的米德來說鬆了口氣。「我翻山越嶺，在太陽下奔波，終於對這片鄉野感到滿意，」抵達不久她就寫信給潘乃德。「它肯定有它自己的特色，而我彷彿好多年都沒踏上土地的雙腳終於能踩在泥土上。」現在又有另一種語言要學習、另一種親屬制度要釐清，過程中還有許多蓮子可當方便的點心。

貝特森回到自己的營地之後，米德很快開始跟他固定通信，他們用剪成長條形的打字紙寫信，再由信差划船送到上游。在米德眼中，貝特森就像某種夢幻的護花使者、某種精神導引出現在她面前。自從他出現，讓身為人類學家的她比過去都要快樂。如今，只要他們能解決始於阿本蒂的個人問題就好了。「事實就是，我們已經學會如何從事田野工作而不享受過程，」米德從德昌布利寫信給貝特森。「你幫助我們擺脫這種錯誤的習慣。」他們挨家挨戶拜訪德昌布利人時，福群會把家族系譜記在手臂上，免得搞錯重要的親屬關係，出洋相。他們的語言同樣複雜，語法性別多不勝數——「非常非常多，」米德寫信告訴貝特森。她愈來愈覺得自己能在這片湖岸大有斬獲，以她的說法是：把文化從自然扒開。她漸漸開始能用過去想像不到的清澈觀點看待人類。

然而，她跟福群的關係卻每況愈下。住在只有一張蚊帳的小屋裡，兩人想避開對方都難。廁所沒有門可鎖，直到爭吵平息才改善。貝特森偶爾會從自己的田野地來訪（原本的起居空間得拉更大才容納得下三個人），並跟福群強調他跟米德的關係正在改變。

過不久，米德染上瘧疾，發燒腹痛，整天昏昏沉沉，只有當福群又喝得爛醉對小孩咆哮或找當地人吵架時才會猛然驚醒。「而瑞歐跟我睡覺吵，半夜吵，早上起床也吵，」她寫給潘乃德。她覺得這不只是她的婚姻的終點，也是用新觀點思考自己的起點。去年的田野之行，多少逼得她從長大以來第一次面對完完全全的兩人世界，而她發現自己沒有這方面的天賦。她有部分的靈魂在過程中變得麻木。福群若想繼續跟她在一起就得接受，就像幾年前她對克萊斯曼的立場一樣。她決定，最適合自己的是開放式的愛情，跟不同人用不同方式相愛。

「所以我真的覺得我已經盡最大的努力嘗試過一夫一妻制，還是覺得有所欠缺，」她告訴潘乃德。「現在也該輪到他試試我的『文化』了，如果他可以不要激動失控的話。」

・・・

米德和貝特森都努力想了解他們之間發生的事。他們感到納悶，如果連要怪誰都不確定，要怎麼理解難受的心情？米德認為，每個人都有與生俱來的個性，並透過某些方式在社會上表現出來。其中包括諸如勇敢或放縱、武斷或被動、自誇或謙虛等特質。在任何一個特定的社會中，性別概念通常會把這些氣質加以分類並標準化，將它們聚集在一起，賦予它們得體和自然的意義。但在米德、福群和貝特森研究的所有社群中，總是有人的氣質違反了這些標準。

在煤油燈下徹夜長談時，米德和貝特森漸漸了解他們是自身文化中的反常者。一個是女人，卻自信又愛冒險；一個是男人，雖然人高馬大卻靦腆又不起眼。相反的，福群卻是典型的男子漢，強硬，嚴厲，嫉惡如仇，自以為講理，但只要事情不合他的意，他就會變得易怒任性。在他所屬的文化中，他是一個正常的男人，但在塞皮克這裡，他簡直就是異類。

接近三月底，米德寫信跟潘乃德說她興奮無比，這麼多個月來總算對生命比較樂觀，因為她有了一大突破，她認為是她至今最大的成就，據她說是「相當重要的發現」。在琴酒的刺激加上瘧疾造成的頭腦恍惚下，米德與貝特森畫出了他們相信能解釋個體如何與其社會文化產生關係的機制。這是一個理解自己——他們認為還有世界——的架構，終於也能藉此稍微釐清他們在湖岸經歷過的感情糾葛、傷害、性愛和激烈對話究竟是怎麼一回事。他們稱之為「框框」（squares）。

他們認為人天生就有四種基本類型或「氣質」（temperament）。「北方人」多半壓抑，一板一眼。「南方人」熱情，具有實驗精神。「土耳其人」神祕深沉。「菲伊人」（Fey）奔放創新。檢視自己的生活和親友的個性之後，他們發現一切似乎都變得明朗。他們認識的每個人剛好都可以放入其中一個框框。強硬和掌控欲強的福群顯然是北方人。大膽且善於計算的鮑亞士和潘乃德可能也是北方人。沙皮爾是土耳其人，不停尋找解開宇宙奧祕的鑰匙。垃圾桶野貓和達文西都是菲伊人。朋友、知己、舊情人、老師、父母、名人和沒沒無名的人，現在全都顯露出最真實的本質，根深蒂固，可以理解。

米德後來回憶道：「我們來來回回分析自己和彼此，身為個體的我們，還有我們熟悉和正在研究的文化。」她跟福群的婚姻之所以無法成功，是因為兩人本質上不適合，她跟克萊斯曼也一樣。相反的，她跟貝特森像手和手套一樣一拍即合，天生性格互補而不是互斥。至於她對潘乃德永恆不變的愛，還有她無法在某種關係裡定下來，無論是一個人或一種性別，現在看來都不是她自己的問題，而是她天生的氣質就跟她所屬的社會格格不入。

只要走出蚊帳，就能看見一切都在眼前上演。米德和福群，現在再加上貝特森，三人已經跟幾個截然不同的族群生活了幾個月。阿拉佩什人的語言分很多種性別，不只陽性和陰性；西方社會視為正常或偏差的性行為，在他們眼中也無清楚界線。蒙杜古馬人證明了一個社會過度猜疑和嫉妒的下場。德昌布利女人照顧作物，男人創造藝術品。就像從烏黑湖面升起的朝陽，世界似乎在米德和貝特森眼前展開，沐浴在前所未有的清澈光線中。他們為自己和目前暫居的社群歸納出了一個理論，這個理論顛覆了他們的舊思維，也為他們的困境提供了一個解放人心的新解釋。「這是我這一年來的研究的最高峰，」米德寫信告訴潘乃德。「結合了人類學和反省過的個人生命。」

米德和福群寫給對方的信中，如今一再出現「框框」的字眼。福群一開始也加入了這個計畫。他擬了一封信給路德．克萊斯曼，告訴他米德跟他已經解開他們為什麼會在她離開薩摩亞時注定相戀的謎，一切都已明朗。他們甚至推論，連福群和貝特森都可能相戀，因為他們都愛上了米德，這份愛會轉變成對彼此的喜愛。

但福群很快就產生懷疑。米德和貝特森在他面前分享他們內心的祕密。他們花很多時間爭辯新理論，丟下他一個人去做實際的田野工作。一開始的興奮過後，他變得比之前更疏離。他跟米德說，跟他人分享和伴侶在一起的親密感是一種最可惡的背叛，無論在友誼或婚姻中。她甚至把福群收左輪手槍的地方告訴貝特森，後來貝特森把槍拿走，因為擔心福群發酒瘋時會去動槍。福群認為，框框理論是偽裝成科學的個人慾望，是一種粗暴而可笑的貼標籤活動，除了擺脫他，別無其他目的——搖擺不定的三人行努力要恢復和諧的兩人世界。

一九三三年春天，小屋裡的局面從緊繃變得難以忍受。框框理論成了一種個人崇拜，米德甚至針對每種氣質打造她認為最能展現其特色的藝術形式、儀式甚至料理。當她出外拜訪德昌布利人家時，福群和貝特森就在小屋裡下西洋棋；棋盤上的形狀在在令人想起米德和貝特森為自己打造的心智世界。有一次兩人又大打出手，福群把米德打倒在地，後來才發現當時她已經懷了身孕。之前有個醫生告訴她，她幾乎不可能受孕。她說這次事件導致她流產，而她記得福群的反應是怪罪貝特森。「格雷戈里吃掉我們的小孩，」他精神錯亂地說。

瘧疾產生的幻覺，咬人的蚊子，喀喀作響的打字機，緩緩轉動的老唱盤，幽暗的森林，漆黑的湖泊，潮濕的原住民小屋和嚇人的木刻面具，發現的狂喜，永遠的偏僻感，流向不明的上游河域（upriver from nowhere），深不見底的孤單——三名人類學家墜入大喊大叫、分分合合又歸於平靜的痛苦漩渦。一切的一切整合為他們自己打造的「靈境追尋」；在他們眼中，這就代表一種新科學。「所有人心中都有許多信仰，」米德寫信給潘乃德，「一切似乎都豁然開朗。」

• • •

不能再這樣繼續下去。

福群發燒不退。米德被蠍子咬還沒好，多半時間都不良於行。即使是貝特森也無法工作。那年夏天他們決定離開田野，到更寧靜和熟悉的地方把事情解決——框框理論、米德和福群的婚姻，以及貝特森跟米德可能的未來。

三人搭上雙桅縱帆船往下游走，靠風帆的力量慢慢前行，靠岸之後再登上往澳洲的汽船。米德後來描述這趟旅程「糟透了」。福群在船上巧遇以前的女友，決心靠岸之後要跟她同行。米德希望這段新關係能為她打開一點空間，好讓她跟貝特森獨處。有個新聞攝影師在雪梨拍到他們抵達的畫面，三人都露出微笑，米德夾在她生命中的兩個男人中間，三人身上的熱帶棉衫都換成了花呢西裝，恢復過去的裝扮。但就在這個時候，貝特森的一個前女友從碼頭上走過來挽起他的手，米德在後面不舒服地看著他和福群跟別的女人雙雙對對步離碼頭。

不過，三人很快就又重聚。他們租下同一棟樓的公寓。米德和福群住一層樓，福群的前女友住隔壁，貝特森住樓下。米德跟貝特森多半在餐廳裡見面，身旁圍繞著一群朋友。她跟福群還是繼續吵吵鬧鬧，有次吵到一半，米德開始用薩摩亞語對他大吼。他狠狠打了她，可能是打耳光。後來他跟米德說是她「逼他動手」，但他很抱歉打了她。到了八月底，她在公寓裡為他準備了一桌豐盛的午餐。他穿上新西裝，還買了花、雪利酒和起司。那一個小時一切似乎又恢復正常。但用完餐後，米德就這麼走出門，直直走向碼頭，登上開往夏威夷的汽船，踏上回家的路。

「哦，露絲，太棒了，能回到你身邊真好，」她在太平洋某處寫信給潘乃德。「能如此確信不疑地愛一個人真好。」留在雪梨的貝特森和福群下了更多西洋棋，冷靜地試著克服他們製造出來的混亂。最後他們也離開雪梨，回到了英國。「他們說新幾內亞有惡魔，」貝特森後來跟朋友解釋。「若是如此，會出現那種瘋狂的氣氛，說不定也是他們的關係。」

坐上船後，米德獨自走上甲板，沒跟人交談，除了用餐時的無聊對話。她偶而會去看電影，但多半都在思索腦中的問題：福群和貝特森、她的未來生涯、注定失敗的婚姻，以及她幾乎沒跟任何人說但正快速發展的新戀情。終於回到紐約後，她試著把一切解釋給她知道能理解她的人聽，那就是潘乃德。但她唯一能用來說明這一切的語言就是框框理論：北方人和南方人之間難以成功的「對角線婚姻」；跟同一框框裡的人「同族結婚」自然而然的幸福；維繫一個基本上違背她的氣質的婚姻有多扭曲。潘乃德對於這一切代表的意義感到不知所措。她擔心米德一旦將這些事公諸於世，她的健康和學術名聲會受到何等衝擊。「我發現我擔心的只有一點：你一個丈夫換過一個，將在專業領域招來辱罵，」潘乃德說。

米德曾經形容她從薩摩亞歸來的那年有如「從地獄歸來」。當時她跟克萊斯曼的婚姻已經破裂，對福群的渴望讓她痛苦不已。但如今她又陷入相同的處境，這次被拋棄的伴侶換成了福群。每隔幾天，米德或福群就會匆匆發給對方一封慷慨激昂的信，回憶在塞皮克河上的混亂時光。信要好幾個禮拜才會寄達，再過幾個禮拜另一方才會收到一樣激動的回信。有時候會寄來一大疊信，在不同時間和不同心情下寫的信，一次一起送達，收信人則在痛苦又憤怒的情緒下讀信。

他們又經歷一次痛苦、欣喜、背叛，像一般婚姻破碎的夫妻一樣走火入魔地勘驗原因。她努力平靜而堅定地說服他。他則用鋼筆尖刺破信紙，憤怒地揉皺信紙，之後再坐下來寫下情緒的意識流。福群射出倒鉤箭的精準度可比新幾內亞武士，有時還飾以社會理論或心理學的最新發現。

別再編造任何氣質理論來美化自己的喜好——就把它清清楚楚當成你當下想幹誰的喜

好。不要為它捏造什麼冒險故事或英勇事蹟，不要只因為你想幹Y，就指責X的人格。如果不這麼做你就得不到Y，那不要也罷。目前我並不特別想要幹你……你就別再枉費心機，讓腦袋休息，為了愛，你已經耍盡手段。

福群從世界的另一頭對她吐口水，說她的理論不過就是在合理化自己的惡劣行為。他放火燒了自己的田野筆記，有時是因為憤怒，有時是對自己事業的漠不在乎。

走在曼哈頓的街頭上，米德每次在人群中看到高大的男人就會胸口一緊。那一瞬間她會想，是不是貝特森趕來救她了，就像祖尼人傳說故事裡的英雄。他告訴她，日後回想這一切會把這當作他們的「蛻皮」；那是小時候他跟父親出外郊遊時學到的字，意思是蛇脫掉舊皮換上新皮的過程。

• • •

打從米德跟福群第一次結伴前往美拉尼西亞，潘乃德跟米德就對彼此的關係達成協議。他們承諾會永遠愛對方，無論婚姻或海上戀情都無法動搖，兩人之間或許會有親密關係（或許），但一切都順其自然。潘乃德跟史丹利的婚姻已經正式結束。兩人有很長一段時間分居，各自發展，一九三〇年正式分道揚鑣。

米德在新幾內亞期間，潘乃德一直是她的北極星，是她分享自己的洞察、成果、田野進度、跟福群的茫然未來，以及貝特森奇蹟似地闖入她的生命引發一連串混亂等等事情的對象。潘乃德也持續寄信和包裹給她，告訴她系上的八卦、新聞事件，還寄給她幾本吳爾芙和杜斯妥也夫斯基。她也寄了自己正在寫的一部分稿子給她，希望米德、福群和貝特森都能讀一讀。

當塞皮克河的三人在跟框框理論搏鬥時，潘乃德正致力為人類學理論貢獻一己之力。就像米德和貝特森努力為自己的愛戀和不滿理出一個頭緒，潘乃德則希望能從多年來朋友和同事收集到的大量民族誌資料之中找到意義。跟米德和貝特森不同的是，她並不想畫出框框或把人放進新打造的分類裡。她用的是「模式」（pattern）這個比較含蓄的詞。

潘乃德從一九二〇年代末就沒再跑過田野，但長久以來她都是田野工作者的朋友、知己，和永遠的求助對象。這些人有很多都在鮑亞士家裡舉辦的星期二討論會上爭相分享自己的研究。福群研究的是多布島上的巫師；露絲．班澤爾（Ruth Bunzel）是印第安村落；米德是薩摩亞人和貝爾村的高腳屋居民；甚至還包括鮑亞士多年前在太平洋西北岸的泥濘路上做的筆記。潘乃德的手稿開宗明義地說：「人類學就是對人類這種社群動物的研究。」接下來的五百頁，她開始細述這樣的洞察為何重要。

她說，真正開始分析人類社會之前，必定要先有一個認知：個別社群看待世界的方式並非放之四海皆準。包括我們在內的所有社群，都會犯下以偏概全的毛病，很容易把自己的行為等同於所有人的行為，把我們認為自然的方式等同於人類天性。但所有社會其實都只是各種可能行為組成的「長弧線」的一小片段。一個社群發展出何種片段，取決於許許多多的意外因素，從地理環境和基本人類需求，到跟鄰近社群隨機任意的借用都有可能。這些選擇可能持續一段時間，讓人類學家得以研究他們在社會脈絡中的樣貌，例如記錄一個社會的嬰兒如何誕生、男生如何邁入成年、女生如何快速順利地婚嫁。但這些都並非永久不變。所有社會都會改變。

潘乃德接著說，另一方面，文化並非不同特徵的隨機組合，就像「科學怪人之類的機械怪物，右眼從斐濟島來，左眼從歐洲來，一條腿從火地群島來，另一條腿從大溪地來。」所有特徵都有自身的意義，具備連貫性和整體性，讓社群裡的人從小到大都有所依歸。一個適應良好的社會成員，意味著了解該社會的基本生活模式——亦即基本的「文化全貌」，或是潘乃德從心理學借來的德文字「Gestalt」（意指整體，所有特質的總和使它成為獨一無二的自己）。她還跟德國哲學家尼采借用了兩個詞，尼采則是從希臘神話中借來的。「日神崇拜」（審定注：以下跟《文化模式》相關的翻譯，都參照黃道琳譯本的用法。）的社會就是強調秩序、規則、社群、控制和界線的社會。「酒神崇拜」的社會則強調斷裂、自由、獨特性、表達和無邊無際。

她提醒讀者，把任何一個複雜的人類社會簡化成「整齊一致、簡單明瞭的特徵描述」都是可笑的作法。但留意一般模式有助於理解是什麼讓一個社會既有別於其他社會，又在本質上對自身具有意義，例如該社會如何看待社群生活、習俗和儀式的觀點，還有定義生命本身的目標和路徑的方式。潘乃德在接下來的篇章裡用印第安村落、多布島、西北岸居民的例子來闡述她的論點——前者是日神社會，後兩者是酒神社會。

到了文章最後，潘乃德回頭說明她真正的洞察。她要談的其實不是祖尼人或瓜求圖人，而是更宏觀地說明用人類學觀點來看待生命可能會有的收穫。社會科學家對文化的分析，通常偈限在一個地理框架內。你可以檢視這裡或那裡的文化。這些單位一般會被貼上部落、民族、村落或種族的標籤。人類學家有時會稱之為「文化區」，即一種文化涵蓋的地區，博物館也可以依此擺設館藏，例如太平洋島群原住民一區，或在櫥窗裡展示拉狗雪橇的北美大平原原住民；鮑亞士多年前跟史密森尼學會爭辯時就曾如此主張。

但潘乃德認為，這不是看待事物的唯一方法。有些文化模式或許可以按照地理區域加以區隔。例如位在偏遠森林裡與世隔絕的村落，因為鮮少跟外界接觸，或許就自成一個文化區。但正如沙皮爾曾經說的，一家福特汽車廠或格林威治村或許也自有一套完備的行為模式、道德秩序、對該如何穿衣和該如何說話的共識，以及對複雜的程序和規則的共同認知。對於外來觀察者而言，重點是要讓自己保持潘乃德所謂的「文化敏感度」(culture-conscious)，清楚意識到自己對差異的直覺反應，例如喉嚨一緊、對某些社群的愚蠢感到生氣，甚至發自內心覺得反感等等，這些其實是各有其獨特模式的兩個世界發生衝擊時的現象。任何一個社群視為基本、清楚且正常的體制、習慣或行為模式，都不是必然的結果，而是從「人類各式各樣的潛在目標和動機」中做出的選擇，連國際扶輪社的午餐會和高桌晚餐都是。

潘乃德在結語中說，以上這些不應該讓任何人感到絕望。這反而讓我們對人性和人類自我了解的能力有了巨大的信心。某方面來說，這份稿子的最後一段是她用畢生的心力寫成的。「對文化相對性的肯定，」她寫道，在這份專書長度的手稿中第一次清楚說出鮑亞士圈子的中心思想，「自有其價值，不需要絕對主義的哲學體系來肯定。

它挑戰了慣常的想法，使受這些想法薰陶長大的人極度不安。它使人悲觀，因為它攪亂了過去的準則，而不是因為它含有本質上令人難以接受的事物。一旦這項新觀念成為一般人習慣的信念，它就會變身成另一個保障美好生活的可靠堡壘。屆時我們將具有更切合現實的社會信念，並將這些人類用生存資源為自己打造的各式各樣但都同樣有效的生活模式，視為希望的根據和包容的新基礎。

在短短幾句話中，她不但簡潔說明了文化相對論，也比之前任何一個人更清楚道出：社會科學本身就是一種構築生活的方式。她的西南岸之行；她閱讀的其他人類學家的田野報告；跟米德、福群、沙皮爾和其他朋友長期的親密通信，還有幾乎到哪裡都格格不入的感覺，她用這一切提煉出一套既一針見血又富含道德意義的規則。

看過草稿後，米德寫信跟貝特森說：「露絲的書完成了，寫得不是很好。」米德想要更大的野心、更多的理論、更大的範圍，也就是圈內男性科學家長久以來所追求、而她自己也設法用框框理論達成的目標。事實上，潘乃德這本一九三四年由霍頓．米夫林（Houghton Mifflin）出版社出版的《文化模式》（*Patterns of Culture*），發揮的影響力比起他們任何一個人的著作更加源遠流長。它可能是後來最常被引用和講授的一本人類學理論著作，也是克魯伯當時所說的「人類學態度的宣傳書」。《紐約時報》的某書評人說，潘乃德藉由這本書為讀者介紹「文化相對論的信條」；這是「文化相對性」一詞第一次出現在全國性的報紙上。潘乃德相信，其核心是一套適用於個體也適用於整個社會的基礎倫理。從童年時面對傷心痛哭的母親，到擔任女教授的二等職位，還有她對米德難以言喻的愛，一直以來這都是她設法要用不同方式奮力說出的話：天下沒有殘缺之人。

• • •

潘乃德正在準備出版《文化模式》之際，米德寫信告訴貝特森：「真有趣，你知道我很願意承認，在塞皮克發展那些想法時，我整個人陷入極度反常的狀態，裡頭有很多錯誤的類比跟不實的建構。」她覺得整個過程很像一種偽宗教，至今她還在努力了解到底發生了什麼事。「那當然是一種精神錯亂，那種思考和感受的速度撐不過一週，之後勢必就會斷裂，變得虛無縹緲到不值一顧。但我認為在那種精神錯亂狀態中，如果一個人沒有斷裂，還留有一點腦袋和一點知識背景，就會從中產生新的想法。」她說當時他們都彼此相愛也有幫助，形成一個迷戀、激情和知識暈眩的奇特三角戀，每個人都奮力要把它放進某種合理的框架裡。

田野工作一一摧毀了過去的世界；婚姻破裂；過去的關係變淡；年輕時的野心顯得奇特過時。要把人類學研究做好，你必須跟熟悉的一切疏遠。努力要接收另一個地方的知識時，就不得不把你以為的普通常識丟掉。人類學本身就可能產生知識暈眩。從中獲得的回報是，你開始能用一種前所未有的解放觀點看待自己的社會，知道那只是建構社會的許多方式的其中一種，並無特別。此外，若你總是在自己的文化中感到格格不入，覺得自己是潘乃德在書中所說的「反常」、「異常」、「性倒錯」或「混合型」，或許能因此得到一套釐清自己為什麼活得那麼辛苦的新工具。

對米德和潘乃德來說，這些洞察幫助他們理解兩人已經維持十年以上的關係。這段關係有時包含肉體關係，有時沒有，但兩人一直緊緊綁在一起，從未分開。「你分成『同性戀』和『異性戀』的感受，其實是『跟氣質相似或熟悉的人保持性關係』與『跟陌生和遙遠的人保持性關係』的差別，」米德從塞皮克河寫信給潘乃德。「我相信每個具有一般性能力的人，都有『同性戀』性表達和——按照變化不定的狀況——達到特定高潮的能力。稱偏愛『陰柔』表達方式的男人為男人，或只有特定『陽剛』感受的女人為女人，或稱兩者為『混合型』都很令人困惑。」某程度來說一切都是潛能的問題，直到你被某些情況和出生時的規範系統導入某個方向。米德從自己的渴望和慾望中發現了這點，每次進入田野也會在其他人身上目睹。

然而，這個方法要付出的代價就是刻意讓自己精神錯亂。如果你知道現實是由特定時空塑造而成的，擺脫現實的唯一方法就是離開心智：走出你以為真實、正確和顯而易見的心智架構。「我們踏上了一趟發現之旅，沒有文化地標作為指引，」貝特森對福群回顧塞皮克時說。「那一類的旅程都附帶了沉重的代價，我們多少就像是穿越了地獄。」但只要掌控得當，或許能從這樣的精神錯亂中創造出新想法，甚至新人類——一種學會接納陌生的生活方式的新人類。「之前我什麼都不是，只是個孩子，」貝特森說。「現在我多少長大了，成為一個人類學家……我不知道為此付出的代價值不值得……新知識大概只能靠著脫離文化（舊知識）而獲得，而很多人即使這麼做也毫無收穫。」

那麼框框理論呢？米德離開雪梨之後，仍跟貝特森密切通信，用的還是在新幾內亞持續好幾個月的長條紙。他們把框框理論的一般描述打成稿子，還畫出複雜的圖表呈現四個主要類型，但還是無法說服人。潘乃德認為這個理論沒有可觀察的資料作為支撐。福群仍舊認為這一切令人難堪，說好聽是業餘科學，難聽就是個人幻想。「你因為它對你有用而興奮不已，就以為它合乎真實，」他寫信告訴米德。「我只希望你還沒跟鮑亞士提起這一切。」確實還沒有。

但從新幾內亞歸來後幾個月，米德寫信告訴貝特森，有個新思路從塞皮克河的一片混亂中浮現。若關鍵不在個體符合哪個框框，而是不同社會如何將一個人的特定氣質標準化呢？這是潘乃德在《文化模式》裡處理的問題的翻版。潘乃德想知道一個社會可能採納的主要文化模式。米德想知道這些模式如何建構個人的生活，而這個問題的核心正是她拚了命要為框框建立理論的關鍵所在。

米德說，從男女性別的問題最能看清這一切。在新幾內亞，他們看到打扮成女性的男性、擔任男性社會角色的女性，以及介於中間的各種性別角色。但這樣的描述方式就像一種概念上的約束衣。米德只能用從自己社會所知的男女性別二分法，試圖去解釋一個全然不同的社群。她的社會，她所謂的「我們的現代文化」選擇了一個名為「性」的東西當作承裝個體核心氣質的容器。一般認為，生理男性和生理女性具有該文化的所有人都能流暢說出的根本特質：大膽、好鬥和喜歡主導被歸為男性特質；溫柔、創新、具有母愛被歸為女性特質。但她的社會中沒有人會把大耳朵或綠眼睛跟本性聯想在一起，若有人主張招風耳的人天生意志力薄弱，大概會招來訕笑。她說她的社會建構出的文化，把男女視為基本的二元對立關係，也是一種界定現實的重要方式。相反的，超風耳或綠眼睛就不是。

但我們可以想像一種截然不同的建構社會的方式。框框理論就是這樣的一種嘗試，是米德在瘧疾的恐懼中想像出來的理論。阿拉佩什、蒙杜古馬和德昌布利，都是她用來對照自身社會的他者社會。如今，米德找到一個方法把所有例子綁在一起，從中歸納出自己的發現。

她把新書名為《性別與氣質》，一九三五年出版，即潘乃德出版《文化模式》的隔年。她把書獻給鮑亞士，也大方感謝福群的幫助。兩人到目前為止仍是夫妻，在親近朋友以外的人眼中甚至是對恩愛夫妻。威廉莫羅出版社再次把它包裝成大眾讀物。她寄了一本給福群，福群在回信中說他認為書很「出色」。

《性別與氣質》代表了米德將田野工作和社會理論結合的最認真的一次嘗試，也是她將鮑亞士教導的種族概念跟自己對性和性別的思考連在一起的嘗試。她指出，我們的社會投入龐大心力界定性別，期望男女從出生就依其生理差異展現不同的行為方式。「根據所謂的與生俱來因此適合兩性的行為模式，發展出一整套求愛、婚嫁和為人父母的劇本。」我們以「性別和社會行為相互呼應」的信念為中心，創造出俚語、笑話、詩歌、髒話甚至醫藥。不符合指定類別的人，例如被叫娘娘腔或男人婆的人，似乎就違背了世界的自然秩序。

西方社會認為男女差異是天生、神賜且顯而易見的。所有社會都會分配特定的社會角色給生理男性和生理女性。但根據她的觀察，社會角色跟生理性別綁在一起，並非人類文化的普遍特徵。就算你可以證明生理男性通常傾向於某種行為模式，生理女性傾向於另一種行為模式，最後還是要面對鮑亞士多年前就從種族論述中發現的兩個問題。第一，每個類別內部的差異可能比類別之間的差異還大。換句話說，男性和女性的行為並無巨大的落差。第二，我們很難區分行為究竟是社會因素造成的結果，還是如一般認為的與生俱來。米德說，所有社群普遍皆有的只有不同的性別角色和不同的人格，或她所謂的「氣質」。不同社會畫線連接這兩者的方式也不同，也就是說，一個社會會為男性或女性指定不同的氣質。除非你了解一個社會歸於男性和女性的特質，不然就無法深入探討性別的差異。況且，你也得先確認一個社會是否會特別分派不同的特質給不同的性別。據她所說，她手邊就有三個社會並沒有這麼做。

她接著說，看看阿拉佩什人和蒙杜古馬人的例子就知道。這兩個社群都為男性和女性指定不同的角色。蒙杜古馬人認為捕魚是適合女性的工作，而阿拉佩什人則認為畫畫是男性專屬的工作。但兩個社會似乎都不認為這些角色跟不同性別的天生氣質有關。阿拉佩什人認為女性較擅長扛重物，但那只是因為他們認為女性的頭較堅硬，不是因為他們認為女性天生適合做苦工。扶養小孩則是男女共同分擔的工作，但不是因為他們認為男女都天生具有「母性」；相反的，阿拉佩什人也有殺嬰的習俗。事實上，在當地人的認知中，生小孩是一男一女發生多次性行為的結果，而小孩透過性交在受孕期間成形並由男女雙方「餵養」。因此，小孩出生後由父母一同扶養也很自然。

若硬要阿拉佩什人說出他們心目中理想的人，他們的回答用西方語彙來說就是和善、懂得照顧他人、為社群利益著想的人。蒙杜古馬人似乎剛好相反，認為好鬥、多疑、汲汲營營才是理想的特質。米德說，那樣的社會充滿敵對和猜疑，分成一個個歷史悠久的複雜家族，財產共有，並共同保護財產不被假想的敵人掠奪。而團結社群的唯一力量，似乎是攻打鄰近部落的獵人頭行動。但眾人欣賞的特質平均分散在男女之中。

再來還有德昌布利人。他們通常賦予男性藝術家的角色；男性白天都在畫畫、雕刻木頭面具和跳舞（他們稱為sing-sing），女性則忙著捕魚和準備食物。但他們同樣不認為男女差異跟天生潛質有關，甚至常在節慶活動上翻轉性別角色，男性在大型化妝舞會上扮成女性，女性戲擬性交橋段。

米德在文章的最後問：這些社會角色從何而來？西方社會逐漸學會將特定氣質與社會角色相連，並把生理性別放進這些社會角色裡。由於母親多半被賦予照顧小孩的角色，社會就順理成章認為女性天生細心、體貼和愛護小孩。由於男性扮演政治家和作戰者的角色，社會也順理成章認為生理男性擁有敏銳和勇敢的特質。但若把這種性別和氣質的相互對應視為組織社會的唯一方法，那就是倒果為因。米德認為，先出現的是性別角色，那是長期且複雜的文化借用、妥協、改變和偶然造成的結果。之後才出現米德所謂的「性別－氣質標準化」以符合這些既有的角色。

最後她說，真正要對她所屬社會提出的問題是：人們是否願意接受人的潛能跟生理性別並非生來就是一體，不可分割，又願意接受到什麼程度？米德依循當時社會科學的用法，除了文法性別（編注：像是法文名詞分陰陽性）之外，從未在分析上使用「社會性別」（gender）一詞。她在新幾內亞研究過的語言都有多種性別，不只名詞分成陽性、陰性和中性，還有十幾種文法類別用來歸類植物、鳥類或鱷魚蛋。但在《性別和氣質》裡，她努力要劃清「生物性別」（如生殖器或第二性徵的不同）和「社會性別」的不同。第一種可被視為一種生物事實，至少對一小部分人類來說。第二種現今稱為gender，則是特定時空的產物，是一個社會指派給男性和女性的個別社會位置，或是賦予人的各種角色、行為、魅力和潛能，跟生物性別關係不大。

這呼應了鮑亞士幾年前針對顯著的外表差異和社會對種族的分類所提出的主張。米德的結論就是她在跟潘乃德的通信中所說的「反省過的個人生命」，亦即把社會科學理論當作批判性自我分析的工具。最後的成果就是她在塞皮克河上想出的瘋狂理論，還有回到紐約之後寫出的《性別與氣質》這本書。她終於找出方法理解自己複雜混亂且處處扞格的命運，也知道如何訴說發生在她認識的男男女女身上的悲劇和激情，包括她從進入巴納德學院以來認識的人，例如潘乃德和福群，還有目前的貝特森——她最近一次也最奔放自由的愛。

文化是狡猾的裁縫師，就近選材剪裁衣服，再想辦法把人類改造成剛好穿得下這些衣服。潘乃德關心的是一個社會的文化模式。米德感興趣的是社會如何約束和導引個人氣質。真正的解放不必然是讓女性更陽剛或男性更陰柔，而是讓人類的潛能掙脫社會塑造的角色，把每個人看作各種潛能的總和，能透過各種創新的方式展現種種潛能。當有夠多的人開始認為舊衣服不合穿時，就是文化發生改變的時候。

西方社會著迷於將人分成本質各異的「種類」。性別不過就是另一種版本的種族或顱形，都是界定進而縮減個人潛能的一種方法。「一個文明有可能不受性別、種族或家族世襲地位這些分類影響，」米德在《性別與氣質》中總結。「反而因為不按照這些標準來限定個人特質，而能認同並培養各式各樣不同的氣質，並打造適合其發展的空間。」不這麼做的話，雖然不見得是有意而為的不公不義或體制壓迫（儘管後來真的被貼上這種標籤），但實際上卻造成不少這樣的結果。強迫人們放棄原有的潛能過活，硬把他們內在的天賦、精力和才能壓抑下來，實在是一大浪費。

CHAPTER

12

神靈的世界

米德的《性別和氣質》跟賀絲頓的《驢子與人》在同年出版。米德的書被當作性別與潛能的大膽宣言推銷上市。賀絲頓的書則被當作一位黑人作家對黑人文化的描述，或如《新共和》週刊某書評所說，描寫的是「單純天真的黑人在佛羅里達小鎮和偏遠地區的生活。」探討薩摩亞人或新幾內牙的書被奉為人類社會普世性特徵的報導，探討非裔美國人的書卻只是奇妙有趣的故事。

儘管如此，賀絲頓的寫作和學術生涯都正值顛峰。她出了兩本書都得到國內大報的評論，同時正在攻讀博士。《驢子與人》出版後，暢銷作家法尼．荷斯特（Fannie Hurst）還跟老朋友要簽名照。賀絲頓重回南方收集了更多資料，這次跟名叫阿倫．羅馬克斯的年輕大學生同行。兩人拖著一台收音機，為國會圖書館捕捉故事、勞動歌曲、黑人靈歌和藍調樂曲，這些音樂就像賀絲頓從事人類學研究時的伴奏。一九三六年，亦即《驢子與人》出版隔年，她終於得到古根漢獎學金，米德在前一輪就被淘汰出局。賀絲頓申請時註明自己的領域是「文學」（literary science）。選擇這個分類真是恰到好處，因為她最想做的事就是創作，同時把民間故事當作媒介，用它來了解人如何在困境中打造有意義的生活。

當米德、福群和貝特森仍在摸索下一階段生涯時，賀絲頓已經帶著兩千美元的古根漢獎學金（有生以來第一次有那麼多錢）前往另一個田野場域。她打算著手進行古根漢董事在公告中說的「西印度群島黑人的巫術研究」。日後她說，研究不過就是一種「有正式名目的好奇心」。若你願意深入任何一個人類社群的寶藏，偏見就會隨之融化。「只要蹲下片刻，」她說。「之後事情就會自然發生。」那年春天她走下船，踏上牙買加的金士頓港。

• • •

金士頓是賀絲頓所謂的「一年自我教育」的第一站。哥大人類系似乎是為沙皮爾、潘乃德和德洛莉亞這一類把研究焦點放在美國原住民的人而設，興趣在其他地方的人較難發揮所長。「法蘭茲老爹懂印第安人等等的領域，但對我的黑人研究卻愛莫能助，」她對當時在西北大學當教授的赫斯科維茨抱怨。

就像早期的鮑亞士和米德，賀絲頓到了當地很快就登上地方頭條。報紙形容她是來跟原住民請益的外國研究員。她穿著馬褲馬靴在金士頓到處遊蕩的身影時髦又有型。即使對一個擅長自我改造的人來說，牙買加在賀絲頓眼中仍是一個想要變成什麼人幾乎都能如願的地方

——以她的話來說就是「公雞都會下蛋的地方」。

「在其他地方，一個人生來不是白人就是黑人，」她說。「但在牙買加一個人可能出生是黑人，但對外聲稱自己是白人。」只要膚色帶有可被辨識出來的粉紅色或紅色，你光憑意志力就能改變自己的處境。那樣的牙買加人似乎能散發出英國人的神態，從標準發音到四點喝下午茶都面面俱到。在自己的故鄉，賀絲頓就很熟悉「跨界」(passing)的現象，亦即同時屬於兩個種族的能力，一個只有自己和家人知道，一個是他們在社會闖蕩時對外標榜的種族。她發現跨界每次發生時，幾乎都朝向一個方向：社會權力。牙買加似乎複製了承襲自白人殖民者的種族階層，故意把黑人血統隱藏在白人特質的面紗下。這裡的人可以說服自己相信最不可思議的事，假如他們所屬的社會讓他們很難有其他選擇的話。她沒有預期來到這裡會對種族有新的發現，過去也在寫作中避開這個主題，但身在牙買加把一切問題放大。她意識到文化不只是一套規則或儀式，也可能是身上的一套枷鎖，即使典獄長多少已經逃離現場，人還是拖著這套枷鎖到處跑。

過不久，賀絲頓離開金士頓，跟朋友開車橫越藍山前往北部海岸及聖瑪麗區，尋找有趣的東西。那裡海天一色，海岸線的岩石和草地彷彿上帝創造萬物時就如此存在。到了某個村子裡，有場鄉村婚禮正在熱烈進行。賀絲頓很快就被捲進音樂歌舞裡，看見新娘掀起婚紗，一盤盤蛋糕和咖哩羊肉在眾人之間傳送。

更往西走，到了聖伊麗莎白區，她跟逃亡黑奴的後代相處了一段時間，這些人後來跟島上原住民通婚。她參與了長達好幾天的獵豬活動，在山坡上來來去去，穿著馬靴吃力地跟上；只要有人太靠近剃刀般銳利的野豬長牙，獵人的狗就會狂吠。之後她又回到島嶼另一邊的聖托馬斯區，在那裡參加了持續九晚的儀式，類似某種守靈，目的是要安撫死者的靈魂。這一次屍體被緊緊釘在棺材內，避免它復活，到村裡到處胡鬧。對於這些牙買加人來說，死亡不像終點，更像狀態的轉換。重點在於確保人體內的黑暗物質——他們稱 duppy——不會在過程中逃跑。有九個晚上都在看守墓穴裡的屍體，要是一不小心讓黑暗物質溜走，就得想辦法滿足它的邪惡要求。

不難發現這些信仰和習俗都帶有非洲的痕跡。賀絲頓也對許多相關研究很熟悉。包括埃爾西・克魯斯・帕森斯（Elsie Clews Parsons）十年前對加勒比海信仰的研究；卡特・伍德森（Carter G. Woodson）和詹姆士・魏爾頓・強森（James Weldon Johnson）的研究，但由於美國學院的種族隔離政策，他們的研究主要出現在所謂的黑人期刊或由黑人出版社出版。當然還有赫斯科維茨，他一直埋首研究西非社群跟新世界在宗教、語言和民間傳說之間的連結；他在西北大學開的課，日後也將合為傳統白人學院的第一門非洲研究課程。

在紐奧良期間，賀絲頓親眼看到了美國黑人文化中的非洲根源。但在牙買加，想避開英國的影響都很難，即使在鄉下也是。從對種族的看法到日常習慣，牙買加就像翻修過的英國。

她很快發現要穿透帝國的粉飾很難。如果你想知道黑人被非法賣出達荷美王國或黃金海岸，到半個世界遠的地方砍伐森林和種植甘蔗的過程中究竟失去又得到什麼，就非去一個地方不可。九月底，賀絲頓打包行李搭上開往太子港的船。

• • •

菲德烈克．道格拉斯（Frederick Douglass）曾任美國駐海地公使和總領事，他曾說過，追溯海地的歷史就像跟著一個受傷的人穿過人群：只要跟著血跡走就對了。一七九一年，住在伊斯帕尼奧拉島（Hispaniola）西半邊的法屬聖多明哥的奴隸展開武裝革命，反抗奴隸主和殖民統治。因為這場起義，海地共和國才在一八〇四年獨立，但勝利的代價是國家因此負債並陷入孤立。歐洲強權強迫新政府賠償法國因為奴隸解放而遭受的損失。有段時間海地雖然相對穩定也推動改革，中間卻仍爆發政變、暗殺、農民造反和血腥鎮壓事件，直到一九一五年美國終於派軍佔領海地，插手支持當時掌控海地國家銀行的美國投資者才緩和。賀絲頓一九三六年秋天抵達時，美軍才剛撤離兩年，權力已經轉交給新當選的總統。

後來，賀絲頓如此形容海地的近代史：「家家戶戶都在辦喪禮。」但過去的歷史已經被當地菁英所謂的「第二次獨立」取代。國內的三百萬人重新拿回權力。過去在政府、軍警和教育單位任職的美國人都換成了海地人。每天晚上在太子港的馬路和大道上，上流階層從宏偉建築、雙鐘樓大教堂、獨立廣場、國家宮前如閱兵般經過，白色混凝土牆面襯托著背景的綠色山丘。

賀絲頓在首都的郊外建立據點。她努力學習克里奧爾語，計畫再繼續深入內陸。她說那裡其實分兩區，一個是戰神廣場，太子港的時髦中心，到處可見法國式建築和白皮膚的顧客；另一個是波洛斯，靠近市立公墓屬於較貧窮的一區，散落著黑皮膚人住的簡陋小屋。要了解這個地方，你必須從宏偉建築裡走出來。十二月時，賀絲頓去了西邊沿岸形狀如鉗子的戈納夫島，島上土地乾涸，人口稀少。從海上看，小島有如一名斜臥的女人。儘管蚊子趕也趕不走，那裡的寧靜村落、平靜的海水，還有常吃的簡單燉羊肉，都讓她覺得「有種絕無僅有的祥和。」

一月初，她返回本島，前往阿爾卡艾（Arcahaie），之後那裡成為她在海地的據點之一。收留她的主人名叫德尤．多納茲．聖雷澤。他住在一片大宅院裡，裡頭有好幾棟建築和一間大宅。他負責管理那裡的所有農場並從中獲利，看他住的華美住宅就知道他獲利頗豐：拱門入口塗上綠色、白色、藍色和橘色條紋，宅院周圍豎立著綠色和紅色的圍牆，裡頭有一大群工人和手下，還有在塵土中跑來跑去的小孩。德尤．多納茲掌握的權力並非來自財富，而是在賀絲頓眼中像神祕電網貫穿海地社會的東西。那是來自海地本地的能量，也是外人似乎最不了解的當地文化，那就是海地人稱為「巫毒」的習俗和信仰。

• • •

賀絲頓前往加勒比海不久，赫斯科維茨就出版了他對海地農村的研究，書名是《海地山谷的生活》（*Life on a Haitian Valley*，一九三七）。另一名研究者是赫斯科維茨的妻子法蘭希絲，書中詳細探討了海地村落的宗教生活。「Voodoo或vodun，」他寫道，也使用另一種拼音，「……是一種複雜的非洲信仰和儀式，佔據海地農民很大部分的宗教生活。」

上帝統治世界，但這世界也住著能控制信徒身體的神靈（loa）。他們會像騎馬一樣附在一個人身上。祭司（houngan或mambo）具有進入神靈世界的獨特力量也了解祂們的習性，並藉由這股力量為人治病、預言或做其他驚人的事。神殿（hounfort）則是舉辦儀式的地方，透過獻祭、犧牲和敲打聖鼓將可見世界和不可見世界連結起來。

赫斯科維茨指出，不同村落或地區有不同的作法，當你認為自己理解一個信仰或儀式時，就會碰到另一個海地人（某種講克里奧爾語的雙烏鴉）堅稱腦袋正常的人不可能相信那些鬼話。但赫斯科維茨發現這種現象並不奇怪。隨便問一個基督徒、猶太人、回教徒或佛教徒對其信仰的看法，也會聽到各式各樣對何謂正確的信仰、有效的儀式、恰當的規範、良好的生活方式、靈驗的祈禱，甚至神明數目的看法。例如天主教稱他們只相信一神，但在人類學家眼裡，天主教卻像崇拜多神的宗教。三位一體、聖母瑪麗亞和所有聖徒加起來，就像一個大規模的多神市集，每個神在天上各有所屬的階層和獨特的神力。

赫斯科維茨指出，有些被歸於巫毒祭司的特徵，例如拜蛇甚至食人，完全是外人的想像。多數美國人似乎以為海地人都在「充滿恐懼的心理世界裡」從事日常工作。他亟欲糾正這種觀念。他的研究或許是截至當時為止對海地鄉村生活最複雜而細膩的描寫，充滿了合乎人性和理性的紀錄，潘乃德稱讚是美國最優秀的海地論著。

《海地山谷的生活》還有一個更深層的目的：從語言、巫術和社會組織去記錄赫斯科維茨所謂的「未受污染的非洲主義」。某方面來說，他在自己的著作中帶入了鮑亞士的論點。每個社會都有各自的歷史，這些歷史形成了我們今天看到的習俗和習性。海地的歷史可以回溯到獨立時代、穿過幾百年的奴役史，來到隔著一個海洋的撒哈拉以南非洲地區至今仍活生生存在的生活方式。赫斯科維茨後來認為海地是研究「新世界黑人」之非洲文化源頭的理想地點，僅次於南美洲東北岸的蓋亞那。

赫斯科維茨認為必須特別強調：他能確認某個字詞、神明或打鼓技巧源自達荷美、塞內加爾、奈及利亞或安哥拉，而不只是一種亙古不變的原始主義。這有違他的大多數白人讀者對黑人社會的一般認知。「假如現今的海地黑人農民呈現出粗野或不穩定的一面，」他寫道，「那麼詢問這些有多少可能來自主人為他們樹立的榜樣似乎並不過份，而不應該斬釘截鐵地歸因於天生的種族傾向，雖然實際上往往會這麼做。」

幾年後，他會在《黑人過去的神話》（*The Myth of the Negro Past*）提出更有力的論點。書名暗藏了雙重否定。他並不是要批評「黑人有過去」的神話，剛好相反。他批評的是蓄奴者和白人歷史學家主張的「黑人沒有過去」的概念。赫斯科維茨認為，黑人屬於漫長文化傳承的一部分，即使隔著奴隸制度造成的斷裂仍然可以重建。但這個論點並沒有特別創新，赫斯科維茨應該感謝更早之前就提出類似論點的思想家，例如杜波依斯和伍德森，雖然他們多半是透過黑人期刊和出版社對黑人讀者發表。儘管如此，他幾乎比當時任何一名白人作家把這個論點推得更遠。他堅決主張黑人也有值得記住的歷史，而我們現在就能為黑人的歷史遺產留下紀錄。赫斯科維茨指出，即使是南方白人也透過唱歌、烹飪、說話和祈禱的方式在追憶非洲。畢竟，白人新教徒營隊上節奏強烈的鋼琴音樂，情緒激昂的信徒踏過鋪了木屑的地板走向聖壇，難道不就是某種帶有部分非洲淵源的神靈附身嗎？

但赫斯科維茨就像當時的很多白人研究者一樣，對於海地的觀察仍是匆匆一瞥，而非深入觀察。如果你的科學要你把海地人視為古老傳統的化身，就很難把他們當作人看待，無論這樣的論點跟種族成見相較之下有多進步。《海地山谷的生活》追蹤了赫斯科維茨所說的海地文化的「混合物」，即融合許多法國痕跡的非洲文化。然而，書中卻對赫斯科維茨每天進行田野調查時遇到的人遭遇的巨大改變幾乎隻字不提，那就是美軍佔領海地。「至於山谷居民的內在生活，」赫斯科維茨寫道，美軍佔領海地「似乎沒有明顯可見的影響」。這裡指的是他的田野地米爾巴萊（Mirebalais），離賀絲頓所在的沿岸城鎮阿爾卡艾不遠。

但他四周其實都是明顯可見的痕跡，他自己甚至也提過一個例子。在米爾巴萊的市鎮廣場裡，有棵孑然而立的老棕櫚樹是海地獨立的象徵，也是鎮民參加各種活動的集合點。後來有個美國海軍陸戰隊的隊員在柔軟的樹幹上刻字：

L．馬羅到此一遊
一九二〇年八月十三日
美國海軍陸戰隊
爛醉如泥

美軍在海地各地留下難以磨滅的痕跡。佔領軍內部盛傳流言，說海地民間信仰野蠻的偽宗教。派往海地的海軍陸戰隊員在船上要先上課，了解海地的傳統，包括下咒和毒害敵人。他們把當地行之多年的儀式放在顯微鏡下檢驗，視之為一種激進化的途徑，而海地年輕人則尤其容易受神祕祭司蠱惑。美國當局甚至禁止巫毒儀式並查抄巫毒神殿，將鼓沒收毀壞，祭司不是被捕就是跑去躲起來。

海軍陸戰隊組成的佔領軍一方面管理國家，一方面鎮壓地方暴動。地方暴動來自當地人稱caco，即內陸高地的武裝隊伍。「幾乎所有武裝隊伍首領都是巫毒祭司，」一名走訪當地的美國人寫道，「他們將群眾凝聚在一起，這些人拋開宗教顧慮之後，也放棄了打家劫舍的目的。」負責掃蕩游擊隊的低階軍官和招募人員，在地方政府獲得極大權位。高傲自大再加上種族歧視，軍政府在當地傳出許多駭人聽聞的暴力事件，尤其在偏遠地區。強迫勞動、強暴、殺害百姓等事件頻傳。最常聽見的解釋是，為了對抗一個受極端宗教控制、既愚昧又殘酷的民族，這些行動有其必要。再說，在一個被巫術和黑魔法撕裂的社會中，面對跟武裝隊伍和無恥政客勾結的大祭司輕易就能操控單純農民的情況，你還能怎麼做？

美軍佔領海地是二十世紀第一次有外國佔領軍把超自然力量當作頭號敵人。這套超自然力量包括一整套根植於特定文化的宗教概念，美國藉此合理化自身的暴力行動。海軍陸戰隊和報導其行動的記者回到美國之後，他們對海地生活的描述說服美國大眾相信海地人的陌生奇特和野蠻天性。諸如《戈納夫的白國王》（The White King of La Gonave，一九三一）和《黑色巴格達》（Black Bagdad，一九三三）等士兵回憶錄，呈現了美國把文明帶往南方所做的努力。記者威廉・席布魯克（William Seabrook）寫的暢銷旅遊書《魔法島》（一九二九）成為描寫「巫毒」魔法最有影響力的一本書。海地的狂熱儀式是過往時代的遺跡，反映了原始人類的宗教習俗，那時喜怒哀樂仍很自然直接，神明仍離人民很近。「海地的巫毒是一種深刻且充滿生命力的宗教，」他寫道。「生命力不輸基督教……奇蹟和神祕啟示是每天常有的事……即使也有無知、野蠻、詭異、迷信的崇拜，有時也有不懂裝懂、招搖撞騙的巫醫。」

賀絲頓行前準備時就讀過《魔法島》這本書，但她本來就很熟悉南方某些黑人社群流行的宗教，她在自己的文章中稱之為hoodoo或voodoo。在紐奧良期間就有一些專業人士帶她參與過這種神祕儀式。她有好幾天裸身躺在溽暑中，頭上和腳上頂著燃燒的蠟燭，研究成果後來刊登在潘乃德編輯的《美國民俗學期刊》中。

到了海地之後，賀絲頓透過當地朋友和同事認識祭司，很輕易就跟祭司打成一片。在阿爾卡艾，她跟德尤．多納茲（Dieu Donnez）的關係讓她有了深入這個神祕社群的現成管道。她認識了一些海地最重要的祭司，還目睹深夜儀式召喚出一整個神殿的神祇──耶穌及聖徒的神祕聚集地，一旁還有丹巴拉（Damballah Ouedo）和爾祖里耶（Erzulie Freida）這些她較不熟悉的海地神靈。她看見人被神靈附身時扭動大叫的模樣，感受到抓住另一種現實的迫切性，也看見邪惡和純淨、最腐敗和最崇高全都纏繞在一起所產生的意義，那不會比伊頓維爾的浸信會禱告時更怪異或更不真實，或缺乏狂喜。身為基督教叛徒和牧師的女兒，她對於進入其他世界的力量略有所知。

賀絲頓逐漸明白，宗教依靠分類而存在：敬神和不敬神，天國和人間，奇蹟和平凡。曼哈頓只有兩個分類：生和死。但海地人多了一個非生非死或亦生亦死的分類。席布魯克的《魔法島》已經為美國人介紹過這個概念。它是將海地人稱為zonbi的現象確立其英文拼音的第一本書，席布魯克統一稱為zombie（喪屍）。

席布魯克說，有種特別的生物常在海地出沒，是「一種沒有靈魂的人類屍體，仍是死亡狀態，卻被巫術帶離墳墓並賦予看似活著的僵硬狀態。」美國佔領軍巡邏時也聽過喪屍的傳言。似乎有一大群喪屍佔據了海地的光禿山腰和偏遠村落。他們或許要為武裝暴動負點責任。村民認為，也許是喪屍在夜間突襲海軍陸戰隊員，讓他們倍感威脅。

過了幾年，也就是一九三二年，美國觀眾走進電影院就能在大螢幕上看到喪屍。《白喪屍》一片由貝拉．盧戈西（Bela Lugosi）主演，他在片中飾演擅長操弄人的巫師，在一個正在度假並即將結婚的美國女人身上施展邪惡的力量。海地的神靈可能附身在任何人身上，甚至白人女性，片名即由此而來。盧戈西下的巫毒咒語唯有當他連同他的黑人奴隸一同摔下懸崖喪命後，才得以解除。《白喪屍》的靈感來自席布魯克的旅遊書，既是恐怖電影也是某種隔著距離的民族誌。它是一個似乎專為海地而作的純虛構故事，就像當年分別以北極和薩摩亞為主題拍攝的《北方南努克》（*Nanook of the North*）和《莫阿納》（*Moana*），只是手法更灑狗血，故事懸空放在異國框架裡，變得更容易理解。

在海地，喪屍話題「滲透各地，像地上的冷空氣，」賀絲頓回憶道。她到哪裡幾乎都會聽到喪屍傳說，從太子港到阿爾卡艾甚至更遠都不例外。當地人談論喪屍跟談天氣或即將到來的婚禮一樣自然，或許只是會壓低聲音。賀絲頓認識的人都遇過喪屍或認識遇過喪屍的人。但言談畢竟只是言談，對她即將跟這樣的生物面對面接觸仍舊幫助有限。

・・・

停留海地期間，賀絲頓曾去過當地的醫院。在院子的柵欄旁，她發現一名婦人，面前擺著醫院送來的晚餐。她縮著身體，姿態防衛，幾乎沒碰食物。一看到賀絲頓走近，她就從旁邊的灌木扯下一根樹枝，開始掃地板。她的頭上包著布，戒慎恐懼，好像怕被打。有個醫生扯掉她頭上的布，但她舉起雙手抱住頭，像烏龜縮回自己的殼裡。

後來賀絲頓才知道她名叫費莉希亞・菲利克斯－曼托（Felicia Felix-Mentor）。她出生於埃納里村，位在戈納伊夫和海地角之間的一個村子，跟丈夫在那裡經營一間小雜貨店。令人震驚的是，根據這名婦人的醫療紀錄，她已經在一九〇七年逝世。賀絲頓替她拍了多張照片，後來至少有一張對外發表。那是她的海地鄰居稱之為喪屍的第一筆正式紀錄。

菲利克斯－曼托發生了什麼事？二十九年前有人辦她辦了喪禮，為她哀悼，但她的家人很快恢復正常生活。她丈夫再娶，兒子成大成人。但賀絲頓來訪前的秋天，憲兵發現一個全身赤裸的女人走在鄉間路上。她走到當地的一座農場，說那曾是她的地，是她父親留給她的。農場工人試圖把她趕走，但農場主人很快趕來且大驚失色，說婦人是他的姊姊。婦人的前夫被找來，他也確認確實是他的亡妻費莉希亞。然而，一切都無法再回到過去。她不在期間，每個人都不再是原來的自己，連她自己也是。哥哥成了有錢人，家裡的地產都歸他管，如果她還活著，或許也有一份。丈夫在佔領後的軍政府中擔任小官員，已經另外建立新家庭。除了再把她關起來，大家沒有太多選擇，但這次是關在賀絲頓發現她的醫院牆壁後面。

醫生告訴賀絲頓，菲利克斯－曼托可能被人下了毒。當初可能有精通黑魔法的巫師（bocor）讓她服下巫師代代相傳的祕方，她吃了就像死去一樣。之後巫師或許又將她喚醒，但她的腦部已經受損，只剩下空殼，或是席布魯克形容的「看似活著的僵硬狀態」。她可能已在鄉間遊蕩多年，甚至就在多少已經忘了她的社群面前生活來去。這種情況賀絲頓再熟悉不過，某方面來說這或許是她能詳細描述自己遇到菲利克斯－曼托相遇的原因。小時候她一直無法相信母親已經死去。相反的，她父親卻知道如何在生死之間畫出清楚的界線，也很擅長用舊家庭換來新家庭。

賀絲頓曾想過要查出毒藥的配方，揭發喪屍現象的祕密，或許甚至可以挖出菲利克斯－曼托更深的過去，拼湊出憑空消失的那二十九年或細述她變成喪屍的經過。但那年夏天賀絲頓突然因為腸胃問題病倒，她因此打退堂鼓。或許她太過接近某種神祕知識。會不會有黑魔法巫師擔心她會揭發某個神祕真相，所以也對她下毒？她決定還是到此為止。「什麼才是喪屍的完整真相？」後來她寫下。「我不知道，但我知道我在醫院病房裡看到了費莉希亞．菲利克斯－曼托的殘跡，或說殘渣。」

賀絲頓的結論是，了解喪屍的關鍵不在於發現神祕毒藥或破解另一個族群的神話，而是真正地相信它們。菲利克斯－曼托不是一個據說是喪屍的人，不是好萊塢電影為她塑造了一個虛構的角色。她的確確就是一個喪屍。若你能轉一下腦袋看見這個事實，那麼你就邁進了一大步，開始能從內部看見海地，最重要的是看見它的精神內涵。基本上，喪屍是呈現「本土分類」的具體實例。它是一種界定現實的方式，充分說明了海地的鄉下人如何存在於這個世界。紐約人把死亡看作終點、一切的盡頭，而現實只有兩種：當下或一無所有。然而，海地社會卻開放一種既非這裡也非死亡彼端的可能，介於生死之間的中間地帶。

你可以像赫斯科維茨一樣，在西非尋找這種看待世界方式的源頭。但把這看作被迫離開自己家鄉、重新在新世界安頓下來的一群人依稀記得的習俗，卻是誤把歷史當作現在。舉例來說，這就相當於發現基督教根源原來在巴勒斯坦一樣。要真正了解一種信仰，眼睛不能看著之前或之後，而要看著此時此地。巫毒跟所有形式的信仰一樣，關乎的是當下，即一個人如何理解社會權力和現下的世界，這個脫離常軌的世界。政府上台下台。強權入侵又離去。暴力從山丘上下來或摸黑潛入村子，打扮得像武裝隊伍或美國海軍陸戰隊。有個女人消失不見，剛好為她哥哥和丈夫省了麻煩，之後又突然出現，開始製造麻煩，直到被關進精神病院，縮起身體，寢食難安，從此閉口不語，不再是她自己，活著卻也已經死去。信仰存留下來不是因為人喜歡上一輩的信仰，而是因為信仰幫助我們面對眼前的世界。

賀絲頓在潘乃德的課堂中學到，巫術基本上就是為渴望的事建立一套模式。如果你希望自己的兒子健康長大，你就會為他取一個象徵力量的名字。如果你想殺掉敵人，你就把對方的一片衣物塞進死蛇的喉嚨。巫術思想跟普遍人性的距離沒有你想像得那麼遠，而且也存在於現代社會。賭博、股票市場，甚至私人財產的概念，都是相信自己能把自我延伸到非生物體上，一旦失去這份信念就會引起強烈的不適和焦慮，而這些某程度都依賴巫術的信仰系統。它們都是召喚不可能或不可見的事物以便控制實體世界的方法。差別只在於我們如何連結自然跟超自然層面，這就取決於歷史和各地的條件。

賀絲頓在海地看到了哥大教授一直在捕捉的概念。不需要學會巫術才能理解這些概念，雖然賀絲頓在紐奧良和阿爾卡艾看了不少。你只要張開眼睛，看見這世界上各種無法定型的力量、從天而降的奇蹟，和毫無道理的悲劇。那些「能在世界上呼風喚雨，讓世界風雲變色」的人們，從來不需要思考這些事，但在塵土中行走的人卻需要。如果你的社會能控制海洋，讓人在你面前低頭，你的神或許也可以。如果你擺脫不了翻臉無情的命運，飽受命運摧殘卻想不通其中的道理，那麼你的神一定也如此——反覆無常，邪惡和善良的面向彼此競爭，不時需要你的鼓舞和撫慰。

賀絲頓在海地寫下：「神的行為永遠跟創造祂們的人相似。」吵鬧的神靈可能會說出農人說不出口的話。被神靈附身的人會咒罵農場主人或頭戴遮陽帽的美國人。被隱形的力量附身，遁入某種死亡狀態，可以是一種真正活著的方式，尤其是在很難用其他方式道出事實的地方。這就是費莉希亞・菲利克斯－曼托真正的故事。遭人遺棄、忽視、關進醫院、遺忘，甚至有人希望她死去。她的狀況跟賀絲頓認識的許多人類似，從佛羅里達勞動營到白人大學都有這樣的黑人男性和女性。只不過海地人為這樣的人造了一個字「喪屍」。

但賀絲頓如果需要感覺巫術的強大力量，根本不用透過喪屍，在海地的頭幾個禮拜她就感應到了。她說她一直覺得有東西「聚積」在她體內，這次受了神靈召喚，開始傾洩而出。她完成了一本小說，裡頭保留了她的熱情，寫出她逝去的愛，如今保存在現實和記憶之間的中間地帶，並穿插了她自己活在這兩者之間的生活實驗。

遇到菲利克斯－曼托不久，她寫信給古根漢基金會，說她很快就會帶著兩本書從加勒比海歸來，「一本為人類學而寫，一本為我想寫的方式而寫。」最後讓她歷史留名甚至永垂不朽的是第二本書。

・・・

賀絲頓在海地待的時間，已經將近赫斯科維茨的四倍。有時她會回紐約一小段時間，但有了第二筆古根漢獎學金的資助，她就能回海地完成研究。現在她已經有將近一年的加勒比海田野調查經驗。一九三七年的夏末，出版商貝爾特朗・里平科（Bertram Lippinott）要她回紐約一趟。在海地又待了一陣子，參加完另一場巫毒儀式之後，她終於勉強答應搭船北返。

回到曼哈頓，她馬不停蹄參加文學聚會、回祝賀信和報紙評論，甚至上了《美國名人錄》。幾年前，米德曾跟其他巴納德女學生在偶像埃德娜·聖文森·米萊的門前偷放一束花，如今換成米萊發一封激動的電報給賀絲頓。原因是她在海地一揮而就寫出的小說已在九月出版。書名是《他們眼望上蒼》（*Their Eyes Were Watching God*）。

原來賀絲頓的加勒比海之行是她的自我放逐。因為離開前幾個月，她愛上了英俊的哥大研究生派西佛·麥奎爾·龐特（Percival McGuire Punter），兩人剛認識時她仍是爵士樂手賀伯·席恩（Herbert Sheen）的妻子。龐特比她小二十一歲，她可能巧妙地瞞過他她真實的年齡，就像瞞過大多數人一樣。兩人一拍即合，一起談藝術、音樂、戲劇和文學。他令她著迷也敢於挑戰她。她在他面前滔滔不絕又情緒化，一逮到他眼神飄向第七大道的女人就會從迷戀轉成憤怒。「我不只是墜入愛河，」她回憶道，「根本是跳傘。」

兩人隔著距離繼續這段關係，她回紐約就會投入他的懷抱。兩個人吵吵鬧鬧，偶而會摔盤子和搧耳光（她搧他耳光），之後又甜蜜復合。他跟她求婚，但她覺得不可能。兩人的年齡差距、她答應的工作、他渴望但她知道自己永遠無法成為的那種妻子，都橫亙在兩人中間。古根漢獎學金來得正是時候，讓她得以把龐特拋在腦後，動身前往加勒比海。

抵達王子港之後，文字源源湧上稿紙。成果是一部以小說寫成的回憶錄，書中除了她對寵特的愛，還有許多其他東西。一切都像她說的「銘刻」在一個女人的故事裡，還有她追求的自我認知，以及找到真正伴侶的困難。「遠方的船隻載著每個人的願望，」她在一開頭寫道。這個警句將成為美國文學史上最有名的開篇句之一。說到主角珍妮．克洛弗時，賀絲頓說，人最古老的渴望就是自我發掘。珍妮在書中漸漸發現自己的認同，就像第一次離開伊頓維爾的賀絲頓。祖母把她嫁給一個有錢地主之後，她難以忍受繁重的農場工作和家務，內心開始蠢蠢欲動。

過不久，女主角跟著喬．史塔克斯——一個知道如何對待她的男人——前往伊頓維爾。在那裡她可以在店面門廊下聽故事，因為是地方名人的妻子，也為自己的名氣沾沾自喜。但喬有時很霸道，一方面不喜歡說三道四，另一方面又會當眾羞辱珍妮。喬死後，珍妮成了富有的寡婦，比當年年長了些、世故了些。她很快成為「茶點」的愛慕對象，一個比她年輕的鄉下賭徒，或許很像浪漫版的寵特，兩人建立起她從沒有過的伴侶關係，可惜這段關係維持不久。有隻瘋狗咬了茶點，他陷入瘋狂，威脅要殺了她。為了自保她開槍殺了他，最後無罪開釋。她回顧自己的一生時覺得滿足，天真無知變成了人生閱歷。

這本小說集結了賀絲頓在南方所做的事，並注入她在太子港和金士頓對一個地方的了解。書中的對話跟她早期的一些作品一樣以方言進行。她把人類學家的基本方法透過珍妮的嘴巴說出來。「大家都知道，」珍妮說，「你得到那裡才能了解那裡。」打從賀絲頓帶著科學的語言開著小轎車深入南方那一刻起，就是在做這件事。她跟著許多受人敬重的巫師在一個又一個儀式中磨練自己的才能。鮑亞士圈內沒有人像她如此深入自己研究的族群的生命經驗。

《他們眼望上蒼》是很多東西的綜合體：一個成長故事；對女性和她們深愛的男性的內心世界的思索；一部墨西哥灣沿岸的文學民族誌。它同樣也是地理的重新想像。賀絲頓的南方其實是北方，是加勒比海的延伸，裡頭的種族偏見和日常隔離制度更像是殖民主義的遺跡，而非吉姆．克勞法的新制度。她描寫的南方生活中，神話和宗教跟海地的巫毒鼓圈一樣強大。人們在意所屬種族的細微分界，不亞於牙買加人對膚色的執迷。一場颶風摧毀了一切，珍妮和茶點逃過一劫，但死者也要分開埋葬，白人工頭堅持要黑人工人按照膚色和髮質辨認死者，不能分錯。賀絲頓說，你很難知道從何解釋——更何況是根除——這樣一個連屍體都分種族的現實世界。如果你相信有這種事，那麼相信喪屍的存在也就不足為奇。

・・・

《他們眼望上蒼》出版前幾年，米德曾在信中對貝特森直言：「小說家比大多數科學家更了解人。」作家有把語言按照自己的目的捏塑的自由，而且不能躲在專業術語的後面。他們對各種不同的表達方式保持開放，也因此獲得了進入文字、思想和他人經驗的特殊管道。

不過，沒有證據顯示當時米德讀過賀絲頓的小說。種族隔閡讓賀絲頓跟鮑亞士圈內的人隔著一段距離，即使當時鮑亞士的學生不遺餘力地否認種族是人類社會的基本分野。米德生平最難堪的一件事發生在一九三五年的夏天。當時她在賓州的跨種族研討會上演講。說到她在新幾內亞的工作時，她稱當地的嬰兒為pickaninny（黑人小孩），並說那是公認的洋涇濱英語。她立刻察覺台下的非裔美國人被激怒。她急忙道歉並接著往下說，差點因為這個無心之過而落淚。但她學到的教訓並不是自己不夠敏感或帶有偏見，畢竟還需要特別另外用一個字來區別黑人寶寶和白人寶寶，不就是種族歧視的最佳定義。她從中學到反而是：演講者只要表達懊悔，就能夠贏回聽眾。

一九三〇年代時，賀絲頓跟米德很少接觸，因為兩人長時間在世界的兩邊進行田野工作。賀絲頓回紐約時，多半會去拜訪出版社和以前的贊助者，很少在人類系裡走動。事實上，她已經放棄博士學位，而且放棄的速度幾乎跟開始的速度一樣快。一來資金沒有她想像得充足，二來她漸漸覺得自己最大的使命是藝術，而非科學——或者該說把藝術當作一種呈現她多年收集的科學資料的方式。從海地歸來後，她又去了美國南方收集民間故事和記錄五旬節教派的靈恩禮拜。她持續從事民族誌的工作，儘管無意發展學術生涯。寫作的收入讓她得以無酬進行研究工作。

曾經有段時間，米德想像過這樣的生活。年輕時她曾相信寫詩才是她的天職，而非社會科學。從塞皮克河歸來後，她覺得茫然若失。雖然得到博物館策展人的工作，但她的心還是不安穩。跟潘乃德的關係雖然美好融洽，但她出國期間潘乃德已經有別的追求，也有別的關係。後來，米德跟福群的婚姻已經走到盡頭。一九三五年夏天，她把離婚協議書交給紐約的墨西哥領事，第二次用這種方式結束婚姻。她持續跟貝特森通信，後來兩人都不約而同提到一九三五年四月的某一天，他們改用傳統信紙寫信，不再像在新幾內亞那樣用長條紙寫信。但維持這段新關係需要耍些心機，兩人只能偷偷見面，而且一定要有其他理由作為掩護，例如到愛爾蘭度假巧遇，或是趁貝特森回哥大演講時聊上幾句。

考慮到她的《性別和氣質》受到的矚目，米德尤其小心避免爆發醜聞。一般人都以為她跟福群婚姻美滿，即使兩人從田野歸來就已經分居。無論如何她都需要銷售量，版稅能用來支付離婚的法律費用。這些她當然都還沒跟法蘭茲老爹提起。後來她終於把這件事告訴他——說福群不要她，雖然事實比較接近相反的狀況。

幾個月來，她跟貝特森在一封又一封信中計畫在新田野地點會合，等到秋天她跟福群正式離婚就偷偷結婚。兩人還計畫一起去峇里島考察，在那裡展開精神疾病和地方宗教的研究，另外再做一些有關文化和氣質的廣泛研究。他們編了一套謊言說服親友和同事他們偶然巧遇並迷戀上對方。塞皮克河的那段瘋狂往事永遠不會有人知道，除了潘乃德。「無論如何我認為，能為這世界提供一兩個月的娛樂挺好的，讓大家以為我們一起工作，互相嫉妒也看不順眼彼此的行事作風，先讓他們對即將到來的婚姻有心理準備，」貝特森在一九三五年的聖誕節前寫信給米德，彷彿在寫一部脫線喜劇。「接著婚姻本身不只是個大號外，還能贏得大家的敬重。先讓他們把我們想得有點波西米亞，過一個月再藉由結婚重新贏得他們對我們的敬重。」

現在他在信中不再稱她瑪格麗特，而是「我的小蟲」。隔年春天抵達峇里島時，她已經被稱為「格雷戈里．貝特森太太」。兩人在新加坡結婚，貝特森很快寫信跟母親說她有媳婦了：是美國人，人類學家，一個親切有禮的女主人，生來是個無神論者，但自己選擇成為聖公會教徒。貝特森說，至於外表，她甚至有張「幾乎像女達爾文的臉」，想必他認為這樣的比較在他母親聽來是他特有的一種讚美（即使米德並不覺得）。

米德和貝特森合作無間。他們正在處理介於心理學和人類學之間的一組新問題，主要探討的是心理健康的文化決定因素，兩人都已經關注這個主題一陣子。此外，他們也對宗教信仰和習俗感興趣，尤其是峇里島的出神現象。他們打算把所有發現錄下來，這次還帶來許多裝備，包括口述錄音機、打字機和相機，希望就像賀絲頓在美國南方那樣用影像從頭到尾記錄他們的工作。接下來幾個月，他們拍了二萬五千張照片。日後回想，米德說那是「完美無缺的知識和情感的合作關係」，相處起來很舒服，又能跟一個她又敬又愛的人共事。

那是她最久的一次田野調查，峇里島兩年，後來一九三八年又回塞皮克河六個月，跟貝特森一起研究新幾內亞的另一個族群亞特穆爾人（Iatmul），不再像上次在德昌布利部落一樣，因為混亂的三角戀而砍掉行程。儘管如此，他們還是很難專心工作。廣播傳來歐洲戰雲密布的消息。奧地利被納入納粹德國。那年九月，有艘中國船開到上游，傳達歐洲強權簽訂合約，允許納粹德國併吞部分捷克斯洛伐克的消息。「每次我們聽到消息時，危機都已經過了，」米德寫道。「這讓我們再次抱著希望：如果能抵擋戰爭夠久，或許就會有好事發生，比方在安穩的地方死得其所。」

即使置身天堂，外面的世界終究還是會入侵。她跟貝特森躲進田野工作裡，兩人在蚊帳裡搭了間寫作小屋，在一張小雙人桌上打田野筆記。亞特穆爾人有時會圍在外面看他們，就像參觀動物園的人在觀察土狼的一舉一動。「過著這麼愜意的生活讓我覺得自己像豬，」米德寫信給美國的朋友說。「我們如此心滿意足，每天至少有一個小時只是開心地呼嚕嚕叫。」唯一的缺點是，過去米德跟福群無緣當上父母，但就在她認為自己準備好的時候，時機卻剛好不對。「毫無疑問的是，」她說，「熱帶地區不是適合懷孕生子的地方。」

• • •

一九三八年秋天，當米德和貝特森正埋首研究亞特穆爾人時，賀絲頓出版了她在牙買加和海地的田野成果。她把書名取為《告訴吾馬》（*Tell My Horse*），這是巫毒儀式中當一個人被神靈附身時的說法。市場的反應不佳，即使書裡附了費莉希亞·菲利克斯－曼托的照片，是當時世界上第一個入鏡的喪屍。賀絲頓特別用本名稱呼她，避免故事染上誇大不實的色彩。比起賀絲頓早期寫南方的作品，這本書較為鬆散，是回憶錄和民族誌的綜合體。書評有褒有貶，但都不至於太苛刻。英國版改名為《巫毒神明》(*Voodoo Gods*)，希望能刺激銷量，上市第一週就打平五百美金的預付款，讓賀絲頓多了一小筆收入來源。

往後幾年，她在不同地方來去，時不時又突然出現在朋友面前，為自己失聯那麼久道歉。她回到紐約又再度南下收集更多資料，有一小段時間在學院教書，還有一段只維持六個禮拜的頭痛婚姻。兩次的古根漢獎學金早就花光，因此她加入「聯邦作家計畫」。這是大蕭條時代用來幫助失業記者和小說家的計畫，跟當時大多數的聯邦計畫一樣分為一般成員（全白人）和特別的「黑人小組」。她的小組負責寫佛羅里達的旅遊指南和名為《佛羅里達黑人》的副刊。她帶著一團民俗學者和大型的錄音裝置，回到之前去過的磷酸鹽礦場和松節油營地收集藍調、勞動歌曲和笑話，跟當年前往加勒比海之前跟阿倫．羅馬克斯（Alan Lomax）所做的事差不多。

跟米德和潘乃德一樣，賀絲頓也有一群反對者。每次她出版新書，就有一小群書評一定會給她冷淡或負面的評價，裡頭清一色是男性。理察．賴特（Richard Wright）和拉爾夫．艾里森（Ralph Ellison）繼朗斯頓．修斯之後，成為探討美國種族問題的年輕作家。兩人都認為賀絲頓筆下的南方風土說好聽是古雅，其實頗令人難以卒讀。過去的良師益友阿蘭．洛克也加入批評的行列。他在《機會》中批評《他們眼望上蒼》不過是一本「民俗故事小說」，由於地方色彩太濃厚，對主要人物的刻畫缺乏說服力，對種族關係的描寫也不夠可信。

洛克的評論對賀絲頓的傷害尤其大。十多年前，因為他的鼓勵她才從華盛頓來到紐約。「我已經厭倦那些只因為嫉妒我就找碴的人，」她告訴詹姆士・魏爾頓・強森，跟米德和潘乃德的類似抱怨不謀而合。他們三人都出過書，書也受到美國各大報章上的書評肯定，但她們那時代的大多數男性仍然不屑與她們為伍。賀絲頓也不是省油的燈，她在給朋友的信中破口大罵。等到有機會評論賴特和其他人的時候，她也毫不留情。過不久她就跟洛克正式決裂，跟當年與修斯一樣。

然而，她的處境絕不孤立。一九三〇年代她固定收到支票，包括之前的小說《約拿的葫蘆藤》和《他們眼望上蒼》的版稅；《驢子和人》和《告訴吾馬》兩本民族誌的收入；一九三九年還有另一本小說《摩西，山之人》的預付金，書中把摩西描寫成伊頓維爾人，改寫聖經中的摩西故事。最後一本書出版時，拉爾夫・艾里森堅稱它對推進「黑人小說」毫無幫助。這是賀絲頓自己常用的標準，至少在小說家圈子中：身為黑人作家，她為黑人小說做了什麼？但是在人類學界，她所屬的專業團體往往把她視為田野工作者和同事，而不只是她所屬種族的代表。

一九四〇年春天，她跟米德和珍・貝羅（Jane Belo，米德在峇里島認識的人類學家）一同研究南方教會的出神現象。她很快動身前往南卡羅萊納和喬治亞州的沿岸低地村落，跟貝羅一起記錄歌曲，拍下所謂的聖潔教會的禮拜儀式，過程中銅鈸和鈴鼓聲震耳喧天，信徒在狂喜中讚美上帝。有些影片捕捉到她的身影，只見她拍打著夾在兩腿間的康加鼓，抓著響葫蘆跟著舞動，跟著聖徒讚美上帝──一名前信徒置身於皈依者之中。

她把田野筆記打成稿子寄給米德，以加勒比海的田野經驗為範本──走進社群，真正地參與其中，從內部綜覽一切。她跟貝羅在南卡羅萊納的博福特（Beaufort）安頓下來，那裡的鋸葉棕櫚樹上蟬聲吱吱，有間小「聖潔」教會發出的聲音在黏稠的空氣中飄送。禮拜儀式情緒沸騰，有即興的預言，說陌生語言的人；那是天使的語言，暫時賜給人類，能用來讚美上帝更好。大家一同禱告，各自的聲音合成一片喧鬧，夾雜著吟唱聲和讚嘆聲。「這種祈禱形式就像樹木的枝幹，」她寫道，「透過遮蔽的樹葉才能偶而瞥見。」

米德沒對稿子留下深刻印象。她要賀絲頓收集資料時更有系統，不要只是描述自己看到的場景。看似陷入出神狀態的人有何特徵？他們的行為跟經濟困境或愛情不順有關嗎？「我相信一定會很有趣，」她冷冷地說。當時米德並不知道，賀絲頓其實在用她自己充滿詩意的方式，複述多年前她從法蘭茲老爹那裡學來的東西。你或許認為自己抓到了宗教的本質、消失在地底根系下的文化枝幹。你或許相信自己能描繪它的特徵、界定它的本質、分析它的核心價值。但賀絲頓堅決主張，因為葉子擋住視線，你永遠只能看到一部分，永遠不可能做到完美。事實上，或許你一開始應該注意的是葉子：神祕的儀式、關著喪屍的精神病院、用腳打拍子讚美上帝和無法形容的喜悅、滿滿的神靈注入潮濕的夜晚。賀絲頓用自己的語言重申了鮑亞士的理念：當一個懷抱雄心的科學家的同時，也要當一個謙卑的人；放棄追求普遍法則，張開眼睛看見站在你面前唱歌吟誦的人。

一九四〇年，她人還在南卡羅萊納時，某種哈林文藝復興的正式歷史就快要問世，那就是朗斯頓．修斯寫的回憶錄《大海》（The Bid Sea）。在他的敘述中，賀絲頓只是個小角色，一個難伺候、繽紛又華麗的派對咖，稱不上思想家或民族誌學家，更不可能是科學家。回憶跟她之間的恩恩怨怨時，他不屑地總結：「女生真是奇怪的動物！」那年春天，理察．賴特的《土生子》（*Native Son*）將為美國文學開啟全新的一章。它讓老一輩知識份子的作品黯然失色，同時把黑人的困境——他們在社會上的侷限、遭受的巨大挫折、白人建構的現實在全世界造成的後果——置於黑人藝術和社會評論的中心。哈林文藝復興和其中的女性已經沒入歷史。

里平科建議賀絲頓試著寫寫自傳，或許當作對修斯的回應，藉此談談她對自己童年的看法，也回顧鮑亞士和他影響深遠的小圈子，以及哈林區的往日榮光。這對她來說，會是回顧自己的藝術創作和科學研究的好機會。如果你從未感受過信仰的力量，你能了解什麼叫做有信仰的人嗎？如果你沒有起碼在某一片刻認真看待過一個社群對死後世界的看法，你能夠了解這個社群的心靈世界嗎？賀絲頓在放棄博士學位的同時，就放棄了把研究這些問題當作人生的志業。但比起米德、潘乃德，甚至鮑亞士本人，她更了解把這些問題融入生活可能代表的意義。米德曾在塞皮克河短暫嘗試過這麼做：放下防備，完完全全把自己交出去，把你信奉的實驗室科學暫擱一旁，讓自己的腦袋完全陷入另一種思考方式。要真正理解他人，拋開和卸下成見，你必須「無私地去愛，」賀絲頓在草稿中寫下，「用地獄的滾燙火鉗去〔輕撫〕仇恨。」

她把回憶錄取名為《黃土路上的足跡》（*Dust Tracks on a Road*）。然而，一九四二年出版時，編輯卻把原稿改得面目全非。她對歐洲殖民主義的強烈批評爭議太大，她還習慣指出美國對外支持民族解放、對內卻由政府帶頭種族歧視之間的矛盾，也讓人覺得不合時宜。當時美國正在打仗，賀絲頓認為人要用他認為最自然的方式活著更加困難。其中被刪掉的一章名為〈看見世界的真面目〉（Seeing the World As It Is）。

CHAPTER 13 戰爭和胡扯

一九三六年鮑亞士從學校退休，潘乃德已經準備好接他的位置。沒人比她更適合領導全美國聲望最高、校友遍佈全國各大學院的人類學系。她的學術生涯都在鮑亞士的庇蔭下度過，從助教一路當到助理教授。「明年我要出任代理系主任，」潘乃德興奮地寫信告訴福群。福群換過一份又一份工作，最後在中國廣州謀得教授一職。

但她說中間有個阻礙。「在哥大要得到正式職位，女性身份是一大妨礙。」最後當校方終於決定新主任的人選時，卻把職位給了名叫拉爾夫·林頓（Ralph Linton）的外校學者。他就是將近二十年前放棄哥大博士課程，轉去哈佛的那個林頓。由此可見改變已經蓄勢待發。

林頓絕對夠格接下這個職位。他上一個學術工作是在威斯康辛大學，而且很快就升上教授，是學術界公認的權威，他研究馬達加斯加到坡里尼西亞之馬克薩斯群島的原住民社群。在威大期間，他樹立了人類學教育的典範：幫助學生戒除理所當然的想法，不再認為自己的文化執迷舉世皆然。他的人類學入門教科書《人的研究》（The Study of Man，一九三六）很快就會在大學書店裡大量販售。

但林頓一直跟鮑亞士的圈子保持距離。他認為鮑亞士的學生多半只會譁眾取寵，尤其是女學生，而帶領他們的是古老傳說的收集者，而非真正的科學家。這種看法或許正是當時仍是哥大校長的尼可拉斯·莫瑞·巴特勒錄取他的原因。巴特勒很久以前就認為人類學系是反社會者、異議分子、對國家忠誠度有問題的人，甚至偶而還有布爾什維克的避風港，也該是重新整頓的時候了。過去鮑亞士在人類系呼風喚雨，如今校方終於可以擺脫他的掌控。

林頓來了之後，研究生分成兩派，一派偏向林頓，一派偏向潘乃德。鮑亞士雖能保留學校的辦公室（借來的），但必須詳細記錄每筆支出的用途。他的研究資金多半仰賴潘乃德募來的私人捐款。「我得習慣自己已經不再有用，」他跟過去的金主埃爾西·克魯斯·帕森斯說。

事實上，他正要展開學術生涯中最大的一場論戰。他在第二家鄉花了數十年想要破除的虛假概念，如今卻在故國凝結成國家認可的教條。雖然他的直系血親不是已經在美國安頓，就是像他父母一樣早已過世，但鮑亞士很快就驚覺到一件事。身為一個德國猶太人和外來移民，不只其貌不揚，四周還圍繞著黑人、原住民、愛女人的女人，還有更多猶太人，他和身邊的人要是還待在德國，就會是被監禁或處死的頭號人選。

但鮑亞士知道，這片從他一八八四年踏上的土地雖然讓他功成名就，卻也有個同樣駭人的事實。決定他身為猶太人、移民和異議分子的命運背後的意識形態，也就是納粹主義，其實根據的是一套明顯來自美國的偽科學。

・・・

多年來，鮑亞士幾乎每年夏天都會回歐洲，歐陸的改變令他愈看愈心痛。在德國，納粹滲入國家機構，街頭暴民和假知識分子似乎一夜之間成了新的政治菁英。一九三三年春天，鮑亞士寫了一封公開信給德國總統興登堡，懇請他阻止希特勒建立一黨專政的政府。他飛快寫了一篇論「亞利安人和非亞利安人」的文章，把納粹狂熱和偽科學批評得體無完膚。這篇文章翻譯成德文後，在反納粹的地下組織間廣為流傳。他利用每個報紙訪問和研討會上台演說的機會，抨擊希特勒和他的政策。結果納粹一掌權，後果隨之而來。基爾大學撤銷他的博士學位，他的書從德國圖書館下架，跟馬克斯、佛洛伊德和其他猶太思想家的著作一起丟進火堆裡焚燬。

過不久，德國人類學家紛紛寄信到哥大人類系尋求講座教授的職位或其他逃亡途徑。鮑亞士時不時會突然出現在米德位於博物館的辦公室，希望她或其他同事提供方法幫助「他那些無依無靠的猶太同胞」（米德的說法）。他很快跟潘乃德和全美各地的大學教職員成立「民主和知識自由委員會」，目的是要對抗種族歧視、捍衛表達意見的自由，以及幫助那些任教學校遭納粹和義大利及其他國家的類似勢力掃蕩、如今流離失所的學者。

在紐約公共電台一系列的全國節目中，鮑亞士提醒大眾，科學是把雙面刃，可以用來培養人類共有的人性，也可以用來支持「人，生而不同」的危險教條。「知識自由在很多歐洲國家已經被不容異己和政治壓迫摧毀，」他對著麥克風說，德國腔濃重，發音含糊，但在美國，則必須透過他所謂的「使我們的學校成為民主的堡壘」的運動來捍衛。他的名字很快出現在特殊利益組織、民主推動團體和難民協助委員會的信頭上。他動員了所有朋友同事採取行動，幫助逃離迫害的外國人，同時挺身捍衛國內的自由價值。將反對私刑、反對政府追捕被貼上煽動叛亂罪名的教授、反對學校去除「不道德」文學等等的宣言寄到全國各地的信箱，附上他懇求大家連署並轉傳的親筆信。

在鮑亞士看來，剷除異己的熱潮絕非納粹德國獨有。當時，任何一個腦袋正常的美國人，都會認為納粹擁護的許多基本概念既理所當然也有充分根據，即使旁邊沒加上納粹黨徽。一九三〇年代，德國不是打造了一個對種族狂熱的國家，而是努力跟上這個主流趨勢的國家。美國不只有南方州，而是大多數的州都在學校、公家機關辦公室、戲院、游泳池、公墓和公共運輸系統中強制執行種族隔離。大多數的州也禁止種族通婚，違反者視同違法，同時把強制節育當作推動優生或處罰犯人的方式。男同性戀在每個地區都是違法行為。

類似三K黨的準軍事組織往往是地方政府的打手，從加州的安那翰（Anaheim）到俄亥俄州的代頓（Dayton）都不例外。他們利用遊行、縱火和謀殺威嚇少數團體。美國的情報單位聯邦調查局（FBI）掌握了可疑學者、藝術家、作家和記者的詳細資料，尤其如果他們剛好是黑人或猶太人的話。國內的移民法擺明是為了增加納粹稱之為亞利安人的人口比例。一九三〇年代期間，經過紐約麥迪遜廣場花園的人會多次撞見數千名褐衣人湧入廣場高喊著支持「百分之百美國精神」的口號，有一次還是在三樓高的喬治．華盛頓肖像下。有些美國人喜歡用縮寫表達對三K黨或其他自稱的愛國組織的支持，例如MIAFA（My interests are for America）。到一九四〇年代初為止，美國學童普遍學會德國人向國旗伸直手臂敬禮當作一天的開始。（由《效忠宣誓》的作者弗朗西斯．貝拉米〔Francis J. Bellamy〕建議的版本，因此稱為「貝拉米禮」。）

納粹法學家和決策制訂者詳細研究了美國全國性的種族體制（race-ocracy），當時那是世界強權推行的一種範圍最廣的種族意識和權利剝奪制度。希特勒在《我的奮鬥》裡稱讚過美國的制度。他認為，美國對改良種族的追求、消滅印第安原住民的政策、防堵外來移民瓜分國家的作法及限制異族通婚，在在確保亞利安人能主宰北美洲：「只要不成為污染血統的犧牲品，就能保有統治地位。」希特勒的個人藏書中甚至有一本格蘭特的《偉大種族的消逝》譯本，以醒目的黃粗布裝訂。（這本書逃過了戰火，目前收藏在國會圖書館的珍本區裡。）

德國專家研究格蘭特及其後繼者的理論多年，還參考優生紀錄處的報告並參加美國自然史博物館舉辦的優生學會議。海因里希．克利格（Heinrich Krieger）是德國的法學理論大家，納粹政策深受他著作的影響。當年他到阿肯色大學當交換學生期間專攻美國種族法，成為該領域的專家。另一方面，德國大學則頒發榮譽學位給美國頂尖的優生學家，包括美國自然史博物館館長亨利・費爾費爾德・奧斯本，也就是鮑亞士過去的死對頭之一。納粹還在他們的期刊和報紙上列出美國使用財產要求、人頭稅、讀寫能力測驗、選舉日暴力事件，以及劃分選區來打造全國政治制度的各種方法。「在大多數的美國南方州，根據法律規定白人兒童和有色人種兒童上不同的學校。大多數美國人甚至進一步要求出生、結婚和死亡證明上都要標記種族，」一名德國學者在一九三四年出版的《納粹法律及法規手冊》中指出。「很多美國州甚至要求依法在等候室、火車廂、臥鋪、公車、汽船，甚至監獄和牢房裡將白人和有色人種隔絕。」根據這些人的觀察，美國人從出生、為小孩報戶口，到死亡都只跟自己的種族在一起，從頭到尾受聯邦、國家和地方機構（從普查局和隔壁學校）嚴密監督，滴水不漏。早在美國大學設立「區域研究」學程、培養學生成為外國專家之前，德國人就努力想知道美國怎麼會對種族主義了解得如此透徹。

一九三五年，納粹政府通過自己的種族法，也就是所謂的紐倫堡法案。這套新法令就是根據納粹高層口中的「美國典範」而來。其中的差別，當然就是把美國人恐懼的非裔美國人換成猶太人。猶太人被界定為生物遺傳的結果，血緣由父母傳給子女；有三到四個猶太祖父母的是純猶太人，一到兩個的是猶太混血（Mischling），完全沒有的就是純亞利安人。（納粹理論家擔心把美國對種族的定義套用在猶太人上太極端而不可行，即所謂的「一滴血規則」，只要有祖先有非洲血統就算黑人。）異族通婚或交往都是非法行為。公民權改為Deutschblutiger（德國血統者）或北歐同胞的特權。累犯、精神失常、肢體殘障和同性戀者，則可根據另一套法規將身心不健全者或德國醫學研究員所稱的Lebensunwertes Leben（不值得活的生命）監禁或絕育。畢竟，正如納粹副元首魯道夫・赫斯（Rudolf Hess）據傳說過的一句話：「納粹主義不過就是應用生物學。」亨利・戈達德一九二二年出版的《卡里卡克家族》當年是推動美國優生學的一大助力，後來德文譯本在納粹出版品中受到讚揚，被視為一項開創性研究，剛好用來合理化德國剷除低能者的新法律。

紐倫堡法案實施前的夏天，米德寫信跟貝特森說，最近有個德國人類學家發表研究，聲稱猶太人身上有股明顯且令人反感的體味。「那是這個國家用來鞏固種族偏見的堡壘之一，」她說，指的是美國白人對黑人的類似說法。這種把所謂差異跟嫌惡感綁在一起的邏輯，使得「一旦種族偏見浮現，就會自動產生那樣的連結」。在美國，普查局使用類似於德國人的「猶太混血」的種族標籤已有多年：mulatto和quadroon指的是有一半或四分之一黑人血統的人。這些名詞在美國人口普查中時而消失，時而出現，直到一九三〇年才廢除，因為美國當局重新把非裔美國人歸於一類，任何擁有一般稱為「黑人血液」的人都屬於這類。

幾年後，鮑亞士在一場巴黎研討會上親眼看見這些概念在美國和德國呈現的樣貌。一九三七年，他看見美國優生學會的一名代表向在場的科學家和公共政策專家報告美國國內的進展。美國將是「第一個發現並推動有利於優秀人口占高出生比例的社會環境的幸運國家，」菲德列克・奥斯朋（Frederick Osborn）如此說，他是優生學會的創辦人之一。之後有一連串德國人也發表類似的論點，主題從如何發掘胚胎裡的遺傳缺陷到某些種族容易罹患精神疾病都有。

輪到鮑亞士發表論文時，他把剛剛聽到的大多數論點都痛罵一頓。「我們對人體的解剖結構和功能的理解，心智和社會活動也包括在內，」他說，「絲毫無法證明生活習慣和文化活動在很大程度上取決於天生種族。」把正面或負面的特徵歸因於特定「種族」（他甚至開始把這兩個字放進引號裡）固有的天性，這種想法「充其量只是種浪漫而危險的不實說法」。如果你對民族國家的基本定義，就是一個只容得下單一族群的地方，就已經往錯誤方向踏進了一步。一旦你堅信自己的族群或生活方式會因為歷史和國家命運，而跟一片土地綁在一起，再多自由選舉也改變不了結果。在這樣的世界裡，每個社會都簡化成一個民族、一個國家，甚至一個領袖，各自表達自己的國家意志，關在高牆背後相互猜疑。

那是鮑亞士能夠參加的最後幾場大型科學會議之一。一九三九年九月戰爭爆發時，他已經正式退休三年，整個人瘦了一圈，臉頰凹陷，頭髮往各個角度亂翹。他告訴潘乃德，一年多來他異常虛弱，心跳很快又喘不過氣。但他的文章和公開演講還是一樣鬥志高昂。他認為，假如美國領導人輕易就認出德國的種族主義是種可憎的意識形態，有很大一部分是因為那些被排擠、放逐或監禁的人長得跟他們自己很像。在這樣的時刻，把自己看成問題的一部分尤其重要。如同鏡子相映照，你必須知道自己的行為模式也反射在他人的可怕行徑裡。他對《巴爾的摩太陽報》說，如果你去看美國的學校課程表和地理課本，就會發現裡頭的種族理論跟納粹教德國學童的理論很類似。兩個體制都用偽科學支撐他們的偏見，只不過美國賦予非裔美國人的角色，在納粹手中換成了猶太人。

鮑亞士相信，唯一不可撼動的道德立場是那些有實際資料為根據的理論。一次大戰以來的二十年間，德國研究者摘下的諾貝爾獎比其他國家都多。如今，德國科學家卻像許多美國科學家一樣，把理論擺在觀察之前。沒有證據可證明某些族群天生比較低等，例如較笨、較醜，或缺乏改變世界的能力。但若你所謂的科學告訴你有，還有什麼能阻止你隔離、壓迫甚至剷除這些族群？

鮑亞士承認，發現人類社群會打造心智框架是個重要的洞察，例如賀絲頓所說的把人分為活人、死人和喪屍。但人類會用各種不同的方式來做這件事，就表示我們不應該把任何社會的分類當作唯一可用的一種，甚至我們自己的也一樣。把人類分成不同階級是我們自己想像出來的，而非源於自然的法則。況且分類本身就很危險。相信有天生階級意味著相信某些人的優越地位，無論是透過鮑亞士在《原始人的心靈》所說的「同情的笑容」來表現，還是在德國清除異己、專橫跋扈日漸崛起的納粹政權。最強大的道德架構建立在一個經過證明的事實上，那就是：人類是一個不可分割的整體。

鮑亞士認為，接受文化相對論跟施行民主和代議政府完全不衝突。科學指出，影響我們的道德行為的人會愈來愈大圈，無論我們如何定義它，而自由民主則是確保這個圈子最遠至少會延伸到自己國界的最佳方式。下一步就是要找出如何讓它延伸到全世界。鮑亞士不認為美國是這方面的專家。他親眼看到美國敞開的大門能多快關上，尤其是在戰爭或恐慌時期，例如一次大戰間和後來推動反移民的政策期間。當你的政府鼓勵人民效忠國家，並助長「自己的社會是受上天眷顧的純淨社會」的信念時，聲明自己忠於一套原則，而非一國國旗或國歌更加重要。畢竟，紐倫堡法案第一條就明言納粹黨徽是代表日耳曼的符號，而且是一個民族而不只是德國這個國家的神聖符號。瓜求圖人和薩摩亞人也都有他們的圖騰，但並沒有跟國家體制綁在一起，或用科學加以包裝，甚至拘禁或殺死膽敢觸犯它的人。這種事是現代世界的偉大文明才做得到。

歐洲的衝突愈演愈烈，德國在秋天入侵波蘭，經過一個期盼和平到來的漫長春天，接著德國也對法國和低地國家展開閃電式攻擊。無論鮑亞士或任何人都預測不到德國的民族主義狂熱最終會導致何等暴行。但假如我們難以看見未來，那是因為未來很多都早已來到。對種族隔離的狂熱、把移民當作不良份子和可能的罪犯、剷除不健康和低等的人、將不可靠的科學應用於改良社會等等，這些納粹概念其實都是美國和其他先進國家早已確立的信念和作法的延伸。德國難民用一個字來代表德國人對族群純粹和由國家推動種族隔離的堅持，那就是Rassenwahn（種族狂熱）。鮑亞士認為這個字對大西洋的兩邊都一樣適用。「我會試圖理清最近散播的一些有關種族理論的胡說八道，」他在哥大的告別演說中說。「這裡的人也一樣瘋了。」

• • •

當鮑亞士忙著招待到處流浪的科學家和淪為難民的學者時，米德和潘乃德的生活也產生了巨大的改變。史丹利雖然仍是潘乃德的合法丈夫，但兩人十年來多半分居兩地。一九三六年末，史丹利死於心臟病發。不到三年，沙皮爾在一九三九年初同樣因為慢性心臟疾病而離世。潘乃德為《美國人類學家》寫了正式訃聞。她形容沙皮爾「聰明過人」且「勇於挑戰」，算是某種暗號，充分表達了只有她、米德和沙皮爾真正知道的過往。後來米德推測他真正的死因是「腐蝕人心的怨恨」。

米德跟沙皮爾的關係某部分是因為家庭和事業而破裂。她永遠無法成為他想要的那種妻子和母親。從薩摩亞歸來不久，醫生告訴米德她永遠無法生育。現在他們離開和抵達的時機都很敏感，想忽略都難。在峇里島的最後幾個月，她跟貝特森努力做人。日曆上就事論事標出流產的日子。「我要在家很節制地工作，主要還是有建設性地發懶和吃維他命E，」又一次流產後她寫信告訴婆婆。一回到紐約，在閣樓辦公室裡安頓好，她發現自己又懷孕了。「英國正式宣戰，」一九三九年二日她行事曆上記錄。四天後又寫：「第一次看到胎動。」那年十二月，她在名叫班哲明．史波克的年輕小兒科醫師的幫助下生產。這對新手父母幫女兒取名叫瑪麗．凱薩琳，米德形容她是個霸道、開朗、易怒的小孩，而且「不太喜歡被抱」。

家庭和戰爭開打使他們不可能再照過去的模式做田野工作。但一個月一個月過去，米德、貝特森和潘乃德都開始想像一種不須遠赴危險的偏遠地區就能繼續工作的方式。潘乃德不斷思考自己的社會和其中的缺陷，尤其是它信仰的種族主義。「現在打出『科學』這個口號，就幾乎什麼都賣得出去，」她在《種族：科學和政治》（*Race: Science and Politics*，一九四〇）這本簡潔平易的書裡嘆道，「賣出迫害就跟賣口紅一樣簡單。」但其他現代社會呢？人類學家能不能隔著距離，藉由觀察藝術作品、報紙、電影和小說裡被視為理所當然的概念來揭開他們的社會規範？以貝特森的話來說，就是「破解」一個社會的文化。

戰爭爆發之前，貝特森嘗試了類似的計畫，雖然是在較原始的社群裡。在《納文儀式》（*Naven*，一九三六）這本書裡，他藉由分析新幾內亞亞特穆爾人的核心儀式（書名的由來），建構出當地人的自我認知。他看見塞皮克河中游的複雜社會在熱鬧節慶裡展現出來，既有的階級和性別角色透過服裝和舞蹈徹底翻轉。從人類學角度來看，一個社會打造的東西和做的事可能是了解社會裡的個體是如何思考的關鍵。當時，很多人類學家、社會學家和心理學家已經開始進行後來社會科學中稱為「文化與人格」的研究。他們認為，精神分析、長期的田野調查、實驗心理學和標準化測驗，可能有助於拼湊出特定社會及其人民理解現實的方法。一方面可以從個人行為去推論社會作為一個整體的主要特徵，另一方面可從社會去推論個體的習慣和傾向。

隨著戰爭愈演愈烈，了解戰場和大後方的需要使得破解文化更顯迫切。鮑亞士一直主張好的研究應該走出象牙塔，同時避免受政府利益支配。對鮑亞士的徒子徒孫來說，目前是非常時期，走出學院象牙塔的風險很高。美國的敵人是相信自己天生就比周圍國家更健全且強大的國家，包括德國、日本和他們的盟友。若是能解開一般德國人的思考和行為模式（而非國家元首硬塞給他們的種族和國家主義迷思），或許他們制訂的宣傳和軍事策略就能切中目標。同樣的方法或許在本國也適用。社會主要的隔閡和不滿來源是什麼？人民有可能支持要付出昂貴代價的國際混戰嗎？在全球動盪的時代，民主和真相跟國家安全能夠相容嗎？

貝特森和米德很快採取行動。他們加入羅斯福總統的顧問團，即國家士氣委員會，其成員都是一時之選，包括民調專家喬治．蓋洛普（George Gallup）心理學家埃里希．佛洛姆（Erich Fromm），致力於運用社會科學對抗納粹的假情報。米德在博物館的辦公室成了跨文化關係理事會（後來改成協會）的新總部。這是她自己成立的組織，工作包括分配研究補助金、整理快速增加的文章和田野筆記、差遣研究助理，還有發給貝特森一張名片（當時他還沒有全職的學術工作）。透過潘乃德的關係，她在飲食習慣委員會（Committee on Food Habits）謀得一個支薪職位，這是國家科學委員會（Nation Research Council）的一個單位，負責研究美國的食物供給和分配狀況。有什麼比一個社會食用的東西跟它的自我感覺更密切相關？她又得跟博物館請假，暫時搬去華盛頓，至少部分時間得在那裡，但那是她落實多年來的許多想法的好機會——亦即她所說的「應用人類學」。一九四一年十二月七日她得知自己被正式任用的消息。

抵達華盛頓時，米德發現那裡滿街都是社會科學家。頂著人類學家頭銜的人或許有一半都被雇來這裡替政府全職工作，其中很多都是沙皮爾、羅伊、克魯伯，當然還有鮑亞士的學生。他們的文化知識和語言專才幾乎在每個行政部門都派得上用場。這些人對外國地形的熟悉程度，為忙著替每個戰場製作地圖和手冊的製圖師和著重描述的地理學家提供了寶貴的資訊。隔年夏天，米德出了另一本書《隨時備戰》，用輕鬆活潑的筆觸「破解」自己的社會。她認為美國生活強調成功和行動、動不動就訴諸暴力、對美德和罪惡特別著迷、在意現在更勝過去，並對其他文化的價值又愛又恨。書銷售亮眼，米德又成為雜誌爭相訪問的作家，並登上當代傑出女性的名單。

對米德來說，日常生活如今包括開會、看診、提出美國人的飲食習慣報告，還有固定往返紐約和華盛頓。現在她有兩個家，一個是格林威治村的排屋，貝特森在那裡跟保母和其他親友一起照顧女兒，另一個是華盛頓杜邦圓環附近的住處。這兩個地方成了她嘗試公社生活和破解文化的實驗場，不時有知名社會科學家順道來訪。貝特森的兩個正值青春期的教女從英國被送來躲避戰爭。米德計畫要拍一部談童年信任感的紀錄片，常邊寫筆記，邊看著女兒在中央公園裡衝下山坡。從離開薩摩亞以來，她一直想要一個渾然天成的家庭，目前大概是她最接近實現理想的時刻：多方發展，不限於一地，有時亂七八糟，小孩在屋裡跑來跑去，隨時有把桌上的民族誌照片或索引卡翻倒的危險。她稱之為「為戰時成立的聯合家庭」。

• • •

美國加入二次大戰時，鮑亞士已經八十好幾。他的健康日漸衰退，不得不推掉擔任委員或主持重要會議的邀約。但各種議題的信件仍持續湧入，他也盡其所能地回覆。「我剛知道一件事：根據聖經上的說法，亞當是世界上的第一個人類，」來自俄亥俄州辛辛那提的七歲半男孩里昂．費許寫道，「如果他是白人，我無法想像現在世界上怎麼會有黑人、黃種人和棕種人。」鮑亞士在回信中帶著一絲疲憊寫道：「親愛的里昂，我們不認為應該把聖經故事當作真實的歷史。」

他在世時看到科學種族主義在他出生的國家大獲全勝。那是一九四二年的頭幾個月。不同形式的法西斯政府掌控了大半歐洲。納粹行刑隊在蘇聯佔領地的深谷裡槍殺了數十萬名猶太人。有更多猶太人在波蘭的滅絕營裡被毒氣殺害；德軍佔領波蘭之後，就在貝爾塞克（Belzec）、特雷布林卡（Treblinka）和奧許維茲－比克瑙（Auschwitz-Birkenau）等地建立了這些行刑場。那年十二月，同盟國終於發表聯合聲明，承認德國人「目前正在執行希特勒一再提起的滅絕歐洲猶太人的目標。」

幾天後，也就是十二月二十一日禮拜一，鮑亞士跟十幾個同事聚集在哥大教職員俱樂部。這是為了跟保羅．里維（Paul Rivet）致敬而辦的午餐會。他是人類博物館（巴黎首屈一指的民族學博物館）的著名創辦人，卻遭巴黎的德國佔領軍驅逐，是鮑亞士盡力幫助的流離失所的學者之一。

鮑亞士急著要知道最新消息。最近他從報章中得知，德國科學家承認要找到資料證明不同種族之間存在絕對的外型差異很難。這是好消息。「我們應該不斷重申種族歧視是荒謬的錯誤和不負責任的謊言，」他告訴里維。

這時候鮑亞士微微起身又跌回座位，只有喉嚨發出低沉的咕嚕嚕聲。

出席者打翻盤子和杯子衝到他身旁。其中有個法國年輕人名叫克勞德．李維史陀（Claude Lévi-Strauss），後來他說當鮑亞士的呼吸愈來愈淺時，他就在他旁邊——兩人的交會神奇地象徵著鮑亞士把火炬傳給明日之星；李維史陀日後將成為法國最重要的人類學家和公共知識份子。但兩人其實並不熟，況且當時現場可能很混亂，大家忙著鬆開鮑亞士的領帶，用法文和英文大喊或跑去叫救護車。不到幾分鐘，他的心跳停止。

鮑亞士的死訊透過電話和電報傳遍全世界。報紙登出醒目的訃聞，很多都指出鮑亞士在世界最需要他時撒手人寰的事實。「他相信這世界必須能容得下差異，」潘乃德在《國家》週刊裡寫道。弔唁信湧入人類學系，收信人多半是潘乃德，她就像鮑亞士在學術界的家人。但也有信堆著沒回，多半是未完成的稿子、準備執行的研究計畫，以及世界各地組織舉辦的紀念會和追思會。巴爾的摩的一家造船廠寫信來說，他們決定把為戰爭打造的一艘貨輪，也就是自由輪，取名為法蘭茲·鮑亞士號。「他一定會很開心，」潘乃德回信道。

在哥大，大家都強烈感受到鮑亞士已經不再，他在世時曾為潘乃德和她的研究生提供的庇護從此消失。潘乃德一九三七年就升上副教授，但薪水仍然比終身職教授少。現在人類系由系主任林頓當家做主。兩人都視對方為眼中釘。學術上的敵對競爭似乎都在公眾的眼前上演：哈佛 v.s. 哥大；佔據系主任位置的男人 v.s. 只能當研究助理（或什麼都分不到）的女人；有如自信美食家的人類學者、把文化吃乾抹淨再吐出偉大的理論 v.s. 細心勤奮收集田野資料的人類學家。林頓的支持者對他的印象起碼有「易怒」這一項，潘乃德則認為他是「豬」。林頓懷疑她可能是共產黨員，而且還挪用研究資金幫助自己的博士生。

在美國人民心中，潘乃德漸漸成為某種避雷針，尤其是碰到種族議題的時候。她跟系上一名年輕講師吉恩·韋爾特菲許（Gene Weltfish）齊力把她早期的相關文章濃縮成一本小文集

《人類的種族》，並在一九四三年出版。這本口袋小書猛力抨擊時下常見的錯誤觀念。「有些人高喊，如果跟我們不同顱形、髮質、膚色或眼睛顏色的人的血液混入我們的血管，我們就會得到跟那個人一樣的外型和心理特徵，」書上寫道，「現代科學證明這完全是迷信。」

讀者的反應很大也出乎意料。仇恨信件塞滿她在系上的信箱。「黑人或許等同於猶太人，但絕不等同於白人，」棕櫚灘的一名讀者來信。「他們從古羅馬時代就是奴隸。我相信一定是紐約的猶太人拿錢要你出版這個愚蠢的報告，因為他們想要社會平等。」美國軍隊本來要用它當作提振士氣的反納粹文宣，後來也作罷。美國勞軍聯合組織（United Service Organizations Inc）裁定它具有顛覆力和煽動性。肯塔基州的某眾議員說，這本書要傳達的訊息套在猶太人身上都很合理，但說黑人和美國白人並無因為種族而造成的智力差異則是「共產黨的宣傳詞」。FBI還派人去調查哥大人類系。

在社會上引起的爭議刺激了銷量。教會和公民團體後來訂了多達七十五萬本《人類的種族》，使它成為當時流通最廣的文本之一。儘管如此，黑函還是不斷寄來。「你比我們這裡最黑的人還爛，我猜還更臭，」有個密西西比人來信。「在這種關鍵時刻還造成那麼大的混亂，有時間應該投入戰爭才對。」

潘乃德贊成這個提議，儘管並不贊成背後的理由。一九四三年秋天，她搭上南下的火車加入人在華盛頓的米德。

• • •

在繁忙熱鬧的首都，要找到事情做並不難。潘乃德很快就加入一年多前成立的政府單位：戰時情報局（Office of War Information，簡稱戰情局）。在國內，它的任務是過濾有關戰爭進度的真實資訊，一方面跟記者保持聯繫，但也自製影片、廣播和文宣，內容從敵國的生活到大後方的士氣都有。海外分支的任務則是反擊德國、義大利和日本的假情報，把外國的輿論轉向有利同盟國的方向。許多當時最經典的黑白新聞影片，無論是引起混戰或溫馨提醒士兵要為美國而戰的影片，都是領戰情局薪水的作家、播報員、導演和社會科學家的成果。

另一個課室的分析師得到的稱號，若套用在潘乃德的戰情局同事上也恰如其分，那就是「坐家室」（Chairborne Division，編按：不上戰場，坐在桌前解決問題的處室）。在這裡，記者跟終身職教授和廣告人員一起合作；多語人才忙著趕出譯稿；廣播技術人員監控海外廣播。大量的報告、文字紀錄和行動建議送到決策者、外交官和前線指揮官手中。根據戰情局局長，即耶魯心理學教授里奧納·杜布（Leonard W. Doob）的回憶，說到分析，「靈敏善辯」通常會勝出。潘乃德的角色是收集外國社會的相關研究，利用人類學家的敏銳度找出她從沒去過也不識其語言的地方所具備的特點——正好是貝特森和米德曾經說的，隔著距離破解一地文化的終極版。只要戰情局官員獲派一項新任務，一群助理就會分頭去收集他們找得到的所有資料，例如去找某國的外國人或最近去過那裡的人打聽消息、去讀文學譯本、到史密森尼學會找出各種相關手工藝品。他們對美軍即將轟炸、解放或偵察的地方了解的程度，可能關係到無數人命。

一九四四年六月，潘乃德的上司要她轉去負責分析日本。戰爭進入了決定性的新階段。同盟軍把全部武力轉向德國，西從「大君主行動」（譯注：諾曼第戰役的代號）進攻，東從蘇聯的「巴格拉基昂行動」進攻。在太平洋，美軍的遠程轟炸機兩年來第一次瞄準日本本土。同盟軍的航空母艦打擊群從新幾內亞進逼關島。過去潘乃德主要從米德的來信得知的地方，現在不是變成戰場，就是南太平洋的前進作戰基地。

她找來所有能找到的資料，其他同事幫忙整理日本歷史的重點。約翰．恩布里（John Embree）是在芝加哥受過訓練的人類學家，也是戰情局的分析師，他寫過一本研究日本村落生活的重要著作《須惠村》（*Suye Mura*），出版時戰爭剛好爆發。傑佛瑞．戈拉爾（Geoffrey Gorer）是個世故又有魅力的英國人類學家，跟米德是好朋友，他提供了日本文化的精神分析資料，但對潘乃德來說臆測程度太高。此外還有電影、小說、戲劇、廣播聽寫稿、旅遊指南、歷史書、傳教士的回憶、回憶錄、許許多多俳句和謎語、禪宗故事等等，所有能為日本社會提供線索的資料。

這個任務比潘乃德之前做過的研究都要複雜，而且很大一部分是因為美國人對日本和日本人的既定認知築起的銅牆鐵壁。美國政府從戰爭部到戰情局本身的標準看法都是：太平洋的衝突本質上跟歐洲戰場並不相同。德國是個正常而文明的社會，只是被邪惡的意識形態和蠻橫的獨裁者操縱。他們認為一般德國人是受害者，是被一心只想擴張和征服的政治菁英愚弄或控制的善良百姓。相反的，對抗日本人的戰爭則是一場為了征服異民族的戰爭。「在歐洲，我們覺得敵人儘管可怕且不可饒恕，但他們仍舊是人，」著名記者恩尼・派爾（Ernie Pyle）調到太平洋之後指出，「但在這裡，我很快有種感覺，日本人在美國士兵眼中是次等人、令人厭惡，就像有些人對蟑螂或老鼠的感覺。」若歐陸的戰爭是土地之爭，太平洋的戰爭就是生死之戰。

美國的電影、海報、小說通常把日本人描寫成鬼祟狡詐的亞洲人，本質上就不可信任，為了自己人會殺人不眨眼。珍珠港事件過後，《生活》雜誌登了一篇名為〈如何分辨日本人和中國人〉的指南，用照片詳細標出可用來區別東京破壞分子和北京商人的外型線索，包括身高、鼻型、眼睛形狀和膚色。太平洋的主要艦隊司令之一小威廉・海爾賽上將（Admiral William Halsey Jr.）常在公開聲明中稱敵人為「猴子人」和「黃雜種」。「日本人是母猩猩跟中國被驅逐出境的重犯交配生出的後代，」他曾在記者招待會上這麼說。這讓《生活》雜誌提供的辨認方法變得更複雜。

對潘乃德和戰情局的其他社會科學家來說，這種看法不僅明顯判斷錯誤也適得其反。美國官員發表的所有種族歧視言論，日本媒體都會用來在國內引起恐懼和激發鬥志。戰情局的分析人員相信，日本的士氣跟任何其他交戰勢力一樣可能改變，沒有理由認定日本人會戰鬥到底，或是日本百姓都盲目地忠於執政階級。戰情局分析人員開始往前看，期待戰爭落幕，並為同盟軍登陸日本或長期佔領日本群島做準備。在美國人眼中，日本天皇象徵了絕不妥協的戰爭目標和根深蒂固的軍國主義。但無論華府當局賦予日本天皇何種特質，都不是日本人自己對天皇的看法。要讓戰爭順利落幕，關鍵在於教育美國決策者和一般大眾，重新認識一個他們深深誤解的民族。

人類學研究需要用到許多類似軍事指揮的技巧：無懈可擊的團隊組織、勇敢無畏的精神，還有對表面以外的事物的直覺判斷力。你必須要能看清戰場上的起起落落，這裡有一面軍團三角棋，那裡的遙遠堤岸有一排帽子在上下擺動，各種平靜和混亂的場面，然後想像它們在一個平面上。三維空間縮減為二維空間，符號代替專有名詞。混亂的現實凝結成精準的抽象概念，整合成對時間、地點和狀況的清楚描述，使用的詞彙和速記可以輕易在全球傳送。複雜的親屬關係可以用流程圖代表，三角形是男性，圈圈是女性，等於符號表示兩人結合。理論上，一整個文化都可以用一套核心的習性、執念和傾向拼湊出來。這些全都是精簡說明是什麼讓一地人民的行為異於他地人民的方法——無關可不可怕、愚不愚昧、合不合邏輯，純粹只是不同。

這些潘乃德以前就做過，當年她就是用這套技巧提出《文化的模式》裡的一些重要洞察。但在戰情局的灰色辦公桌和金屬檔案櫃間，她卻感到力不從心。周圍都是精通日文的日本通，有些在戰前已經出版過重要的日本相關著作。儘管如此，埋首成堆報告和第一手資料時，她手邊至少還有個祕密武器，也就是日後將成為她了解敵人的重要伙伴。以美國政府的標準來看，這個秘密武器本身就是敵人。

•••

兩年前，也就是一九四二年，數百名家庭在洛杉磯東北方的一個停靠站擠下公車。他們拿下一包包衣物、廚具，還有裡頭放了抵押文件和存摺的信封，不敢讓信封離開視線。聖蓋博山矗立在遠方，雲霧繚繞，峰頂覆蓋著白雪。附近的山谷下，只見漆成藍綠色和鮮黃色的看台延伸到底下的圓形賽馬場。有兩把機關槍的槍管從看台頂端伸出來。

這些人就算沒注意到聖塔阿妮塔的牌子，很多也一眼就認出這是哪裡。各大報紙都曾登過這個地方的照片。不久之前，一匹名叫「硬餅乾」、瘦巴巴還受傷的賽馬就在這個這裡奔向終點線，贏得大筆獎金，證明了美國人對反敗為勝的信念。如今，數千個日裔美國家庭沿著一片帶刺鐵絲網走，穿過封鎖線，被帶往擺了許多帆布床的馬廄，武裝士兵從瞭望台上監視他們的一舉一動。

二月十九日，羅斯福總統發佈第九〇六六號行政命令，授權美國軍隊基於國家安全目的撤離指定區域的居民。隔月，西岸的軍事指揮官對日裔美國人和有日本血統的人下達當時所謂的「強制撤離令」。這些人的目的地是位於東部偏遠地區、特別為安置這批人而建的營地，聖塔安妮塔就是沿途的集合點。

「在我們目前參與的戰爭中，種族血緣不會因為移民就切斷，」負責撤離任務的陸軍中將約翰．德威特對戰爭部長亨利．史汀生說。「日本人就是我們的敵人，雖然很多在美國本土出生、擁有美國公民身份的第二和第三代日本人已經『美國化』，他們的血緣並未因此稀釋。」美國的一些重要人物也同意這種看法。「我認為假如西雅圖遭到轟炸，你抬頭一看，可能看到一些穿華盛頓大學運動服的男學生在執行轟炸任務！」記者愛德華．默羅對觀眾如此說。「我相信我們被虛假的安全感哄騙，」加州檢察長厄爾．華倫在國會前也如此聲稱，後來他先後當上加州州長和美國首席大法官。「有天終將嚐到苦果。」

新成立的戰爭安置局負責為被強制驅離的家庭建造拘禁所。普查局根據全國種族普查表格上的自填資料，提供安置局每條街上日本家庭的住址。到了十月底，根據官方統計已有十一萬七千一百一十六人被送往臨時集合中心，或是分布在亞利桑納州、科羅拉多州、懷俄明州、愛達荷州、猶他州、阿肯色州及加州其他地方十個從荒野或林地中闢出的永久營地。安置局的領導者皆為白人，他們很清楚該如何形容這個拘禁系統。「工作區域……應該稱為『安置中心』或『安置單位』，而非『拘留中心』或『集中營』，」其中一份機要命令說。「甚至連『營』這個字都應該避免，因為帶有拘禁和密切軍事監督的含意。」聖塔安妮塔的人很快增加到將近一萬九千人，後來一家家被送往長期收留所，人數才減少。從一九四二年的春天到秋天，有一百九十四名兒童在「硬餅乾」以前的馬廄和鋪了防水紙的新營房裡出生。

羅伯．橋間（譯注：Robert Seido Hashima，無法確定其漢字名，為行文順暢，在此採音譯）抵達聖塔安妮塔時才二十出頭。他出生在洛杉磯西南方的霍桑市，在一九三二年跟爸媽搬回日本廣島縣南部的老家。橋間從日本高中畢業之後就在一所師範院校工作。一九四〇年初他返回加州就讀短期大學，課餘到田裡和旅館打工，貼補開銷。

羅斯福總統的行政命令使他成為強制撤離的對象。他得到二三一四六這個號碼，接受醫官的檢查，身上的刮鬍刀和違禁品都被沒收，並分到一張床。由於戰爭結果仍然未知，除了把他這樣的人無限期監禁也沒有其他長期計畫。一九四二年五月底，他從聖塔安妮塔轉到亞利桑那州西邊伯斯頓區（Poston）的永久營地。

伯斯頓是亞利桑那沙漠中央的一片不規則延伸的土地。四周圍繞著帶刺鐵絲網，但逃跑的勝算很低，所以從未搭建一般的瞭望台。其他營地是鋪了防水紙的木造營房，這裡則是泥磚屋。田地的收成可補充配給罐頭的不足。那年十二月，營地的拘留者為抗議不人道對待而發起罷工，聚集在牢房前，營地生活因而停擺。當地報紙報導有一場「日本暴動」席捲營地。

隔月，位於加州中部的曼贊納營（Manzanar）也發生罷工，士兵對人群開槍，造成兩人死亡。

伯斯頓的事件雖然和平解決，但眼看緊張情緒升高，官員才發現自己對管理對象的了解如此之少。到了年底，十個拘留營中都編制了一名常駐的「族群分析師」，協助擬定策略避免暴動，並確保營內的工廠、學校和娛樂中心都順利運轉。公共關係資料和政府報導放的是吃西瓜比賽、穿工作服的青少年、營地管弦樂團，以及公車和火車井然有序運行的照片。「從集合中心送往戰爭安置中心的撤離者都受到細心的照顧，」有份摘要如此寫道。「每列火車都有一名白人醫師和兩名護士隨行。」但社會科學家提出的營地報告卻是一連串的震驚、悲傷和不敢置信。「根據日本血統將大批人撤離……讓很多人理想幻滅，甚至對美國民主憤恨難平，」一名社會科學家寫道。「武裝警衛、帶刺鐵絲網、探照燈、政府官員視察，全都給人身處集中營的感覺。」

伯斯頓很快變成戰爭安置局的應用社會學計畫中心。精神病學家及海軍預官亞歷山大·雷頓（Alexander Leighton）找來一群非日裔的年輕人類學家和社會學家，有些只有碩士學歷。他們的任務是為日漸擴大的拘留營提供管理建議，畢竟營中居民會來到這裡都非出於自願。雷頓還招募拘留者協助調查、寫田野報告，以及提供從文化到餐廳食物等等的專業建議。

在安置營體系的種族階層中，最底層的是「一世」，即第一代移民，這批人礙於一九二四年的種族限制移民法而無法取得美國公民身份。「二世」則是日裔美國人，他們的子女是

「三世」，也就是第三代日裔美國人。這些分類會決定你是否能獲得較好的居住品質和醫療服務，甚至得到軍警或安置營指揮官日常更好的對待。橋間是「返美二世」，即在美國出生、在日本受教育的日裔美國人，屬於最高階層。在一九四二年的混亂局面中，大家把一包包家當搬上火車，關閉店門，急著找願意幫他們照顧房子或公寓的白人鄰居，有這種身份可能讓結果大不相同。

透過在伯斯頓工作的社會科學家約翰・恩布里的介紹，雷頓認識了橋間並很快發現這個年輕人在鐵絲網外可能發揮的影響力。橋間對日本和美國都有第一手的認識，正適合成為文化詮釋者。過不久，安置營當局就通知他獲派特殊任務，可以離開營地。他很快啟程前往華盛頓，展開在戰情局的工作。就在那裡，他認識了「一位身材纖細、有頭漂亮銀髮的女士」，他日後回憶道。

兩人第一次見面是潘乃德走去他的座位請他翻譯一首俳句。之後幾個月，橋間成了潘乃德的諮詢對象。之前她很依賴恩布里和其他專家的著作，也讀了戰情局同事寫的備忘錄，但橋間很不一樣。在對話和信件來往中，她口中的「鮑伯」就像她的私人家教，能回答她各式各樣的問題，無論是日本茶道、日本俘虜的日記、學校欺負新生的儀式到熱門電影，無所不包。當她的報告需要用到漢字註記的日語字彙時，幫她忙的人就是橋間。

從一九四五年的春天到初夏，潘乃德寫了許多研究筆記和備忘錄，後來集結成六十頁的

「日本行為模式」機密摘要，書名跟她十多年前出版的那本書遙相呼應。接著，轟炸廣島和長崎兩座城市的消息傳來。潘乃德開始思考如何讓她的一些研究發現延伸到政府部門以外。美國比任何時候都需要一本解說式指南，藉此了解他們預備佔領的國家。她認為戰勝勢力有好有壞，而美國當局和一般大眾有必要了解節制的好處。一個社會不會希望從頭改造另外一個社會，即使是在戰敗之後。

一九四五年八月十五日，日本天皇宣布終止戰爭的決定，潘乃德在這天返回紐約州諾威奇的老家農場。她立刻提筆寫信給橋間。聽說天皇要透過廣播發佈終戰的消息時，她哭了。「真希望我知道怎麼跟日本當局說，從來沒有西方國家在失敗中展現這樣的尊嚴和美德，歷史將會肯定日本結束這場戰爭的方式。」暑假過後她回到工作崗位時，她又寫信給橋間：「你得幫我說出來。」

接下來幾個月，她跟以前的出版社想把她的研究整理成一本書，並想了幾個不同的書名。內容是從她在戰情局做的報告篩選出來的。現在她需要一種能吸引到讀者的包裝方式。編輯想到的書名有《我們、日本人和日本性格》和《搪瓷棒》。最後脫穎而出的是一個兼具詩意和內涵的書名，那就是《菊花與劍》。「我覺得不好意思，」她向米德坦承，但知道行銷時會用較嚴肅的副標題「日本文化模式」就安心了些。書在一九四六年秋天出版時，潘乃德寄了一本給橋間。他打開封面就發現，他是潘乃德在謝詞中第一個感謝的人。那時他已經離開華盛頓搬去東京。但某方面來說，書中每一頁幾乎都有他的存在。

• • •

潘乃德開宗明義就說：「日本是美國打過的全面戰爭中最陌生的一個敵人。」太平洋戰爭的勝負關鍵不只在於補給線和灘頭堡，還有美國人和敵人之間的認知距離。不同社會之間的互動都是一種翻譯，其中包含接納外國人的觀念，並強迫自己不把這些觀念視為異常。「人類學家從經驗中證明，即使是怪異行為也不妨礙我們對它的理解，」她寫道。「比起其他社會科學家，人類學家在專業上更能把差異當作資產，而非負債。」而接納自己的「困惑」感（潘乃德在書中反覆使用的詞），就是一個起點。失去方向感，就是連接你的理所當然和他人的理所當然之間的重要橋樑。

潘乃德認為，了解日本並沒有單一的鑰匙。日本跟所有社會一樣複雜而矛盾，看似彼此不相容的價值觀和行為同時存在。因為如此，她的書名才取作《菊花與劍》，要表達的就是一個具有精緻美感和創新表達力的社會，同時也崇尚武力、榮譽和服從。但撇開矛盾不論，「人類社會必定要打造出一種使人得以生存的架構，」她說。而文化不過就是我們反覆用來詮釋外在世界的方式，包括詮釋自己的行為、我們的大家庭、多年的鄰居，和我們眼中其他同類的行為舉止；原本隨機任意的信念、習慣、儀式、認知和說話方式，在同一文化下，也因此得以「互相扣合」。

潘乃德的目標是研究「在日本社會裡，符合期待也理所當然的習慣。」其中最重要的就是他們對這場戰爭的看法。日本的政治和軍事領袖認為，人類世界陷入歐美國家難辭其咎的無政府困境，因此有必要重建秩序和新的國際階層，由日本來統治亞洲國家。美國人應該覺得這種想法似曾相識。那正是羅斯福以來的美國外交政策的翻版，即由強大的白人將其意志強加在軟弱的有色人種身上。差別在於，日本本土也奉行這種階層觀念。每個人在社群或家族裡都有層級分明的位置。人生要成功，就必須認清自己在社群中的位置，堅守本分，做好該做的事。「安分守己」是人與人、人與國家、日本與外邦之關係的精髓。

層級關係也包含一整套複雜的責任與義務，以及日本人用「恩」這個字表達的人情義理。對潘乃德來說，「恩」是日本人在幾乎所有社會互動中都要承受的一種負擔，包括你對社會地位較高者的責任，例如債主，也包括夫妻對彼此的忠誠。但潘乃德指出，「恩」永遠帶有些許羞恥感，雙方都感受得到。那是永遠還不清的債，因此雙方一直為回應不夠充分而感到不安。對潘乃德來說，層級、榮譽感、羞恥感、欠人的恩惠這幾個觀念，與其說是「破解」日本文化的祕訣，不如說是道地日本人的特徵，也就是在日本社會能夠如魚得水的關鍵。

強調罪惡感的社會，談論一件事通常從絕對道德觀出發。他們對倫理生活的認知，就是一個人在善惡之間掙扎，於是就有了逾越、不正當、罪惡和懺悔的概念。他們的儀式是為了贖罪，抹去某種違反明確行為規範的行為。相反的，強調羞恥感的社會看事情的方法卻不同。錯誤行為不是逾越明確界線的行為，而是不恰當、不得體，或不符合特定情境的行為。跟罪惡感不同的是，羞恥感很難擺脫。無法靠懺悔減輕或靠贖罪免除。羞恥感永遠從他人如何看待你的行為中產生，這就表示你得永遠戒備，因為不可能完全確定哪些行為令人羞恥，哪些不會。你只有適當和得體的模糊線索，還有日本人所謂的「恩」的概念，亦即你對一群彼此重疊的人的責任義務。但由於責任義務可能相互衝突，例如該留在辦公室加班還是去探望生病的母親，因此正直的行為永遠是潘乃德所說的「兩難」。成為你應該成為的人，就是不斷平衡永遠彼此衝突的承諾。

在潘乃德看來，日本的政治制度核心就展現了這些概念，也就是天皇本身。昭和天皇在八月十五日宣布戰爭終止（兩個多禮拜後，日本在美軍密蘇里號戰艦上簽署無條件投降書）具有前所未有的歷史意義。那是關鍵性的一刻，但不是因為天皇是日本認同的活生生象徵。日本百姓也沒有把天皇當作神，潘乃德認為那是西方神學的概念，而非日本精神的產物。真正的原因是，天皇位在社會階層的頂端，代表了平衡和美德的精髓，涵蓋層面從家族親屬關係，一路延伸到日本人自身對日本傳統的詮釋。

就這個觀點來說，潘乃德並未開創新局。戰情局的所有日本通都知道天皇的崇高地位。她在幾年前的研究備忘錄中也提過一樣的論點，包括一篇專門討論天皇在日本社會中的地位的文章。當時，由陸軍上將麥克阿瑟帶領的美國佔領軍已經邁出重要的一步，允許天皇留任，而非強迫他下台。這個決定可能來自麥克阿瑟本身的傾向，尤其他認為一個即將以美國民主制度為典範重新改造的國家，天皇並不特別重要。但潘乃德提出的論點解釋了為什麼這麼做有其意義。也就是說，為什麼美國這樣一個受到外國勢力猛烈攻擊的國家，戰勝後應該採取節制、尊重本土習俗和克制野心的政策。從這個層面來看，《菊花與劍》不是一本日本指南，而是特別寫給美國讀者的入門書。那就像某種抗毒血清，用來中和早在珍珠港事件之前就盛行於美國文化、後來因為戰爭及美國政府依據「種族」（根據鮑亞士的用法）將日裔美國人拘禁而更加強化的觀念：日本人天生就介於難以理解和令人害怕之間。

潘乃德在第一頁就坦承，這本書是因為美國背叛了日裔人民才能寫成。「在日本出生或受教育，戰爭期間卻身在美國的日本男女，陷入了無比艱困的處境，」她含蓄地寫道。「很多美國人都不信任他們。」她說能寫一本書，認真看待他們對自己的看法，對她來說別有意義。

在大約三百頁的篇幅中，她展現了把「他者」變「差異」的鮑亞士式技巧。戰後不過一年，這個概念本身就是一種啟發。「任何人讀了這本書，都會對日本產生新的看法，」每月一書俱樂部向會員推薦。對那些在鐵絲網後面喪失部分人生的人，這本書也為他們伸張了一些正義。有個日裔美國女性寫信給潘乃德：「彷彿撥雲見日。」

之後幾年，若說《菊花與劍》是最多人讀過的一本人類學著作也不為過。五年內就再版八次。日文譯本在一九四八年問世，暢銷數百萬冊。日本學者不認同潘乃德的部分論點，認為她有些描述和歸納太鬆散，而她對日本文化的評價有時像是對日本中產階級或軍人菁英的美化，這正是橋間和其他情報提供者最熟悉的階層。但正當日本社會對自己的歷史和價值觀展開深刻的自省時，這本書就像一份禮物，帶來了救贖：一份來自遙遠的美國為了理解死對頭而寫成的紀錄。

潘乃德的作品有如時代的紀念碑，見證了兩個社會隔著玻璃陰鬱地直視對方時的可能和限制。謝詞背後藏著一個天大的諷刺。鼓勵美國人善待敵國的一本最具影響力的著作，很大一部分要歸功於被美國人當作敵人監禁起來的一群人。當然了，潘乃德若是能親自走訪日本，在當地檢驗她的發現會更好。她確實試過。戰後她就想加入麥克阿瑟將軍的佔領軍，跟當地人和外國人一同協助日本政府和社會轉型，但上級拒絕了她的要求。原因很直截了當：她的美國上司不贊成調動五十四歲以上的女性。

「我年輕時為什麼不女扮男裝？」她向米德吐苦水。

CHAPTER 14 回家

一九四五年的夏天，賀絲頓寫信給潘乃德：「我津津有味地讀著你那本惹惱大人物的書，不由得邊看邊笑。」她指的是那本引起爭議的《人類的種族》。「要有些人接受事實比登天還難。」二次大戰是一場國家、經濟、政治體制的全球競賽，但無可否認也是知識份子之間的競賽。正如鮑亞士對學生所說，日本民族主義、納粹種族狂熱和美國優生學代表的世界觀，都來自同一個源頭。它們都是極度現代的想像產物，以為人類社會發展的康莊大道直接通向我們。美國的敵人從不認為自己反對美國的價值觀，就連希特勒也沒說自己反對自由、正義或社會繁榮。他們只是認為自己把美國人努力達成的目標發揮得更淋漓盡致。真正的自由意味著征服低下種族。真正的正義則是，讓最強大的個人和國家在世界舞台上佔據適當的位置。真正的進步代表清洗和隔離，把優秀進步的推上前，把原始落後的剷除。

征服敵人是一回事，打擊自己的社會所助長起來的一套觀念又是另外一回事。因為如此，要對未來樂觀有時很難。「世界聞起來像屠宰場，」賀絲頓憂鬱地說。羅斯福總統把美國界定為「民主的兵工廠」，但或許他指的是「民主的逼宮場」，她在《黑人文摘》中寫道（相當於以白人讀者為主的《讀者文摘》的黑人版）。「我為民主的概念著迷，」但是「阻止我一頭栽進去的唯一一點，就是國內法典上為數眾多的吉姆·克勞法。」難道戰爭是為了擊敗一種暴政以保存另一種暴政，從南方腹地到英屬印度都一樣？「我願意為我的國家奮戰，」她用摘自自傳的一段話中說，「但我不願意為她說謊。」

賀絲頓人在佛羅里達州的戴通納海灘（Daytona Beach），一間船屋換過一間船屋。她參與了州長夫人負責的計畫，偶而去幫休假的黑人美國大兵講課。在一個最近才將犯下私刑罪的白人繩之以法的州，跟與白人隔離的黑人士兵交談互動，從她的觀點看到的戰爭，跟米德和潘乃德看到的非常不同。對賀絲頓來說，大後方的代表事件是一九四三年的底特律大屠殺，當時有三十多名百姓死在警察和聯邦軍隊手中，其中多半是黑人。鮑亞士圈子的其他成員多半忽略這個事件，只把它當作一件麻煩事和一個機會。「我們的『少數民族』雖然讓國家很頭痛，」羅伯特·羅伊（Robert Lowie）隔年對美國人類學會說，「但他們提供了有意義且到目前為止尚未充分利用的研究場域。」

對米德來說，戰火平息讓她有機會回紐約定居，繼續科學的工作。她跟潘乃德的關係很快穩固下來，正如她一直以來的承諾。戰爭期間，貝特森被派到錫蘭和緬甸為戰略情報局工作，亦即中央情報局的前身，長時間不在家。距離的壓力和貝特森的風流韻事都對兩人的婚姻造成傷害。戰後隔年，他搬出跟米德的家，一九五〇年兩人離婚。「婚姻就像紐約地鐵，」米德後來自嘲，「你得坐上火車才知道自己是否上錯車。」

米德用做民族誌的細心謹慎回顧了她跟貝特森的關係，為她記得的對話寫下田野筆記，試圖找出昔日在塞皮克河上的興奮悸動、如今卻不再的原因。潘乃德再次扮演知己和傾聽者的角色。但主要因為《菊花與劍》大賣，潘乃德的名氣第一次超越了鮑亞士圈子裡的所有人。系主任林頓已經離開哥大，一九四六年在耶魯覓得教職。他走了之後，潘乃德終於升上正教授，成為哥大社會科學系所第一個女性正教授。美國人類學會選她當會長。研究資金湧入，支持她進行她在日本研究中大致列出的工作種類。研討會和演講的邀約接踵而來，包括一趟從法國、荷蘭、比利時再到捷克斯洛伐克的辛苦旅程。當時捷克斯洛伐克尚未完全消失在鐵幕後面，她得以近距離看到一個非常不同且正在轉變中的社會體系，對外聲稱追求自由和平等，卻快速落入自己打造的獨裁統治。

潘乃德的聲望如日中天，身兼暢銷作家、熱門講者、學術界領袖數職，同時也是美國人民最熟悉的社會科學家。《文化模式》和《菊花與劍》是大學生、外交官和具有公民意識的人的必讀作品。她的頭髮白得發亮，一雙眼睛仍像二十五年前在米德眼中一樣神祕迷人。

然而，一九四八年夏天歐洲行歸來之後，她的臉色蒼白而疲憊。幾天後她心臟病發作緊急送醫。米德陪在她身邊幾天幾夜。老朋友圍繞在她的病床邊，低聲跟她討論工作和未來的安排。她在九月十七日過世，正好是她父親的生日，她曾說過父親過世決定了她的人生道路。她幾乎到死都不忘人類學。朋友查看她的皮包時，發現了日常生活的瑣碎物品，例如銀行收據和便條紙，此外還有一本筆記本，上面草草記下奧地利跟挪威人可能的差異。

弔唁信紛紛寄到米德手中，彷彿她是潘乃德的最近血親。從最重要的層面來看，她確實也是。「找到人類學——還有鮑亞士博士——是她的救贖。瑪格麗特，你就是從這裡走進她的生命，」潘乃德的妹妹馬格莉．弗里曼寫道。「她生命中最大的滿足之一，就是有幸激發你的思考，然後看著你把火炬帶到她永遠無法前往的田野。」無論米德內心經歷了何等的悲痛，她都把它轉移到實際的工作上，照常忙碌。她振作起來投入手邊的公私事，安慰家屬，慰問朋友，廣發通知，發電報給她確定住址的人，寫長信給較難找到的人，並試著通知已經不知去向的老同事。

米德發電報通知德洛莉亞即將舉辦的追思會，但她人在南達科他州，負擔不起旅費。德洛莉亞說她覺得自己有責任留下來，繼續從事她自從出版達科他語法書之後一直在做的事：盡力維持她父親曾在立巖保留區管理過的學校。當米德終於坐下來，著手整理潘乃德的學術論文、回憶錄和詩作，並將文集取名《工作中的人類學家》，作為她對潘乃德的公開緬懷時，她也不忘寄一本給德洛莉亞。「也謝謝你稱我為人類學家，」德洛莉亞在回信中說。光是知道米德把她視為人類學家，視為一個會想拜讀潘乃德的論文和創作選集的人，都讓她大為振奮。這是兩人之間存留至今的最後通信。德洛莉亞仍持續自己的研究和寫作，但直到一九七一年過世都未出版。她生前最後的聯絡住址是一家汽車旅館。

米德就算曾經試著通知賀絲頓出席潘乃德的喪禮，也沒有紀錄留存下來。一九四〇年代末，賀絲頓跟過去的很多朋友都已經失聯，無論是哥大或哈林區的人都是。這些年來她偶而有重返田野的計畫。一九四四年，她告訴昔日的研究伙伴珍．貝羅：「我們兩個人聯手，可以做出會讓瑪格麗特．米德博士的『薩摩亞』看起來像W.C.T.C的報告」，即基督教婦女禁酒聯合會。但生命有時就像佛羅里達的泥坑，不斷往下陷，腳指永遠觸不到堅硬的土地。潘乃德過世的那年，賀絲頓因為騷擾三名鄰居男孩的不實指控被捕。最後雖然洗刷了冤屈，卻從此一蹶不振。她再度陷入憂鬱甚至打算自我了斷。

過了幾十年，賀絲頓下落不明的線索，才透過一個意想不到的巧合出現在米德的桌上，那就是《Ms.》雜誌裡的一篇文章。一九七五年，年輕詩人兼小說家愛麗絲．華克（Alice Walker）記下她為了追尋賀絲頓遠離名聲的漫長足跡所做的研究。文中探討了賀絲頓早期的作品，並喚醒作者對當年哈林區的租屋派對和黑人時尚的記憶。她把賀絲頓跟拉爾夫．艾里森和詹姆斯．鮑德溫這些男作家相提並論，後者繼賀絲頓之後為黑人經驗發聲。華克認為賀絲頓是「美國最重要但被忽略的作家之一」。

米德從這篇文章得知賀絲頓後來仍繼續在寫短篇故事、報紙專欄和小品文，也常詢問出版社是否有其他計畫（只是計畫從未完成）。她出的小說和民間故事早就絕版。沒有小額預付金可收的時候，她靠打零工維持生計，曾到圖書館上架書、當導師管教不守規矩的學童、替人打掃房子。後來她被逐出住處，一次中風之後搬進一間空心磚屋，周圍是一片迎風劈啪作響的沼澤雜草。那是佛羅里達沿岸小鎮的公共住宅，位在朝陸地的一邊，專為窮人而設——當然實施種族隔離。米德讀到這篇文章時，賀絲頓已經過世十五年。她的死亡證明上的名字還拼錯了。

米德把文章塞進檔案，彷彿來自過去課堂上的古老文物，經過這麼多年終於出土。同事之間開始交換消息，信件紛至沓來，一個幾乎被遺忘的名字再度浮現，之後大家還去搜尋賀絲頓的田野筆記和影片，有些就存放在檔案櫃和各地博物館的收藏中。她的手稿和私人文件這些年多半已經遺失。有個熱心的管理員燒了她留下的遺物，幸好副警長剛好經過，抓起花園的水管將火澆熄，救回了剩下的東西。「不覺得很遺憾嗎，有趣的人死後是這種下場，」阿倫．羅馬克斯說。他是美國傑出的民俗記錄收藏家，也是賀絲頓以前的田野伙伴。「可憐的柔拉。」

沒人預料得到她之後會聲名大噪。華特的文章把賀絲頓介紹給閱讀大眾，這是她得以重新走紅的起點，最後甚至榮登美國偉大作家之列，並有一票死忠的擁護者。華克千辛萬苦在佛州匹爾斯堡（Fort Piece）的一座偏遠墓園找到她下葬的墓地，但真正的地點已經因為年代久遠和紀錄不清而難以確定。儘管如此，她還是付錢買了一座墓碑，自己決定了大概的地點。今日，訪客到那裡可能會看見散落一地的花朵、一個酒瓶，或是給作家的留言，而在此長眠的作家的名聲已經超越朗斯頓．修斯、阿蘭．洛克，或哈林文藝復興時期的其他作家。此外，華克還為她安排了一個殊榮。鮑亞士圈子的所有核心成員中，只有賀絲頓的墓碑刻上「人類學家」幾個字。

• • •

米德曾經試著把她的所有關係畫成一張圖，私人和工作上的關係都包括在內，就像把新幾內亞村落的親屬關係畫成圖表。影響較淺的關係用細線表示，較深的用粗線表示，情侶關係是雙線，跟路德（．克萊斯曼）、愛德華（．沙皮爾）、瑞歐（．福群）和格雷戈里（．貝特森）都是雙線。鉛筆畫出的線條連到鮑亞士、垃圾桶野貓、哥大人類系的其他成員，還有民族誌學者用來代表不知名男女的圈圈和三角形。露絲則獨立於這些之外，自成一點，完全不需線條表示，銀河的中心彷彿有兩個太陽高掛其中。

米德比他們大部分的人活得更久。她在美國自然史博物館的閣樓辦公室，是她的巢穴，堆放了田野筆記本、貼上標籤的工藝品、手寫信、油印文件、講稿和照片、難以計數的文章和雜物，甚至還有當年她跟貝特森在塞皮克河精神錯亂的那幾個月，為了不讓福群找到而藏起來的那把威百利左輪手槍。平日她會穿著她那件特別的毛氈斗蓬故意在走廊間大步走路，某種中年人的裝模作樣。她習慣帶一根刻了花樣的長手杖，支撐打從她跛著腳在帕哥帕哥上岸就從來沒好過的脆弱腳踝。

她的正式教職主要是兼任教授或客座教授，從未當上哥大人類系的終身職教授。然而，多虧了米德，鮑亞士的核心概念才留存下來，傳播到法蘭茲老爹自己都無法想像的廣大群眾中。她早期有關薩摩亞和新幾內亞的著作各自再版多達十七次，翻譯成二十種語言。她一年的標準產出大概有：一本學術著作、數篇學術期刊論文、數篇選集文章、為百科全書撰文、多篇評論，以及給《營火女孩》、《好管家》、《紅書》等雜誌的短文，把人類學的發現濃縮成實用好上手的建議。報紙和研討會常徵詢她對教養、性別、婚姻、種族、冷戰等幾乎所有大眾感興趣的話題的看法。因此，她的FBI檔案（她是胡佛擔任局長期間被盯上的許多公共知識份子之一）厚達近千頁，詳細記錄她的動態和交友狀況。跟鮑亞士一樣，常有不認識的人來信徵詢她的建議或專業意見。一九五八年一封來自布朗克斯的信如此寫道：「米德博士您好：

您是眾所皆知的人類學權威，因此我想冒昧請教您的看法。

我的問題是，我手邊有些實際的材料，所以有股想要寫作的「渴望」，無奈缺乏寫作的天分而未能如願。

請問這是正常現象，還是我的非洲、美國印第安，和盎格魯撒克遜血統導致的挫敗？

一週後，米德回信時用上了社會科學：

我想你會發現，世界各地都有人覺得自己手邊有大量的實際材料，也想把它寫成一本書，卻沒有寫作天分，這很正常。我不認為你應該覺得這跟你非常有趣的血統有關。

她成了人類學的代表人物及嚴肅學者的縮影，即使其他傑出學者數十年來都認為她不太主流。「世界就是我的田野，」她在《紐約客》的一則長篇介紹中說。該文把這句話當作標題，藉此教讀者如何認識自己。「人類學無所不在。」

新的社會科學百花齊放，推翻過去的舊思維。從鮑亞士的世界觀發展出的方法和敏銳度開枝散葉，延伸到幾乎每個領域。二戰過後不久，紐約卡內基基金會委託瑞典經濟學家岡納・麥爾達（Gunnar Myrdal）為美國的種族問題進行全面的研究。麥爾達以人類學的敏銳觀察，藉由故事和數據呈現美國用來強化種族差異和不平等的制度對人的實際影響。這些發現後來收入他的鉅著《美國的困境》（*An American Dilemma*），日後將影響最高法院的「布朗訴托皮卡教育局案」（*Brown vs. Board*）的決議，終結種族隔離制度。金賽博士列出在郊區家庭臥房內進行的各式各樣的性行為。威廉・麥斯特（William H. Masters）和維吉尼亞・強森（*Virginia E. Johnson*）在實驗室研究人類的性反應，發現同性相吸並非不正常，而是一種有待理解的性向表現。一九八〇年代後期，他們的研究將促成同性戀從精神疾病名單中移除。

鮑亞士生前幾乎跟當代人類相關領域的所有專家通過信。同樣的，米德也是自己的知識交流圈的核心人物。她的主要通信名單長達一百多頁，通訊錄則是當代最傑出的社會學家、哲學家、政治學家、心理學家和政治領袖的名人錄。她出口成章，因此成了大學校園和電視談話節目的常客。她是個天生的傳教士，不厭其煩地評論民權運動、性革命和精神疾病的各種定義，同時不斷鼓勵聽眾認清自己社會的文化盲點，彷彿永遠不知疲倦。

然而，在快速變遷的時代裡，即使是她都可能顯得保守。她的聖公會禮教和巴克斯郡進步思想愈來愈追不上更激進的改革思想。一九六三年，貝蒂・傅瑞丹（Betty Friedan）將《女性迷思》的其中一章以她為題。她譴責米德對女性特質的過時看法，並認為她太注重男女之間的生理差異。傅瑞丹認為，米德「藉由美化女性特質的奧妙而削減了自己對女性的想像，所以女性只能透過成為女性、讓胸部發育、經血流淌、嬰兒吸食腫脹的胸部來實現女性特質。」這段話是在諷刺米德的作品，但她拒絕進一步為自己辯護。她擔心年輕一代的女性主義者忽略了她早期研究的真正創新之處。她努力爭取的是女性被當作完整的人類對待，有權力選擇自己想要的社會角色，無論是母親和照顧者，或是人類學家和詩人。

她把全世界當作舞台，也曾重返薩摩亞和馬努斯，演講座無虛席，名列世界傑出女性，也不時引起爭議，更因為以大膽直言出名而更添話題。長久下來，鎂光燈讓她吃不消。鮑亞士教她釐清事實前不應多發議論，但她在公開場合有時會故意裝無知，甚至很容易被激怒。正如《紐約客》的形容，她有種裝出來的權威，「來自多年勸告學生、人類學家和其他人的經驗。」由於她常公開發表對當代重要議題的意見，因此大家都認得她，即使想不起來為什麼。瑪麗．凱薩琳．貝特森曾經抱怨，有個「『有點有名又不太有名』的母親」很討厭……因為當我以為大家都認識她的時候，往往大家都不認識。」

一九七六年十二月她七十五歲生日那天，《紐約時報》為了向她致敬用全版篇幅為她祝壽。不到兩年，也就是一九七八年春天，米德發現自己得了胰臟癌，同年十一月即溘然長逝。之後數十年，美國將推出印有米德肖像的郵票並授與她總統自由勳章，表揚她為了證明「不同文化模式底層都展現出人類一體」（白宮講稿）所做的努力。她的斗篷和手杖後來常置於美國自然史博物館的太平洋文化展附近展示。今日遊客走進去時，會經過一個牌子，歡迎他們來到瑪格麗特．米德館。

•••

一九八七年，哲學家艾倫・布魯姆（Allan Bloom）出版專著，探討美國社會的危險狀態和誤入歧途的美國大學。《美國精神的封閉》（*The Closing of the American Mind*）一上市就成為暢銷書，並被美國文化生活的保守評論家奉為經典。它很快成為一場從美國延伸到英國甚至更遠的國際運動的標準讀物。這場運動的目的，是要把西方美德從後來所謂的多元文化主義和認同政治的大嘴裡解救出來。文化相對論是布魯姆的攻擊核心。「進入這所大學的每個學生幾乎都相信，或說自己相信：真理是相對的，」布魯姆一開頭就說。他接著點出把年輕人帶往這片無道德叢林的罪魁禍首：

像瑪格麗特・米德這樣的性冒險家和其他覺得美國太狹隘的人，告訴我們不只要認識他人的文化並學會尊重他們，也能從中受惠。我們可以仿效他山之石，獲得解放，擺脫禁忌並非社會約束的想法。此外，深入各種文化，我們會發現如何強化自己的喜好，儘管清教徒的罪惡感一再壓抑這些喜好。所有這些鼓吹開放的老師不是對美國獨立宣言和憲法沒興趣，就是對它們抱持敵意。

他的書意圖檢視所有的西方思想，但布魯姆能想到值得一提的女性很少，米德和潘乃德就是其二，另外還有珍・奧斯汀、漢娜・鄂蘭、小野洋子、埃麗卡・容（Erica Jong）和瑪琳・

黛德麗（Marlene Dietrich）。他認為這些女性就是部分問題的根源。布魯姆相信西方的知識觀點發生了根本的轉變，從此背離傳統，接納錯誤的想法，不再看重美國的民主經驗。他說現代教育有個隱微的目標，那就是「建立一個世界共同體，並訓練其成員，也就是裡頭的人擺脫偏見。」道德、歷史和社會現實的「相對性」成了新正統，扼殺了年輕人獨立尋找什麼才是美好、真實、有意義的生活的能力。

若米德、潘乃德和鮑亞士還在世，應該會對他們大獲全勝的消息感到驚訝。他們的人生是一場奮戰，早已習慣一再重申同樣的哲學觀點。每年似乎都會冒出新戰線和新邊界，促使他們奮力抵抗過去深信不疑的觀念，同時向人解釋差異並不值得害怕。他們在有生之年裡遭遇了現代人眼中的極大罪惡：科學種族主義、對女性的壓迫、主張種族滅絕的法西斯主義、將同性戀視為精神失常。鮑亞士非常清楚，歌頌歐洲文明和「西方」優越地位的人也制訂出吉姆．克勞法、強制嘉莉．巴克絕育，以及把一車車猶太人送進集中營。布魯姆的宣言想必也動搖不了他。

「我們是最早堅持底下幾件事的一批人，」人類學大師及田野工作者克利弗德．紀爾茲（Clifford Geertz）寫道。「例如世界不是分成虔誠和迷信兩邊；叢林裡有雕像，沙漠裡也有繪畫……理性的基準不是從希臘就固定不變，道德的演變不是在英國達到顛峰。最重要的是，我們是最早主張我們是透過自己打磨的眼鏡去看他人的生活，而他人也透過他們的眼鏡看我們的第一批人。」紀爾茲是繼鮑亞士和潘乃德之後，進一步確立文化相對論是人類學根本思想的新一代人類學家。

這些觀念讓許多人有天要塌下來的感覺，甚至至今仍是，這應該不令人意外。對鮑亞士圈子裡的幾乎每個成員來說，被罵天真、未開化、不愛國或不道德都是家常便飯。鮑亞士是個否定美國是個偉大國家的怪人。米德是個主張性不必然私密、複雜、隱隱然帶著邪惡意味的蕩婦。潘乃德是個惡婆娘。德洛莉亞和賀絲頓不用說一個是印第安人，一個是黑人。但這些人的目的就是要顛覆世界。克服自己絕對不是一件容易的事。收穫是能看得更清楚，無論是對世界、對人性，還是各種活得更有意義又充實的方法。

已經有人針對鮑亞士過去的發現做過更好的研究，找到更充分的資料。如今再也沒有人像米德或潘乃德當年那樣從事人類學研究。現今學者甚至對鮑亞士等人的某些歸納表示懷疑。田野工作者後來會質疑，我們是否能把「文化」當作一個可以輕易描述和分析的事物，如同把娥翅固定在顯微鏡玻片的一整套概念。（雙烏鴉予以否認。）但從一八八〇年代到一九四〇年代，這些思想家努力把人類的知識趕往一個特別的方向，讓人不再相信所有歷史都不可阻擋地通向我們。

人類社群的研究工作持續進行。遺傳學證明了用人口來解釋一切的限制。優生學呈現了環境條件在基因層面上對多個世代的影響。我們都是特定血緣的產物，但這些血緣不是只能讓我們追溯到所謂的種族或人種，至少不是長久以來我們所理解的那樣。為什麼我們隨口就能說出自己的祖先是蘇格蘭人、義大利人或韓國人，卻不會說是巴比倫人、塞西亞人或阿克蘇姆人，這是歷史使然，跟遺傳基因無關。我們如何定義智商是社會演變而非生物演化的結果。我們對於合宜的性別角色、正確的性行為和不正常的心智等等的理解，是人類在社會中不斷互動而創造出來的，而非生理決定的。現今我們仍然忍不住要把社會加諸的成見歸因於根深蒂固的差異，而非社會集體的想像，就是鮑亞士等人提出的觀點至今仍然有其價值的最佳證明。

分辨對錯是一套思考體系，卻是以過去的認知為基礎，例如哪些事的道理明顯可見，哪些事荒謬可笑。要拓展道德觀，首先要拓展我們能夠思考的範圍。這往往需要勇敢而笨拙地踏入一個必定會遇到跟我們截然不同的人的陌生地方，例如冰凍的島嶼、雨林營地，或另一座城鎮，鮑亞士和他的學生就是如此。文化相對論是一套人類社會的理論，但同時也是人生使用手冊。它的目的是要刺激，而不是壓抑我們的道德敏感度。我們所知道的地方都有你可以殺和不可以殺的人，都有你應該坦承相對和你必須欺騙的人，也有跟你之間不該有或被鼓勵有性行為的人。鮑亞士認為，這世界或許有普遍的道德規範，但沒有一個社會握有解開那套規範的鑰匙，即使我們自己的社會也不例外。每個社會通常都會以為自己的飲食方式、家庭結構、宗教信仰、政治制度和美學標準最合情合理，並以此自豪。如果道德觀念真會進步，也取決於我們是否能打破習慣，對人類本身的看法更寬廣，不再覺得只有少部分人值得我們用合乎倫理的方式對待，無論我們如何定義倫理。

一九二八年，鮑亞士簡潔寫道：「沒有道德觀念進化這種事。」唯一會改變的是，我們認為哪些人應該被當作完整、進取、有尊嚴的人類。這就是鮑亞士和他的學生想跟世界分享的科學發現和倫理傾向。少聚焦在正確行為的準則上，例如吃什麼、不准碰什麼、嫁給誰、別跟誰說話等等，多留意你認為這些準則適用的群體。盡量跟助長自我優越感的觀點保持距離。找出你的社會認為的模範行為，然後把這樣的行為延伸到你最不可能表達善意的對象，或許是世界各地的人，或是就住在轉角。無論對方的信仰或習慣多讓你反感，都務必試試看。

因為事後之明，我們很容易看清種族科學、優生學、殖民主義和走火入魔的民族主義會造成何等可怕的後果，即使加上現代的偽裝也是，比較困難的是認清自己的錯誤，即使是堅定的世界主義者也是，這就是鮑亞士和他的學生努力要糾正的事。「我看到也聽到了，」賀絲頓的自傳中有一段被刪掉的文字。「我對別人指指點點，而在寂靜無聲的夜晚，我也把自己檢討一番。」最歷久不衰的偏見是你最習以為常的偏見，就隱藏在你左右。看見世界的真貌需要一點距離，需要由上而下的視角。了解自己文化的限制，即使它自稱四海一家，宣稱沒有什麼特有的文化；若你排斥他人的神，就去感受祈禱的力量；去了解令人困惑的政治偏好背後的內在邏輯；感受他人的擔憂和沮喪、不安和憤怒，即使引起這些情緒的現實狀態在你看來根本沒什麼——這些是要花一輩子累積的功力。假以時日，如果夠努力，我們或許得以斷斷續續了解人類的各種複雜面向，從中隱約瞥見一個不同的世界透過習俗的迷霧顯現，改變我們，讓我們跌下椅子，甚至毀了我們……從他人身上發現自己，即使不知所措，即使擔心害怕，也都漸漸散去。

致謝

這本書來自我跟內人瑪格麗特・帕克森的對話，她是我們家裡的人類學家。跟她在一起的每一天都是奇蹟。她彷彿幫我上了一堂社會學理論、田野方法等等的一對一課程。沒有她，我絕不會想到要寫這本書，也不可能真的動筆。現在我明白偉大的思想如何從親近的關係裡開花結果，就像鮑亞士跟他的學生一樣。親愛的，謝謝你。

這五年來，我生命中還有另外一位瑪格麗特。我們之所以知道鮑亞士圈子那麼多事，是因為有瑪格麗特・米德這位「囤積狂」。收藏在國會圖書館的米德檔案包含了形形色色的物品，多達五十萬件，其中有請假單、束腹師的建議、前夫的保險單、田野筆記和報告，以及朋友、情人和同事之間的通信。深深感謝米德的助理和家人，尤其是瑪麗・凱薩琳・貝特森，她現在是國會圖書館手稿部門的專家，負責保存這座寶山。

我為了這本書而求助的其他收藏也一樣豐富，在此要對以下機構的檔案保管員和圖書館員致上感謝：美國印第安人研究所、印第安納大學、美國自然史博物館，特別是Kristen Mable、Rebecca Morgan、Gregory Raml，還有熱情地帶我參觀米德以前的辦公室和她迷宮般的閣樓的Diana Rosenthal。以及美國哲學會，尤其是保管鮑亞士檔案的Bayard Miller；哥倫比亞大學珍本和手稿圖書管；薩塞克斯郡布萊頓的收藏館；哈佛大學的畢巴底博物館、康特威醫學圖書館、修頓圖書館和托澤圖書館；哈斯克爾印第安民族大學的圖書館和資料庫，尤其是Dacotah R. Havold；瓦薩學院的湯普森紀念圖書館的檔案庫和特殊館藏部，尤其是Dean M. Rogers；喬治城大學的勞因格圖書館，尤其是特殊館藏中心和館際借閱服務；史密森尼學會的國家人類學檔案庫，尤其是Caitlin Haynes和Katherine Crowe，以及國會圖書館的珍本和特殊館藏閱讀室及主閱讀室。

合傳不能沒有自傳而存在，我很感激我之前許多作家抽絲剝繭的著作和詮釋。我的重點和結論或許跟他們不同，但沒有他們的研究，我不可能完成這本書。其中包括Lois Banner、Valerie Boyd、Margaret Caffrey、Douglas Cole、Maria Eugenia Cotera、Regna Darnell、Robert Hemenway、Jane Howard、Carla Kaplan、Hilary Lapsley、Herbert S. Lewis、David Lipset、Ludger Muller-Wille、Virginia Heyer Young、Rosemary Levy Zumwalt。以及把人類學歷史研究當作一門學科和職業的先驅：George W. Stocking Jr.、Lee D. Baker及David H. Price。Zumwalt教授本身正在寫鮑亞士的自傳，卻特別撥空讀完我的打字稿並指引我避開許多裂縫。

喬治城大學的人類學同事Andrew Bickford和Marjorie Mandelstam Balzer幫我修飾想法和文字。其他人給了我指引、洞察及有用的建議，而且往往不吝抽出時間。在此列舉如下：Kristy Andersen、Raymond Arsenault、Tom Banchoff、Katherine Beoton-Cohen、Warren Cohen、Darcy Courteau、Desley Deacon、Philip J. Deloria、Lois Gaston、John Leavitt、Gary Mormino、Terry Pinkard、Charles Weiss和Sufian Zhemukhov。East-West Concepts翻譯社的Krisztina Samu為我處理了薩摩亞文的翻譯。特別要感謝「我們的小團體」(借用鮑亞士的說法)，也就是這些年來幫我挖掘文件、整理書目和用其他方式推動研究的助理們：Abraham Fraifeld、Rachel Greene、Erum Haider、Rabea Kirmani、Andrew Schneider和Andrew Szarejko。

此外，非常感謝我任職的喬治城大學提供的支持，尤其是艾德蒙·華許外交學院和喬治城學院，以及Joel Helman、Chester Gillis、Christopher Celenza幾位院長。這個計畫有部分也得力於國家人文基金會提供的公共學者獎助金（編號FZ-250287-16）。書中的所有意見、發現、結論或建議都不必然反映人文基金會的立場。

簽下這本書的合約時，我的經紀人是Will Lippincott。當我跟他說我想寫一本人類學理論的書時，他並沒有溜之大吉。這個計畫從發想到成形，他都一直扮演啦啦隊和顧問的角色。也要感謝Massie & McQuilkin作家經紀公司的Rob McQuilkin和Maria Massie處理書本從構想到上市這段旅程各種層面的大小事。Rob是完稿的第一位讀者，我無法想像沒有他如此有想像力和同情心的編輯，一本書要如何問世。能跟Doubleday出版社的Kris Puopolo合作是我莫大的榮幸，他是個文字魔法師，經過他的提點，這本書才遠比剛開始更好。因為

Bill Thomas，這本書才能呈現在讀者面前。Janet Biehl、Maria Carella、Rose Courteau、Marina Drukman、Kathleen Fridella、Michael Goldsmith、Lorraine Hyland、Lisa Kleinholz、Diane McKiernan、Daniel Meyer、John Pitts、Carolyn Williams和Michael J. Windsor親切、專業，也不時推我一把，而且總是恰到好處。這個出版計畫在倫敦提出時，Bodley Head出版社的Will Hammond是最熱心的支持者。

真誠的寫作就是盡可能使用最初被說出或寫下的字詞，即使那些字詞如今已經淘汰或不再適用。在這本書裡，我有時會用「原始」（primitive）來形容今日所謂的傳統或前現代社會，因為那是鮑亞士那一代人使用的字。但他們對這個字的定義也跟前人不太一樣。其他字詞也出現在他們的文章中，例如土著（native）、黑人（Negro）、印第安人（Indian）、弱智（feebleminded）。至於原住民族的名稱，我採納了書中主要人物談到他們時或我代他們發言時的集合名稱。有些社群名稱如今已經改變，例如巴布亞新幾內亞的比瓦人（蒙杜古馬）和香布里人（德昌布利），以及卑詩省的夸夸嘉夸人（瓜求圖）。這個字和那個字、現在和過去之間的距離，即為歷史。

Woodbury, Richard B., and Nathalie F. S. Woodbury. "The Rise and Fall of the Bureau of American Ethnology." *Journal of the Southwest* 41, no. 3 (Autumn 1999): 283–96.

Woodson, Carter G. *The African Background Outlined*. Washington, D.C.: Association for the Study of Negro Life and History, 1936.

Wulf, Andrea. *The Invention of Nature: Alexander von Humboldt's New World*. New York: Knopf, 2015.

Young, Michael W. *Malinowski: Odyssey of an Anthropologist, 1884–1920*. New Haven: Yale University Press, 2004.

Young, Virginia Heyer. *Ruth Benedict: Beyond Relativity, Beyond Pattern*. Lincoln: University of Nebraska Press, 2005.

Yudell, Michael, et al. "Taking Race Out of Human Genetics." *Science* 351, no. 6273 (Feb. 5, 2016): 564–65.

Zeidel, Robert F. *Immigrants, Progressives, and Exclusion Politics: The Dillingham Commission, 1900–1927*. DeKalb: Northern Illinois University Press, 2004. Zumwalt, Rosemary Lévy. *Wealth and Rebellion: Elsie Clews Parsons, Anthropologist and Folklorist*. Urbana: University of Illinois Press, 1992.

Zumwalt, Rosemary Lévy, and William Shedrick Willis. *Franz Boas and W. E. B. Du Bois at Atlanta University, 1906*. Philadelphia: American Philosophical Society, 2008.

ronto: University of Toronto Press, 1999.

Van Slyck, Abigail A. *A Manufactured Wilderness: Summer Camps and the Shaping of American Youth, 1890–1960*. Minneapolis: University of Minnesota Press, 2006.

Vaughan, Alden T. *Transatlantic Encounters: American Indians in Britain, 1500– 1776*. Cambridge, U.K.: Cambridge University Press, 2006.

Vermeulen, Han F. *Before Boas: The Genesis of Ethnography and Ethnology in the German Enlightenment*. Lincoln: University of Nebraska Press, 2015.

Walker, Alice. "In Search of Zora Neale Hurston." *Ms. Magazine*, Mar. 1975, 74–89.

Walker, James R. *Lakota Belief and Ritual*. Edited by Raymond J. DeMallie and Elaine A. Jahner. Lincoln: University of Nebraska Press, 1980.

———. *Lakota Myth*. Edited by Elaine A. Jahner. New ed. Lincoln: University of Nebraska Press, 1983.

———. *Lakota Society*. Edited by Raymond J. DeMallie. Lincoln: University of Nebraska Press, 1982.

———. *The Sun Dance and Other Ceremonies of the Oglala Division of the Teton Dakota*. New York: American Museum of Natural History, 1917.

Washburn, Wilcomb E. *The Cosmos Club of Washington: A Centennial History, 1878–1978*. Washington, D.C.: Cosmos Club, 1978.

Weiss-Wendt, Anton, and Rory Yeomans, eds. *Racial Science in Hitler's New Europe, 1938–1945*. Lincoln: University of Nebraska Press, 2013.

Weitz, Eric D. *Weimar Germany: Promise and Tragedy*. New ed. Princeton: Princeton University Press, 2013.

Westbrook, Laurel, and Aliya Saperstein. "New Categories Are Not Enough: Rethinking the Measurement of Sex and Gender in Social Surveys." *Gender and Society* 29, no. 4 (2015): 534–60.

White, Leslie A. "The Ethnography and Ethnology of Franz Boas." *Bulletin of the Texas Memorial Museum* 6 (Apr. 1963): 1–76.

White, Marian Churchill. *A History of Barnard College*. New York: Columbia University Press, 1954.

White, Richard. *The Republic for Which It Stands: The United States During Reconstruction and the Gilded Age, 1865–1896*. Oxford, U.K.: Oxford University Press, 2017.

Whitman, James Q. *Hitler's American Model: The United States and the Making of Nazi Race Law*. Princeton: Princeton University Press, 2017.

Winkler, Allan M. *The Politics of Propaganda: The Office of War Information, 1942– 1945*. New Haven: Yale University Press, 1978.

Wisconsin Press, 1983.

———,ed. *Romantic Motives: Essays on Anthropological Sensibility.* Madison: University of Wisconsin Press, 1989.

———, ed. *The Shaping of American Anthropology, 1883–1911: A Franz Boas Reader*. New York: Basic Books, 1974.

———, ed. *Volksgeist as Method and Ethic: Essays on Boasian Ethnography and the German Anthropological Tradition.* Madison: University of Wisconsin Press, 1996.

Sussman, Robert Wald. *The Myth of Race: The Troubling Persistence of an Unscientific Idea.* Cambridge, Mass.: Harvard University Press, 2014.

Suzuki, Peter T. "Anthropologists in Wartime Camps for Japanese Americans: A Documentary Study." *Dialectical Anthropology* 6, no. 1 (1981): 23–60.

———."Overlooked Aspects of *The Chrysanthemum and the Sword.*" *Dialectical Anthropology* 24, no. 2 (1999): 217–32.

———. "Ruth Benedict, Robert Hashima, and *The Chrysanthemum and the Sword.*" *Research: Contributions to Interdisciplinary Anthropology* 3 (1985): 55–69.

Taylor, C. J. "First International Polar Year, 1882–83." *Arctic* 34, no. 4 (Dec. 1981): 370–76.

Taylor, Yuval. *Zora and Langston: A Story of Friendship and Betrayal.* New York: W. W. Norton, 2019.

Tcherkézoff, Serge. "A Long and Unfortunate Voyage Towards the 'Invention' of the Melanesia/Polynesia Distinction, 1595–1832." *Journal of Pacific History* 38, no. 2 (Sept. 2003): 175–96.

Teslow, Tracy. *Constructing Race: The Science of Bodies and Cultures in American Anthropology*. Cambridge, U.K.: Cambridge University Press, 2014.

Thomas, Caroline. "Rediscovering Reo: Reflections on the Life and Anthropological Career of Reo Franklin Fortune." *Pacific Studies* 32, nos. 2–3 (June– Sept. 2009): 299–324.

Toulmin, Stephen. "The Evolution of Margaret Mead." *New York Review of Books*, Dec. 6, 1984.

Tozzer, Alfred M. *Biographical Memoir of Frederic Ward Putnam, 1839–1915*. Washington, D.C.: National Academy of Sciences, 1935.

Tylor, Edward Burnett. *Anthropology*. New York: D. Appleton & Co., 1920 [1881].

———. *Primitive Culture: Researches into the Development of Mythology, Philosophy, Religion, Language, Art and Custom.* 3rd American ed. 2 vols. New York: H. Holt, 1883 [1871].

United States Department of War. *Final Report: Japanese Evacuation from the West Coast, 1942.* New York: Arno Press, 1978 [1943].

Valentine, Lisa Philips, and Regna Darnell, eds. *Theorizing the Americanist Tradition.* To-

Smith, J. David. *Minds Made Feeble: The Myth and Legacy of the Kallikaks*. Rockville, Md.: Aspen Systems Corp., 1985.

Sparks, Corey S., and Richard L. Jantz. "A Reassessment of Human Cranial Plasticity: Boas Revisited." *Proceedings of the Natural Academy of Sciences* 99, no. 23 (Nov. 2002): 14636–39.

———. "Changing Times, Changing Faces: Franz Boas' Immigrant Study in Modern Perspective." *American Anthropologist* 105, no. 2 (June 2003): 333–37.

Spicer, Edward H. "The Use of Social Scientists by the War Relocation Authority." *Applied Anthropology* 5, no. 2 (Spring 1946): 16–36.

Spiller, G., ed. *Papers on Inter-Racial Problems Communicated to the First Universal Races Congress*. London: P. S. King & Son, 1911.

Spindel, Carol. *Dancing at Halftime: Sports and the Controversy over American Indian Mascots*. New York: NYU Press, 2000.

Spiro, Jonathan Peter. *Defending the Master Race: Conservation, Eugenics, and the Legacy of Madison Grant*. Burlington: University of Vermont Press, 2009.

Starn, Orin. "Engineering Internment: Anthropologists and the War Relocation Authority." *American Ethnologist* 13, no. 4 (Nov. 1986): 700–720.

———. *Ishi's Brain: In Search of America's Last "Wild" Indian*. New York: W. W. Norton, 2004.

Stern, Alexandra Minna. *Eugenic Nation: Faults and Frontiers of Better Breeding in America*. Berkeley: University of California Press, 2005.

Stern, Fritz. *Five Germanys I Have Known*. New York: Farrar, Straus and Giroux, 2006.

Steward, Julian H. *Alfred Kroeber*. New York: Columbia University Press, 1973.

Stewart, Jeffrey C. *The New Negro: The Life of Alain Locke*. Oxford, U.K.: Oxford University Press, 2018.

Stocking, George W., Jr., ed. *American Anthropology, 1921–1945*. Lincoln: University of Nebraska Press, 1976.

———, ed. *Bones, Bodies, Behavior: Essays on Biological Anthropology*. Madison: University of Wisconsin Press, 1988.

———. *The Ethnographer's Magic and Other Essays in the History of Anthropology*. Madison: University of Wisconsin Press, 1992.

———, ed. *Functionalism Historicized: Essays on British Social Anthropology*. Madison: University of Wisconsin Press, 1984.

———, ed. *Malinowski, Rivers, Benedict, and Others: Essays on Culture and Personality*.Madison: University of Wisconsin Press, 1986.

———, ed. *Observers Observed: Essays on Ethnographic Fieldwork*. Madison: University of

———. "Do We Need a 'Superorganic'?" *American Anthropologist* 19, no. 3 (July– Sept. 1917): 441–47.

———. "Franz Boas." *New Republic*, Jan. 23, 1929, 278–79.

———. *Language: An Introduction to the Study of Speech*. New York: Harcourt, Brace & Co., 1921.

———. "Observations on the Sex Problem in America." *American Journal of Psychiatry* 85, no. 3 (1928): 519–34.

———. *Time Perspective in Aboriginal American Culture: A Study in Method*. Canada Department of Mines, Geological Survey Memoir no. 90. Ottawa: Government Printing Bureau, 1916.

———. "Why Cultural Anthropology Needs the Psychiatrist." *Psychiatry* 64, no. 1 (2001) [1938]: 2–10.

Sargeant, Winthrop. "It's All Anthropology." *New Yorker*, Dec. 30, 1961.

Sargent, Porter. *A Handbook of Summer Camps*. 12th ed. Boston: Porter Sargent, 1935.

Schmalhausen, Samuel D., and V. F. Calverton, eds. *Woman's Coming of Age: A Symposium*. New York: Horace Liveright, 1931.

Schmerler, Gil. *Henrietta Schmerler and the Murder That Put Anthropology on Trial*. Eugene, Ore.: Scrivana Press, 2017.

Seabrook, W. B. *The Magic Island*. New York: Literary Guild of America, 1929.

Sellers, Sean, and Greg Asbed. "The History and Evolution of Forced Labor in Florida Agriculture." *Race/Ethnicity: Multidisciplinary Global Contexts* 5, no. 1 (Autumn 2011), 29–49.

Settle, Dionyse. *Laste Voyage into the West and Northwest Regions*. New York: Da Capo Press, 1969 [1577].

Seltzer, William, and Margo Anderson. "After Pearl Harbor: The Proper Role of Population Data Systems in Time of War." Unpublished paper, 2000, https://margoanderson.org/govstat/newpaa.pdf.

Shankman, Paul. "The 'Fateful Hoaxing' of Margaret Mead." *Current Anthropology* 54, no. 1 (Feb. 2013): 51–70.

———. *The Trashing of Margaret Mead: Anatomy of an Anthropological Controversy*. Madison: University of Wisconsin Press, 2009.

Simpson, George Eaton. *Melville J. Herskovits*. New York: Columbia University Press, 1973.

Sinclair, Upton. *The Goose-Step: A Study of American Education*. Pasadena, Calif.: Published by the author, 1923.

Singer, Audrey. "Contemporary Immigrant Gateways in Historical Perspective." *Daedalus* (Summer 2013): 76–91.

Renda, Mary A. *Taking Haiti: Military Occupation and the Culture of U.S. Imperialism, 1915–1940*. Chapel Hill: University of North Carolina Press, 2001.

Reports of the Immigration Commission: Abstracts of Reports of the Immigration Commission, 2 vols. Washington, D.C.: U.S. Government Printing Office, 1911.

Reports of the Immigration Commission: Changes in Bodily Form of Descendants of Immigrants. Washington, D.C.: U.S. Government Printing Office, 1911.

Reports of the Immigration Commission: Dictionary of Races or Peoples. Washington, D.C.: U.S. Government Printing Office, 1911.

Ripley, William Z. *The Races of Europe: A Sociological Study*. New York: D. Appleton & Co., 1899.

———. *A Selected Bibliography of the Anthropology and Ethnology of Europe*. NewYork: D. Appleton & Co., 1899.

Rivet, Paul. "Franz Boas." *Renaissance* 1, no. 2 (1943): 313–14.

———. "Tribute to Franz Boas." *International Journal of American Linguistics* 24, no. 4 (1958): 251–52.

Rohner, Ronald P., ed. *The Ethnography of Franz Boas: Letters and Diaries of Franz Boas Written on the Northwest Coast from 1886 to 1931*. Chicago: University of Chicago Press, 1969.

Roscoe, Paul. "Margaret Mead, Reo Fortune, and Mountain Arapesh Warfare." *American Anthropologist* 105, no. 3 (Sept. 2003): 581–91.

Rosenberg, Rosalind. *Changing the Subject: How the Women of Columbia Shaped the Way We Think About Sex and Politics*. New York: Columbia University Press, 2004.

Rosenthal, Michael. *Nicholas Miraculous: The Amazing Career of the Redoubtable Dr. Nicholas Murray Butler*. New York: Columbia University Press, 2015.

Ross, Dorothy. *G. Stanley Hall: The Psychologist as Prophet*. Chicago: University of Chicago Press, 1972.

Ryback, Timothy W. *Hitler's Private Library: The Books That Shaped His Life*. New York: Alfred A. Knopf, 2008.

Sackman, Douglas Cazaux. *Wild Men: Ishi and Kroeber in the Wilderness of Modern America*. Oxford: Oxford University Press, 2010.

Sanger, Margaret. *The Pivot of Civilization*. New York: Brentano's, 1922.

Sapir, Edward. "Culture, Genuine and Spurious." *American Journal of Sociology* 29, no. 4 (Jan. 1924): 401–29.

———. *Culture, Language, and Personality: Selected Essays*. Edited by David G. Mandelbaum. Berkeley: University of California Press, 1949.

Their Natural, Geographical, Philological, and Biblical History. 4th ed. Philadelphia: Lippincott, Grambo, 1854.

Ortiz, Paul. *Emancipation Betrayed: The Hidden History of Black Organizing and White Violence in Florida from Reconstruction to the Bloody Election of 1920*. Berkeley: University of California Press, 2005.

Painter, Nell Irvin. *The History of White People*. New York: W. W. Norton, 2010.

Paris, Leslie. *Children's Nature: The Rise of the American Summer Camp*. New York: New York University Press, 2008.

Parsons, Elsie Clews. *Fear and Conventionality*. New York: G. P. Putnam's Sons, 1914.

———. *Social Freedom: A Study of the Conflicts Between Social Classifications and Personality*. New York: G. P. Putnam's Sons, 1915.

Paxson, Margaret. *Solovyovo: The Story of Memory in a Russian Village*. Bloomington: Indiana University Press, 2005.

Powell, John Wesley. *The Exploration of the Colorado River*. Garden City, NY: Anchor Books, 1961 [1875].

———. "From Barbarism to Civilization." *American Anthropologist* 1, no. 2 (Apr. 1888): 97–123.

———. "Museums of Ethnography and Their Classification." *Science* 9, no. 229 (June 24, 1887): 612–14.

Prahlad, Sw. Anand. "Africana Folklore: History and Challenges." *Journal of American Folklore* 118, no. 469 (2005): 253–70.

Price, David H. *Anthropological Intelligence: The Deployment and Neglect of American Anthropology in the Second World War*. Durham, N.C.: Duke University Press, 2008.

———. "Anthropologists as Spies." *Nation* (Nov. 2, 2000): Online.

———. *Cold War Anthropology: The CIA, the Pentagon, and the Growth of Dual Use Anthropology*. Durham, N.C.: Duke University Press, 2016.

———. *Threatening Anthropology: McCarthyism and the FBI's Surveillance of Activist Anthropologists*. Durham, N.C.: Duke University Press, 2004.

Ramsey, Kate. *The Spirits and the Law: Vodou and Power in Haiti*. Chicago: University of Chicago Press, 2011.

Rapport, Mike. *1848: Year of Revolution*. New York: Basic Books, 2008.

Redman, Samuel J. *Bone Rooms: From Scientific Racism to Human Prehistory in Museums*. Cambridge, Mass.: Harvard University Press, 2016.

Reilly, Philip R. *The Surgical Solution: A History of Involuntary Sterilization in the United States*. Baltimore: Johns Hopkins University Press, 1991.

and Giroux, 2001.

Meyer, Annie Nathan. *Barnard Beginnings*. Boston: Houghton Mifflin, 1935.

———. *It's Been Fun: An Autobiography*. New York: Henry Schuman, 1951.

Meyerowitz, Joanne. "'How Common Culture Shapes the Separate Lives:' Sexuality, Race, and Mid-Twentieth-Century Social Constructionist Thought." *Journal of American History* 96, no. 4 (Mar. 2010): 1057–84.

Mikell, Gwendolyn. "When Horses Talk: Reflections on Zora Neale Hurston's Haitian Anthropology." *Phylon* 43, no. 3 (1982): 218–30.

Miller, Vivien M. L. *Crime, Sexual Violence, and Clemency: Florida's Pardon Board and Penal System in the Progressive Era*. Gainesville: University Press of Florida, 2000.

Millman, Chad. *The Detonators: The Secret Plot to Destroy America and an Epic Hunt for Justice*. New York: Little, Brown, 2006.

Molloy, Maureen A. *On Creating a Usable Culture: Margaret Mead and the Emergence of American Cosmopolitanism*. Honolulu: University of Hawai'i Press, 2008.

Morgan, Lewis Henry. *Ancient Society; or, Researches in the Lines of Human Progress from Savagery Through Barbarism to Civilization*. Cleveland: World Publishing Co., 1963 [1877].

———. *League of the Ho-de'-no-sau-nee or Iroquois*. 2 vols. New ed. New York: Burt Franklin, 1966 [1851].

Mormino, Gary R. *Land of Sunshine, State of Dreams: A Social History of Modern Florida*. Gainesville: University Press of Florida, 2005.

Morris, Aldon D. *The Scholar Denied: W. E. B. Du Bois and the Birth of Modern Sociology*. Berkeley: University of California Press, 2015.

Mukherjee, Siddhartha. *The Gene: An Intimate History*. New York: Scribner, 2016. Müller-Wille, Ludger. *The Franz Boas Enigma: Inuit, Arctic, and Sciences*. Montreal: Baraka Books, 2014.

———, ed. *Franz Boas Among the Inuit of Baffin Island, 1883–1884: Journals and Letters*. Translated by William Barr. Toronto: University of Toronto Press, 1998.

Murray, Stephen O. *American Anthropology and Company: Historical Explorations*. Lincoln: University of Nebraska Press, 2013.

Nadel, Stanley. *Little Germany: Ethnicity, Religion, and Class in New York City, 1845–1880*. Urbana: University of Illinois Press, 1990.

Newkirk, Pamela. *Spectacle: The Astonishing Life of Ota Benga*. New York: Amistad, 2015.

Nott, Josiah Clark, and George R. Gliddon, eds. *Types of Mankind: Ethnological Researches Based Upon the Ancient Monuments, Paintings, Sculptures, and Crania of Races, and Upon*

———. "Broken Homes." *Nation* (Feb. 27, 1929): 253–55.
———. *The Changing Culture of an Indian Tribe*. New York: Columbia University Press, 1932.
———. *Coming of Age in Samoa: A Psychological Study of Primitive Youth for Western Civilization*. New York: Perennial Classics, 2001 [1928].
———. "An Ethnologist's Footnote to *Totem and Taboo*." *Psychoanalytic Review* 17, no. 3 (July 1930): 297–304.
———. *Growing Up in New Guinea: A Comparative Study of Primitive Education*. New York: Perennial Classics, 2001 [1930].
———. "Jealousy: Primitive and Civilised." In *Woman's Coming of Age*, edited by S. D. Schmalhausen and V. F. Calverton, 35–48. New York: Liveright, 1931.
———. "A Lapse of Animism Among a Primitive People," *Psyche* 33 (July 1928): 72–77.
———. *Letters from the Field, 1925–1975*. New York: Perennial, 2001 [1977].
———. "Life as a Samoan Girl." In *All True! The Record of Actual Adventures That Have Happened to Ten Women of Today*. New York: Brewer, Warren, and Putnam, 1931.
———. *Male and Female*. New York: Perennial, 2001 [1949].
———. *The Maoris and Their Arts*. American Museum of Natural History Guide Leaflet Series, No. 71 (May 1928).
———. "Melanesian Middlemen." *Natural History* 30, no. 3 (Mar.–Apr. 1930): 115–30.
———. "The Methodology of Racial Testing: Its Significance for Sociology." *American Journal of Sociology* 31, no. 5 (Mar. 1926): 657–67.
———. "More Comprehensive Field Methods." *American Anthropologist* 35, no. 1 (Jan.–Mar. 1933): 1–15.
———. *The Mountain Arapesh*. 2 vols. New Brunswick: Transaction, 2002 [1938].
———. "Must Marriage Be for Life?" *'47: The Magazine of the Year* 1, no. 9 (Nov. 1947): 28–31.
———. "Review of *Patterns of Culture* by Ruth Benedict." *Nation*, Dec. 12, 1934, 686.
———. *Sex and Temperament in Three Primitive Societies*. New York: Harper Perennial, 2001 [1935].
———. "Social Change and Cultural Surrogates." *Journal of Educational Sociology* 14, no. 2 (Oct. 1940): 92–109.
———. *Social Organization of Manua*. Honolulu: Bernice P. Bishop Museum, 1930.
———. et al. "Culture and Personality." *American Journal of Sociology* 42, no. 1 (July 1936): 84–87.
Menand, Louis. *The Metaphysical Club: A Story of Ideas in America*. New York: Farrar, Straus

Longerich, Peter. *Holocaust: The Nazi Persecution and Murder of the Jews*. Oxford: Oxford University Press, 2010.

Lovett, Laura L. *Conceiving the Future: Pronatalism, Reproduction, and the Family in the United States, 1890–1938*. Chapel Hill: University of North Carolina Press, 2007.

Lowie, Robert H. "American Contributions to Anthropology." *Science* 100, no. 2598 (Oct. 13, 1944): 321–27.

———. *Franz Boas, 1858–1942*. Washington, D.C.: National Academy of Sciences, 1947.

———. "Review of *Coming of Age in Samoa*." *American Anthropologist* 31 (1929): 532–34.

Loyer, Emmanuelle. *Lévi-Strauss*. Paris: Flammarion, 2015.

Luebke, Frederick C. *Bonds of Loyalty: German-Americans and World War I*. DeKalb: Northern Illinois University Press, 1974.

Lutkehaus, Nancy C. *Margaret Mead: The Making of an American Icon*. Princeton: Princeton University Press, 2008.

Lynd, Robert S., and Helen Merrell Lynd. *Middletown: A Study in Contemporary American Culture*. New York: Harcourt, Brace & Co., 1929.

Lyons, Andrew P., and Harriet D. Lyons. *Irregular Connections: A History of Anthropology and Sexuality*. Lincoln: University of Nebraska Press, 2004.

Madley, Benjamin. *An American Genocide: The United States and the California Indian Catastrophe, 1846–1873*. New Haven: Yale University Press, 2016.

Malinowski, Bronislaw. *Argonauts of the Western Pacific*. New York: Routledge, 2014 [1922].

Mandler, Peter. *Return from the Natives: How Margaret Mead Won the Second World War and Lost the Cold War*. New Haven: Yale University Press, 2013.

Martin, Susan F. *A Nation of Immigrants*. Cambridge: Cambridge University Press, 2011.

Mason, Otis T. "The Occurrence of Similar Inventions in Areas Widely Apart." *Science* 9, no. 226 (June 3, 1887): 534–35.

McCaughey, Robert A. *Stand, Columbia: A History of Columbia University in the City of New York, 1754–2004*. New York: Columbia University Press, 2003.

Mead, Margaret. *And Keep Your Powder Dry: An Anthropologist Looks at America*. New York: William Morrow, 1942.

———.*An Anthropologist at Work: Writings of Ruth Benedict*. Boston:Houghton Mifflin, 1959.

———. "An Anthropologist Looks at Our Marriage Laws." *Virginia Law Weekly Dicta* 2, no. 3 (Oct. 6, 1949): 1, 4.

———. "Are Children Savages?" *Mademoiselle*, July 1948, 33, 110–11.

———. *Blackberry Winter: My Earlier Years*. New York: Simon and Schuster, 1972.

Sozialforschung 17, no. 1 (1992): 22–52.

Kühl, Stefan. *The Nazi Connection: Eugenics, American Racism, and German National Socialism*. Oxford: Oxford University Press, 1994.

Kuklick, Henrika, ed. *A New History of Anthropology*. Oxford: Blackwell, 2008.

Laland, Kevin N. *Darwin's Unfinished Revolution*. Princeton: Princeton University Press, 2017.

Lapsley, Hilary. *Margaret Mead and Ruth Benedict: The Kinship of Women*. Amherst, Mass.: University of Massachusetts Press, 1999.

Laughlin, Harry H. *The Second International Exhibition of Eugenics*. Baltimore: Williams and Wilkins Co., 1923.

Laurière, Christine. "Anthropology and Politics, the Beginnings: The Relations Between Franz Boas and Paul Rivet (1919–42)." *Histories of Anthropology Annual* 6 (2010): 225–52.

Leavitt, John. "The Shapes of Modernity: On the Philosophical Roots of Anthropological Doctrines." *Culture* 11, nos. 1–2 (1991): 29–42.

Leeds-Hurwitz, Wendy. *Rolling in Ditches with Shamans: Jaime de Angulo and the Professionalization of American Anthropology*. Lincoln: University of Nebraska Press, 2004.

Leighton, Alexander H. *The Governing of Men: General Principles and Recommendations Based on Experience at a Japanese Relocation Camp*. Princeton: Princeton University Press, 1945.

Leonard, Thomas C. *Illiberal Reformers: Race, Eugenics, and American Economics in the Progressive Era*. Princeton: Princeton University Press, 2016.

Lévi-Strauss, Claude. *Tristes Tropiques*. Translated by John and Doreen Weightman. New York: Penguin, 1992 [1955].

Lewis, Herbert S. "Boas, Darwin, Science, and Anthropology." *Current Anthropology* 42, no. 3 (June 2001): 381–406.

———. "The Misrepresentation of Anthropology and Its Consequences." *American Anthropologist* 100, no. 3 (Sept. 1998): 716–31.

———. "The Passion of Franz Boas." *American Anthropologist* 103, no. 2 (June 2001): 447–67.

Linton, Ralph. *The Study of Man: An Introduction*. New York: D. Appleton-Century Company, 1936.

Lipset, David. *Gregory Bateson: The Legacy of a Scientist*. Boston: Beacon Press, 1982.

———. "Rereading *Sex and Temperament*: Margaret Mead's Sepik Triptych and Its Ethnographic Critics." *Anthropological Quarterly* 76, no. 4 (2003): 693–713.

Lombardo, Paul A. *Three Generations, No Imbeciles: Eugenics, the Supreme Court, and* Buck v. Bell. Baltimore: Johns Hopkins University Press, 2008.

Cultural Anthropology 3, no. 2 (May 1988): 160–77.

Janiewski, Dolores, and Lois W. Banner, eds. *Reading Benedict/Reading Mead: Feminism, Race, and Imperial Visions*. Baltimore: Johns Hopkins University Press, 2004.

Jefferson, Thomas. *Notes on the State of Virginia*. Richmond: J. W. Randolph, 1853 [1785].

Kaplan, Carla. *Miss Anne in Harlem: The White Women of the Black Renaissance*. New York: HarperCollins, 2013.

———, ed. *Zora Neale Hurston: A Life in Letters*. New York: Doubleday, 2002. Keller, Phyllis. *States of Belonging: German-American Intellectuals and the First World War*. Cambridge, Mass.: Harvard University Press, 1979.

Kendi, Ibram X. *Stamped from the Beginning: The Definitive History of Racist Ideas in America*. New York: Nation Books, 2016.

Kent, Pauline. "An Appendix to *The Chrysanthemum and the Sword*: A Bibliography." *Japan Review* 6 (1995): 107–25.

———. "Japanese Perceptions of *The Chrysanthemum and the Sword*." *Dialectical Anthropology* 24, no. 2 (1999): 181–92.

———. "Ruth Benedict's Original Wartime Study of the Japanese." *International Journal of Japanese Sociology* 3, no. 1 (1994): 81–97.

Kluchin, Rebecca M. *Fit to Be Tied: Sterilization and Reproductive Rights in America, 1950–1980*. New Brunswick: Rutgers University Press, 2009.

Kluckhohn, Clyde. *Ralph Linton, 1893–1953*. Washington, D.C.: National Academy of Sciences, 1958.

Kroeber, A. L. *Anthropology*. New York: Harcourt, Brace and Co., 1923.

———. "Review of *Patterns of Culture*." *American Anthropologist* 37 (new ser.), no. 4, pt. 1 (Oct.–Dec. 1935): 689–90.

———. "The Superorganic." *American Anthropologist* 19, no. 2 (Apr.–June 1917): 163–213.

———. "Totem and Taboo: An Ethnologic Psychoanalysis." *American Anthropologist* 22, no. 1 (Jan.–Mar. 1920): 48–55.

Kroeber, A. L., Ruth Benedict, Murray B. Emeneau, Melville J. Herskovits, Gladys A. Reichard, and J. Alden Mason. *Franz Boas, 1858–1942*. Special issue of *American Anthropologist* 45, no. 3, pt. 2 (July–Sept. 1943).

Kroeber, A. L., and Clifton Kroeber, eds. *Ishi in Three Centuries*. Lincoln: University of Nebraska Press, 2003.

Kroeber, Theodora. *Ishi in Two Worlds*. Berkeley: University of California Press, 1961.

Kuechler, Manfred. "The NSDAP Vote in the Weimar Republic: An Assessment of the State-of-the-Art in View of Modern Electoral Research." *Historical Social Research/Historische*

Fair and the Coalescence of American Anthropology. Lincoln: University of Nebraska Press, 2016.

Hitler, Adolf. *Mein Kampf*. Translated by Ralph Manheim. Boston: Houghton Mifflin, 1971.

Hobsbawm, E. J. *The Age of Revolution, 1789–1848*. Cleveland: World Publishing Co., 1962.

Holmes, W. H. "The World's Fair Congress of Anthropology." *American Anthropologist* 6, no. 4 (Oct. 1893): 423–24.

Howard, Jane. *Margaret Mead: A Life*. New York: Simon and Schuster, 1984.

Hrdlička, Aleš. "An Eskimo Brain." *American Anthropologist* 3, no. 3 (July–Sept. 1901): 454–500.

Hughes, Langston. *The Big Sea*. New York: Hill and Wang, 1993 [1940].

Huhndorf, Shair M. "Nanook and His Contemporaries: Imagining Eskimos in American Culture, 1897–1922." *Critical Inquiry* 27, no. 1 (2000): 122–48.

Hurston, Zora Neale. "Crazy for This Democracy." *Negro Digest* 4 (Dec. 1945): 45–48.

———. "Dance Songs and Tales from the Bahamas." *Journal of American Folklore* 43 (July–Sept. 1930): 294–312.

———. *Dust Tracks on a Road*. New York: Harper Perennial Modern Classics, 2006 [1942].

———. *Every Tongue Gotto Confess: Negro Folk-Tales from the Gulf States*. New York: Harper Collins, 2001.

———. *Folklore, Memoirs, and Other Writings*. Edited by Cheryl A. Wall. New York: Library of America, 1995.

———. "Hoodoo in America." *Journal of American Folk-Lore* 44, no. 174 (Oct.– Dec. 1931): 317–417.

———. *Jonah's Gourd Vine*. New York: Harper Perennial Modern Classics, 2008[1934].

———. *Moses, Man of the Mountain*. New York: Harper Perennial Modern Classics, 2009 [1939].

———. *Mules and Men*. New York: Harper Perennial Modern Classics, 2008 [1935].

———. "My Most Humiliating Jim Crow Experience." *Negro Digest* 2 (June 1944): 25–26.

———. "The 'Pet Negro' System." *American Mercury* 56 (Mar. 1943): 593–600.

———. *Seraph on the Sewanee*. New York: Harper Perennial Modern Classics, 2008 [1948].

———. *Tell My Horse: Voodoo and Life in Haiti and Jamaica*. New York: Harper Perennial Modern Classics, 2009 [1938].

———. *Their Eyes Were Watching God*. Harper Perennial Modern Classics, 2013 [1937].

Jacknis, Ira. "The First Boasian: Alfred Kroeber and Franz Boas, 1896–1905." *American Anthropologist* 104, no. 2 (June 2002): 520–32.

———. "Margaret Mead and Gregory Bateson in Bali: Their Use of Photography and Film."

Harris, Marvin. *The Rise of Anthropological Theory: A History of Theories of Culture*. Updated ed. Walnut Creek, Calif.: AltaMira Press, 2001.

Hayashi, Brian Masaru. *Democratizing the Enemy: The Japanese American Internment*. Princeton: Princeton University Press, 2004.

Hays, Terrence E., ed. *Ethnographic Presents: Pioneering Anthropologists in the Papua New Guinea Highlands*. Berkeley: University of California Press, 1992.

Hemenway, Robert E. *Zora Neale Hurston: A Literary Biography*. Urbana: University of Illinois Press, 1977.

Hempenstall, Peter. *Truth's Fool: Derek Freeman and the War over Cultural Anthropology*. Madison: University of Wisconsin Press, 2017.

Herrnstein, Richard J., and Charles Murray. *The Bell Curve: Intelligence and Class Structure in American Life*. New York: Free Press, 1994.

Herskovits, Melville J. *The Anthropometry of the American Negro*. New York: Columbia University Press, 1930.

———. *Franz Boas: The Science of Maninthe Making*. New York: Charles Scribner's Sons, 1953.

———. *Life in a Haitian Valley*. New York: Alfred A. Knopf, 1937.

———. *Man and His Works: The Science of Cultural Anthropology*. New York: Alfred A. Knopf, 1948.

———.*The Myth of the Negro Past*. Boston: Beacon Press,1958 [1941].

———. "The Negro in the New World: The Statement of a Problem." *American Anthropologist* 32, no. 1 (1930): 145–55.

———. *The New World Negro*. Edited by Frances S. Herskovits. Bloomington: Indiana University Press, 1966.

Herskovits, Melville J., and Frances S. Herskovits. *Rebel Destiny: Among the Bush Negroes of Dutch Guiana*. New York: Whittlesey House, 1934.

Hermann, Elfriede, ed. *Changing Context, Shifting Meanings: Transformations of Cultural Traditions in Oceania*. Honolulu: University of Hawai'i Press, 2011.

Higham, John. *Strangers in the Land: Patterns of American Nativism, 1860–1925*. 2nd ed. New York: Atheneum, 1975.

Hinsley, Curtis M. *The Smithsonian and the American Indian: Making a Moral Anthropology in Victorian America*. Washington, D.C.: Smithsonian Institution Press, 1981.

Hinsley, Curtis M., and Bill Holm. "A Cannibal in the National Museum: The Early Career of Franz Boas in America." *American Anthropologist* 78, no. 2 (June 1976): 306–16.

Hinsley, Curtis M., and David R. Wilcox, eds. *Coming of Age in Chicago: The 1893 World's*

Gates, Henry Louis, Jr., and Gene Andrew Jarrett, eds. *The New Negro: Readings on Race, Representation, and African American Culture, 1892–1938*. Princeton: Princeton University Press, 2007.

Gay, Peter. *The Enlightenment: An Interpretation*. London: Weidenfeld and Nicolson, 1966.

Geertz, Clifford. *Available Light: Anthropological Reflections on Philosophical Topics*. Princeton: Princeton University Press, 2000.

———. *Works and Lives: The Anthropologist as Author*. Stanford, Calif.: Stanford University Press, 1988.

Gershenhorn, Jerry. *Melville J. Herskovits and the Racial Politics of Knowledge*. Lincoln: University of Nebraska Press, 2004.

Gilkeson, John S. *Anthropologists and the Rediscovery of America, 1886–1965*. Cambridge, U.K.: Cambridge University Press, 2010.

Gildersleeve, Virginia Crocheron. *Many a Good Crusade*. New York: Macmillan, 1954.

Goddard, Henry Herbert. *The Kallikak Family: A Study in the Heredity of FeebleMindedness*. New York: Macmillan, 1912.

Goldfrank, Esther S. *Notes on an Undirected Life: As One Anthropologist Tells It*. Flushing, N.Y.: Queens College Press, 1978.

Goldschmidt, Walter, ed. *The Anthropology of Franz Boas: Essays on the Centennial of His Birth*. Washington, D.C.: American Anthropological Association, 1959.

Gordon, Linda. *The Second Coming of the KKK: The Ku Klux Klan of the 1920s and the American Political Tradition*. New York: Liveright, 2017.

Gould, Stephen Jay. *The Mismeasure of Man*. Rev. ed. New York: W. W. Norton, 1996.

Grant, Madison. *The Passing of the Great Race; or, The Racial Basis of European History*. New York: Charles Scribner's Sons, 1916.

Gravlee, Clarence C., H. Russell Bernard, and William R. Leonard. "Heredity, Environment, and Cranial Form: A Reanalysis of Boas' Immigrant Data." *American Anthropologist* 105, no. 1 (2003): 125–38.

———. "Boas' *Changes in Bodily Form*: The Immigrant Study, Cranial Plasticity, and Boas' Physical Anthropology." *American Anthropologist* 105, no. 2 (2003): 326–32.

Hall, G. Stanley. *Adolescence: Its Psychology and Its Relations to Physiology, Anthropology, Sociology, Sex, Crime, Religion, and Education*. 2 vols. New York: D. Appleton and Co., 1904.

———. *Life and Confessions of a Psychologist*. New York: Arno Press, 1977 [1923].

Hammond, Joyce D. "Telling a Tale: Margaret Mead's Photographic Portraits of Fa'amotu, a Samoan *Tāupou*." *Visual Anthropology* 16 (2003): 341–74.

Harper, Kenn. *Minik: The New York Eskimo*. Hanover, N.H.: Steerforth Press, 2017.

Encounter with Margaret Mead." *Histories of Anthropology Annual* 6 (2010): 66–128.

Doerries, Reinhard R. "German Emigration to the United States: A Review Essay on Recent West German Publications." *Journal of American Ethnic History* 6, no. 1 (Fall 1986): 71–83.

Doob, Leonard W. "The Utilization of Social Scientists in the Overseas Branch of the Office of War Information." *American Political Science Review* 41, no. 4 (1947): 649–67.

Dorsey, James Owen. *Omaha Sociology*. Washington, D.C.: U.S. Government Printing Office, 1885.

Douglas, Bronwen. *Science, Voyages, and Encounters in Oceania, 1511–1850*. London: Palgrave Macmillan, 2014.

Douglas, Bronwen, and Chris Ballard, eds. *Foreign Bodies: Oceania and the Science of Race, 1750–1940*. Canberra: Australian National University Press, 2010.

Dower, John W. *Embracing Defeat: Japan in the Wake of World War II*. New York: W. W. Norton, 1999.

———. *War Without Mercy: Race and Power in the Pacific War*. New York: Pantheon, 1986.

Dubois, Laurent. *Haiti: The Aftershocks of History*. New York: Metropolitan Books, 2012.

Embree, John F. *Suye Mura: A Japanese Village*. Chicago: University of Chicago Press, 1939.

Engels, Friedrich. *The Origin of the Family, Private Property, and the State*. New York: Pathfinder Press, 1972 [1884].

Federal Writers' Project. *WPA Guide to Florida*. New York: Pantheon Books, 1984 [1939].

Fortune, Reo. *Omaha Secret Societies*. New York: Columbia University Press, 1932.

———. "The Social Organization of Dobu." Ph.D. dissertation, Columbia University, 1931.

———. *Sorcerers of Dobu: The Social Anthropology of the Dobu Islanders of the Western Pacific*. New York: E. P. Dutton, 1932.

Frazer, J. G. *The Golden Bough: A Study in Comparative Religion*. 2 vols. London: Macmillan, 1890.

Freed, Stanley A. *Anthropology Unmasked: Museums, Science, and Politics in New York City*. 2 vols. Wilmington, Ohio: Orange Frazer Press, 2012.

Freeman, Derek. *The Fateful Hoaxing of Margaret Mead: A Historical Analysis of Her Samoan Research*. Boulder, Colo.: Westview Press, 1999.

———.*Margaret Mead and Samoa: The Making and Unmaking of an Anthropological Myth*. Cambridge, Mass.: Harvard University Press, 1983.

Friedan, Betty. *The Feminine Mystique*. New York: W. W. Norton, 2013 [1963].

Gates, Henry Louis, Jr. *Stony the Road: Reconstruction, White Supremacy, and the Rise of Jim Crow*. New York: Penguin, 2019.

Cambridge, Mass.: Harvard University Press, 2002.

Daniels, Roger. *Guarding the Golden Door: American Immigration Policy and Immigrants Since 1882*. New York: Hill and Wang, 2004.

———. *Prisoners Without Trial: Japanese Americans in World War II*. New York: Hill and Wang, 1993.

Darnell, Regna. *And Along Came Boas: Continuity and Revolution in Americanist Anthropology*. Amsterdam: John Benjamins Publishing Co., 1998.

———. *Edward Sapir: Linguist, Anthropologist, Humanist*. Lincoln: University of Nebraska Press, 1990.

———. *Invisible Genealogies: A History of Americanist Anthropology*. Lincoln: University of Nebraska Press, 2001.

Darnell, Regna, and Frederic W. Gleach. *Anthropologists and Their Traditions Across National Borders*. Lincoln: University of Nebraska Press, 2014.

Darnell, Regna, Michelle Hamilton, Robert L. A. Hancock, and Joshua Smith, eds. *Franz Boas as Public Intellectual: Theory, Ethnography, Activism*. Franz Boas Papers, Vol. 1. Lincoln: University of Nebraska Press, 2015.

Darwin, Charles. *The Descent of Man*. New ed. Lovell, Coryell and Co., 1874 [1871]. Davenport, Charles B. *State Laws Limiting Marriage Selection Examined in the Light of Eugenics*. Cold Spring Harbor, N.Y.: Eugenics Record Office, 1913.

Davis, W. M. *Biographical Memoir of John Wesley Powell, 1834–1902*. Washington, D.C.: National Academy of Sciences, 1915.

Deacon, Desley. *Elsie Clews Parsons: Inventing Modern Life*. Chicago: University of Chicago Press, 1997.

Deloria, Ella Cara. *Dakota Texts*. New York: G. E. Stechert and Co., 1932.

———. *Speaking of Indians*. New York: Friendship Press, 1944.

———. "The Sun Dance of the Oglala Sioux." *Journal of American Folklore* 42 (Oct.–Dec., 1929): 354–413.

———. *Waterlily*. New ed. Lincoln: University of Nebraska Press, 1988.

Deloria, Philip J. *Indians in Unexpected Places*. Lawrence: University Press of Kansas, 2004.

———. *Playing Indian*. New Haven: Yale University Press, 1998.

———. "Thinking About Self in a Family Way." *Journal of American History* 89, no. 1 (June 2002): 25–29.

Dobrin, Lise M., and Ira Bashkow. " 'Arapesh Warfare:' Reo Fortune's Veiled Critique of Margaret Mead's *Sex and Temperament*." *American Anthropologist* 112, no. 3 (2010): 370–83.

———. "'The Truth in Anthropology Does Not Travel First Class': Reo Fortune's Fateful

1866–1903." *American Anthropologist* 104, no. 2 (Jun. 2002): 508–19.

Browman, David L., and Stephen Williams. *Anthropology at Harvard: A Biographical History, 1790–1940*. Cambridge, Mass.: Peabody Museum Press, 2013.

Bruinius, Harry. *Better for All the World: The Secret History of Forced Sterilization and America's Quest for Racial Purity*. New York: Alfred A. Knopf, 2006.

Buettner-Janusch, John. "Boas and Mason: Particularism Versus Generalization." *American Anthropologist* 59, no. 2 (Apr. 1957): 318–24.

Caffrey, Margaret M. *Ruth Benedict: Stranger in This Land*. Austin: University of Texas Press, 1989.

Caffrey, Margaret M., and Patricia A. Francis, eds. *To Cherish the Life of the World: Selected Letters of Margaret Mead*. New York: Basic Books, 2006.

Clark, Christopher. *Iron Kingdom: The Rise and Downfall of Prussia, 1600–1947*. Cambridge, Mass.: Belknap Press of Harvard University Press, 2006.

———. *The Politics of Conversion: Missionary Protestantism and the Jewsin Prussia, 1728–1941*. Oxford: Clarendon Press, 1995.

Cohen, Adam. *Imbeciles: The Supreme Court, American Eugenics, and the Sterilization of Carrie Buck*. New York: Penguin, 2016.

Cole, Douglas. *Franz Boas: The Early Years, 1858–1906*. Seattle: University of Washington Press, 1999.

Cole, Douglas, and Ludger Müller-Wille. "Franz Boas' Expedition to Baffin Island, 1883–1884." *Études/Inuit/Studies* 8, no. 1 (1984): 37–63.

Cole, Sally. *Ruth Landes: A Life in Anthropology*. Lincoln: University of Nebraska Press, 2003.

Congrès international de la population. 8 vols. Paris: Hermann et Cie., 1938. Conklin, Alice L. *In the Museum of Man: Race, Anthropology, and Empire in France, 1850–1950*. Ithaca, N.Y.: Cornell University Press, 2013.

Cotera, María Eugenia. *Native Speakers: Ella Deloria, Zora Neale Hurston, Jovita González, and the Poetics of Culture*. Austin: University of Texas Press, 2008.

Côté, James E. "Was *Coming of Age in Samoa* Based on a 'Fateful Hoaxing'? A Close Look at Freeman's Claim Based on the Mead-Boas Correspondence." *Current Anthropology* 41, no. 4 (2000): 617–20.

Cressman, Luther S. *A Golden Journey: Memoirs of an Archaeologist*. Salt Lake City: University of Utah Press, 1988.

Cushing, Frank Hamilton. *My Adventures in Zuñi*. Palo Alto: American West Publishing Company, 1970.

Dain, Bruce. *A Hideous Monster of the Mind: American Race Theory in the Early Republic*.

———. "The Problem of the American Negro." *Yale Review* 10 (May 1921): 392– 95. Reprinted as "The Negro in America" in Franz Boas, *Race and Democratic Society*, 70–81. New York: J. J. Augustin, 1945.

———. "The Problem of Race." In *The Making of Man: An Outline of Anthropology*, edited by V. F. Calverton, 113–41. New York: Random House, 1931.

———. "Psychological Problems in Anthropology." *American Journal of Psychology* 21, no. 3 (July 1910): 371–84.

———. "The Question of Racial Purity." *American Mercury* (Oct. 1924): 163–69.

———.*Race, Language, and Culture*. New York: Macmillan, 1940.

———. "The Race-War Myth." *Everybody's Magazine* 31 (July–Dec. 1914): 671–74.

———. "Remarks on the Theory of Anthropometry." *Publications of the American Statistical Association* 3, no. 24 (Dec. 1893): 569–75.

———. *The Social Organization and the Secret Societies of the Kwakiutl Indians*. Washington, D.C.: Smithsonian Institution, 1897 [1895].

———. "Some Philological Aspects of Anthropological Research." *Science* 23, no. 591 (Apr. 27, 1906): 641–45.

———. "Some Recent Criticisms of Physical Anthropology." *American Anthropologist* 1, no. 1 (Jan. 1899): 98–106.

———. "The Study of Geography." *Science* 9, no. 210 (Feb. 11, 1887): 137–41.

———. "A Year Among the Eskimo." *Bulletin of the American Geographical Society* 19, no. 4 (1887): 383–402.

Boas, Franz, and Ella Deloria. *Dakota Grammar*. Memoirs of the National Academy of Sciences. Washington, D.C.: U.S. Government Printing Office, 1941.

———. "Notes on the Dakota, Teton Dialect." *International Journal of American Linguistics* 7, nos. 3–4 (Jan. 1933): 97–121.

Boas, Franz, and Elsie Clews Parsons. "Spanish Tales from Laguna and Zuñi, N. Mex." *Journal of American Folklore* 33, no. 127 (Jan.–Mar. 1920): 47–72.

Boyd, Robert. *A Different Kind of Animal*. Princeton: Princeton University Press, 2017.

Boyd, Valerie. *Wrapped in Rainbows: The Life of Zora Neale Hurston*. New York: Scribner, 2003.

Bradford, Phillips Verner, and Harvey Blume. *Ota Benga: The Pygmy in the Zoo*. New York: St. Martin's Press, 1992.

Browman, David L. *Cultural Negotiations: The Role of Women in the Founding of Americanist Anthropology*. Lincoln: University of Nebraska Press, 2013.

———. "The Peabody Museum, Frederic W. Putnam, and the Rise of U.S. Anthropology,

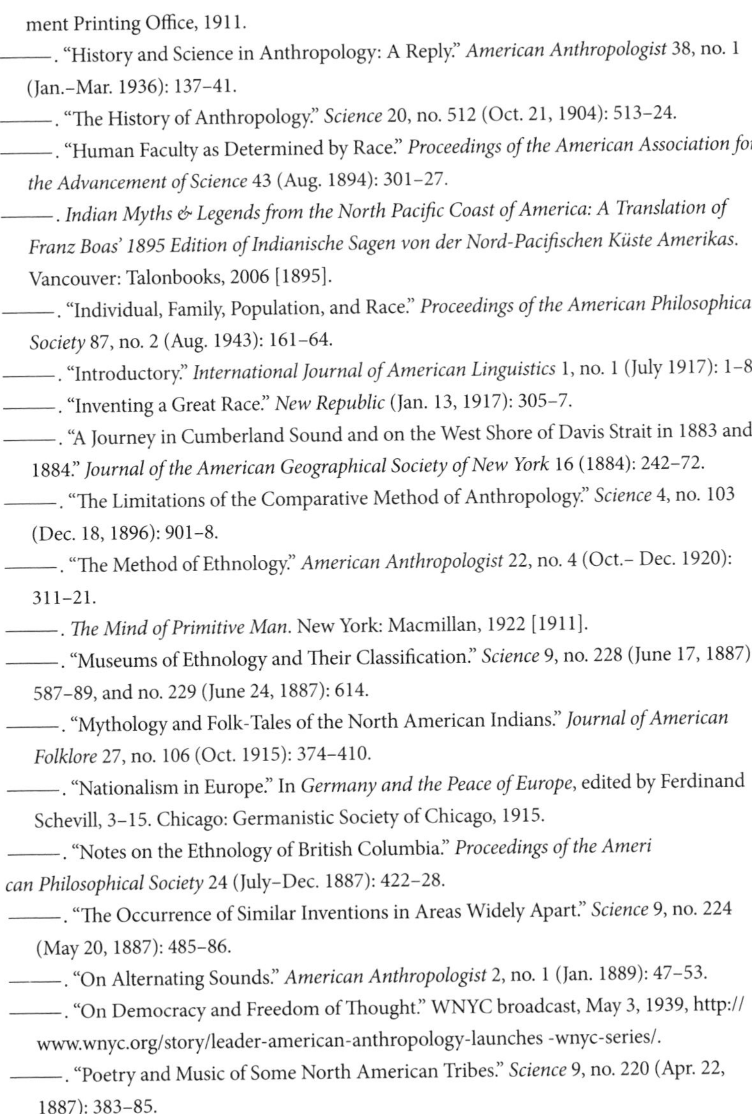

ment Printing Office, 1911.
———. "History and Science in Anthropology: A Reply." *American Anthropologist* 38, no. 1 (Jan.–Mar. 1936): 137–41.
———. "The History of Anthropology." *Science* 20, no. 512 (Oct. 21, 1904): 513–24.
———. "Human Faculty as Determined by Race." *Proceedings of the American Association for the Advancement of Science* 43 (Aug. 1894): 301–27.
———. *Indian Myths & Legends from the North Pacific Coast of America: A Translation of Franz Boas' 1895 Edition of Indianische Sagen von der Nord-Pacifischen Küste Amerikas.* Vancouver: Talonbooks, 2006 [1895].
———. "Individual, Family, Population, and Race." *Proceedings of the American Philosophical Society* 87, no. 2 (Aug. 1943): 161–64.
———. "Introductory." *International Journal of American Linguistics* 1, no. 1 (July 1917): 1–8.
———. "Inventing a Great Race." *New Republic* (Jan. 13, 1917): 305–7.
———. "A Journey in Cumberland Sound and on the West Shore of Davis Strait in 1883 and 1884." *Journal of the American Geographical Society of New York* 16 (1884): 242–72.
———. "The Limitations of the Comparative Method of Anthropology." *Science* 4, no. 103 (Dec. 18, 1896): 901–8.
———. "The Method of Ethnology." *American Anthropologist* 22, no. 4 (Oct.– Dec. 1920): 311–21.
———. *The Mind of Primitive Man*. New York: Macmillan, 1922 [1911].
———. "Museums of Ethnology and Their Classification." *Science* 9, no. 228 (June 17, 1887): 587–89, and no. 229 (June 24, 1887): 614.
———. "Mythology and Folk-Tales of the North American Indians." *Journal of American Folklore* 27, no. 106 (Oct. 1915): 374–410.
———. "Nationalism in Europe." In *Germany and the Peace of Europe*, edited by Ferdinand Schevill, 3–15. Chicago: Germanistic Society of Chicago, 1915.
———. "Notes on the Ethnology of British Columbia." *Proceedings of the Ameri can Philosophical Society* 24 (July–Dec. 1887): 422–28.
———. "The Occurrence of Similar Inventions in Areas Widely Apart." *Science* 9, no. 224 (May 20, 1887): 485–86.
———. "On Alternating Sounds." *American Anthropologist* 2, no. 1 (Jan. 1889): 47–53.
———. "On Democracy and Freedom of Thought." WNYC broadcast, May 3, 1939, http://www.wnyc.org/story/leader-american-anthropology-launches -wnyc-series/.
———. "Poetry and Music of Some North American Tribes." *Science* 9, no. 220 (Apr. 22, 1887): 383–85.

bus to the Present. New York: Alfred A. Knopf, 1978.

Berman, Marshall. *All That Is Solid Melts into Air: The Experience of Modernity*. New York: Penguin, 1988.

Black, Edwin. *War Against the Weak: Eugenics and America's Campaign to Create a Master Race*. New York: Four Walls Eight Windows, 2003.

Bloom, Allan. *The Closing of the American Mind*. New York: Simon and Schuster, 1987.

Boas Anniversary Volume: Anthropological Papers Written in Honor of Franz Boas. New York: G. E. Stechert and Co., 1906.

Boas, Franz. "The Aims of Anthropological Research." *Science* 76, no. 1,983 (Dec. 30, 1932): 605–13.

———. "An Anthropologist's Credo." *Nation*, Aug. 27, 1938, 201–4.

———. "Anthropology." *Science* 9, no. 212 (Jan. 20, 1899): 93–96.

———. *Anthropology*. New York: Columbia University Press, 1908.

———. *Anthropology and Modern Life*. New York: Dover, 1986 [1928].

———. "Are the Jews a Race?" *World Tomorrow* 6 (January 1923): 5–6. Reprinted as "The Jews" in Franz Boas, *Race and Democratic Society*, 38–42. New York: J. J. Augustin, 1945.

———. *Aryans and Non-Aryans*. New York: Information and Service Associates, n.d.

———.*The Central Eskimo*, in *Sixth Annual Report of the Bureau of Ethnology to the Secretary of the Smithsonian Institution, 1884–1885* (Washington, D.C.: U.S. Government Printing Office, 1888): 399–670.

———. "Changes in the Bodily Form of Descendants of Immigrants." *American Anthropologist* 14, no. 3 (July–Sept. 1912): 530–62.

———. "The Coast Tribes of British Columbia," *Science* 9, no. 216 (Mar. 25, 1887): 288–89.

———. "Cumberland Sound and its Eskimos." *Popular Science Monthly* (Apr. 26, 1885): 768–79.

———. "The Eskimo of Baffin Land." *Transactions of the Anthropological Society of Washington* 3 (Dec. 2, 1884): 95–102.

———. "Eskimo Tales and Songs." *Journal of American Folk-Lore* 7, no. 24 (Jan.– Mar. 1894): 45–50, and 10, no. 37 (Apr.–June 1897): 109–15.

———. "An Eskimo Winter." In *American Indian Life by Several of Its Students*, edited by Elsie Clews Parsons, 363–80. New York: Viking Press, 1922.

———. "Evolution or Diffusion?" *American Anthropologist* 26, no. 3 (July–Sept., 1924): 340–44.

———, ed. *General Anthropology*. Boston: D. C. Heath & Co.,1938.

———,ed. *Handbook of American Indian Languages*. Part 1. Washington, D. C.: U. S. Govern-

Bateson, Gregory. *Naven*. 2nd ed. Stanford, Calif.: Stanford University Press, 1958.
Bateson, Mary Catherine. *With a Daughter's Eye: A Memoir of Margaret Mead and Gregory Bateson*. New York: William Morrow, 1984.
Bederman, Gail. *Manliness and Civilization: A Cultural History of Gender and Race in the United States, 1880–1917*. Chicago: University of Chicago Press, 1995.
Benedict, Ruth. "Animism." In *Encyclopedia of the Social Sciences*, edited by Edwin R. A. Seligman, 2:65–67. New York: Macmillan, 193.
———. *The Chrysanthemum and the Sword: Patterns of Japanese Culture*. Boston: Houghton Mifflin, 2005 [1946].
———. "Edward Sapir." *American Anthropologist* 41, no. 3 (July–Sept. 1939): 455–77.
———. "Folklore." In *Encyclopedia of the Social Sciences*, edited by Edwin R. A. Seligman and Alvin Johnson, 6:288–93. New York: Macmillan, 1931.
———. "Franz Boas." *Nation* (Jan. 2, 1943): 15–16.
———. "The Future of Race Prejudice." *American Scholar* 15, no. 4 (Autumn 1946): 455–61.
———. "Human Nature Is Not a Trap." *Partisan Review* 10, no. 2 (Mar.–Apr. 1943): 159–64.
———. "Magic." In *Encyclopedia of the Social Sciences*, edited by Edwin R. A. Seligman, 10:39–44. New York: Macmillan, 1933.
———. *Patterns of Culture*. Boston: Houghton Mifflin, 2005 [1934].
———. *Race: Science and Politics*. Rev. ed. New York: Viking, 1959 [1940].
———. "Racism Is Vulnerable." *The English Journal* 35, no. 6 (June 1946): 299–303.
———. "Tales of the Cochiti Indians." *Bureau of American Ethnology Bulletin*, no. 98. Washington, D.C.: U.S. Government Printing Office, 1931.
———. "Transmitting Our Democratic Heritage in the Schools." *American Journal of Sociology* 48, no. 6 (May 1943): 722–27.
———. "Victory Over Discrimination and Hate: Differences vs. Superiorities." *Frontiers of Democracy* 9 (Dec. 15, 1942): 81–82.
———. "The Vision in Plains Culture." *American Anthropologist* 24, no. 1 (Jan.– Mar. 1922): 1–23.
———. "The Younger Generation with a Difference." *New Republic*, Nov. 28, 1928.
———. *Zuni Mythology*. 2 vols. New York: Columbia University Press, 1935. Bennett, John W., and Michio Nagai. "The Japanese Critique of the Methodology of Benedict's 'Chrysanthemum and the Sword.' " *American Anthropologist* 55, no. 3 (1953): 404–11.
Benton-Cohen, Katherine. *Inventing the Immigration Problem: The Dillingham Commission and Its Legacy*. Cambridge, Mass.: Harvard University Press, 2018.
Berkhofer, Robert F., Jr. *The White Man's Indian: Images of the American Indian from Colum-*

Geoffrey Gorer Archive
Library of Congress
Franz Boas Papers (microfilm)
Margaret Mead Papers and South Pacific Ethnographic Archives
Smithsonian Institution, National Anthropological Archives
Anthropological Society of Washington Records Bureau of American Ethnology Records
Esther Schiff Goldfrank Papers
Alesš Hrdlicčka Papers
Zora Neale Hurston Gulf Coast manuscript (MS 7532)
Ruth Schlossberg Landes Papers
Vassar College, Archives and Special Collections
Ruth Fulton Benedict Papers

Published Sources

Adams, William Y. *The Boasians: Founding Fathers and Mothers of American Anthropology*. Lanham, Md.: Hamilton Books, 2016.

Allen, John S. "Franz Boas' Physical Anthropology: The Critique of Racial Formalism Revisited." *Current Anthropology* 30, no. 1 (Feb. 1989): 79–84.

Anderson, Carol. *White Rage: The Unspoken Truth of Our Racial Divide*. New York: Bloomsbury, 2016.

Annual Reports of the Bureau of Ethnology to the Secretary of the Smithsonian Institution. 15 vols. Washington, D.C.: U.S. Government Printing Office, 1881–97.

Asch, Chris Myers, and George Derek Musgrove. *Chocolate City: A History of Race and Democracy in the Nation's Capital*. Chapel Hill: University of North Carolina Press, 2017.

Baker, Lee D. *Anthropology and the Racial Politics of Culture*. Durham, N.C.: Duke University Press, 2010.

———. "The Cult of Franz Boas and His 'Conspiracy' to Destroy the White Race." *Proceedings of the American Philosophical Society* 154, no. 1 (Mar. 2010): 8–18.

———. "Franz Boas Out of the Ivory Tower." *Anthropological Theory* 4, no. 1 (2004): 29–51.

———. *From Savage to Negro: Anthropology and the Construction of Race, 1896 – 1954*. Berkeley: University of California Press, 1998.

Banner, Lois W. *Intertwined Lives: Margaret Mead, Ruth Benedict, and Their Circle*. New York: Vintage, 2003.

Barnes, R. H. *Two Crows Denies It: A History of Controversy in Omaha Sociology*. Lincoln: University of Nebraska Press, 1984.

參考書目

Archives and Private Papers

American Indian Studies Research Institute, Indiana University Ella Deloria Archive (online)

American Philosophical Society

American Council of Learned Societies Committee on Native American Languages

Boas Family Papers

Boas-Rukeyser Collection

Elsie Clews Parsons Papers

Franz Boas Field Notebooks and Anthropometric Data Franz Boas Papers

Franz Boas Professional Papers

Barnard College Archives

Alumnae Biographical Files

Columbia University, Rare Book and Manuscript Library

Department of Anthropology Records

Nicholas Murray Butler Papers

Jane Howard Papers

Harvard Medical School, Center for the History of Medicine, Francis A. Countway Library of Medicine

Walter B. Cannon Papers

Harvard University, Houghton Library

Oswald Garrison Villard Papers

Harvard University, Peabody Museum

Frederic Ward Putnam Papers

Frederic Ward Putnam Peabody Museum Director Records

Charles P. Bowditch Papers

World Columbian Exposition Photograph Collection

Harvard University, Tozzer Library

Cora Alice Du Bois Papers

The Keep, Brighton

左岸科學人文　347

改寫人性的人

二十世紀，一群人類學家如何重新發明種族和性別

GODS OF THE UPPER AIR

How a Circle of Renegade Anthropologists Reinvented Race, Sex and Gender in the Twentieth Century

作　　者　查爾斯・金（Charles King）
譯　　者　謝佩妏
總 編 輯　黃秀如
責任編輯　林巧玲
行銷企劃　蔡竣宇

社　　長　郭重興
發行人暨出版總監　曾大福
出　　版　左岸文化／遠足文化事業股份有限公司
發　　行　遠足文化事業股份有限公司
231新北市新店區民權路108-2號9樓
電　　話　(02) 2218-1417
傳　　真　(02) 2218-8057
客服專線　0800-221-029
E-Mail　rivegauche2002@gmail.com
左岸臉書　facebook.com/RiveGauchePublishingHouse
法律顧問　華洋法律事務所　蘇文生律師
印　　刷　呈靖彩藝有限公司
初版一刷　2022年10月

定　　價　580元
ISBN　978-626-7209-00-4
ISBN　9786267209011 (PDF)
ISBN　9786267209028 (EPUB)
歡迎團體訂購，另有優惠，請洽業務部，(02) 2218-1417分機1124、1135

改寫人性的人：二十世紀，一群人類學家如何重新發明種族和性別／查爾斯．金（Charles King）著；謝佩妏譯.
－初版.－新北市：左岸文化出版：
遠足文化事業股份有限公司發行, 2022.10
　面；　公分.－(左岸科學人文；347)
譯自：Gods of the upper air : how a circle of renegade anthropologists reinvented race, sex and gender in the twentieth century.
ISBN 978-626-7209-00-4(平裝)
1.CST: 人類學 2.CST: 歷史 3.CST: 傳記
390.9　　111014157